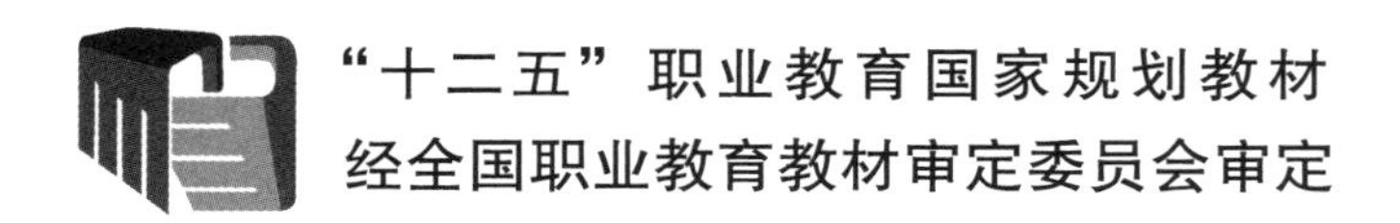

“十二五”职业教育国家规划教材
经全国职业教育教材审定委员会审定

动画设计软件应用
（Flash CC）

王萍萍　主　编
孙　强　李晓娜　江永春　副主编

電子工業出版社
Publishing House of Electronics Industry
北京 • BEIJING

内 容 简 介

本书根据教育部颁发的《中等职业学校专业教学标准（试行）信息技术类（第一辑）》中的相关教学内容和要求编写。本书的编写从满足经济发展对高素质劳动者和技能型人才的需求出发，在课程结构、教学内容、教学方法等方面进行了新的探索与改革创新，以利于学生更好地掌握本课程的内容，利于学生理论知识的掌握和实际操作技能的提高。

本书系统介绍了 Flash CC 基础入门、图形绘制与编辑、对象的编辑、文本的编辑、元件和库、基本动画的制作、层与高级动画、3D 动画、外部素材的应用、ActionScript 3.0 编程基础、动画的输出与发布、综合实训等内容。

本书是计算机动漫与游戏制作专业的专业核心课程教材，本书适合作为中等职业学校相关专业教材，也可作为计算机动漫制作人员、动漫爱好者的参考用书。本书配有教学指南、电子教案和案例素材，详见前言。

图书在版编目（CIP）数据

动画设计软件应用：Flash CC / 王萍萍主编. —北京：电子工业出版社，2016.6

ISBN 978-7-121-24836-8

Ⅰ. ①动… Ⅱ. ①王… Ⅲ. ①动画制作软件—中等专业学校—教材 Ⅳ. ①TP391.41

中国版本图书馆 CIP 数据核字（2014）第 274993 号

策划编辑：杨　波
责任编辑：郝黎明
印　　刷：涿州市京南印刷厂
装　　订：涿州市京南印刷厂
出版发行：电子工业出版社
　　　　　北京市海淀区万寿路 173 信箱　邮编　100036
开　　本：787×1 092　1/16　印张：18.75　字数：480 千字
版　　次：2016 年 6 月第 1 版
印　　次：2022 年 11 月第 6 次印刷
定　　价：38.00 元

凡所购买电子工业出版社图书有缺损问题，请向购买书店调换。若书店售缺，请与本社发行部联系，联系及邮购电话：（010）88254888，88258888。

质量投诉请发邮件至 zlts@phei.com.cn，盗版侵权举报请发邮件至 dbqq@phei.com.cn。

本书咨询联系方式：（010）88254617，luomn@phei.com.cn。

序 | PROLOGUE

当今是一个信息技术主宰的时代，以计算机应用为核心的信息技术已经渗透到人类活动的各个领域，彻底改变着人类传统的生产、工作、学习、交往、生活和思维方式。和语言和数学等能力一样，信息技术应用能力也已成为人们必须掌握的、最为重要的基本能力。职业教育作为国民教育体系和人力资源开发的重要组成部分，信息技术应用能力和计算机相关专业领域专项应用能力的培养，始终是职业教育培养多样化人才，传承技术技能，促进就业创业的重要载体和主要内容。

信息技术的发展，特别是数字媒体、互联网、移动通信等技术的普及应用，使信息技术的应用形态和领域都发生了重大的变化。第一，计算机技术的使用扩展至前所未有的程度，桌面电脑和移动终端（智能手机、平板电脑等）的普及，网络和移动通信技术的发展，使信息的获取、呈现与处理无处不在，人类社会生产、生活的诸多领域已无法脱离信息技术的支持而独立进行。第二，信息媒体处理的数字化衍生出新的信息技术应用领域，如数字影像、计算机平面设计、计算机动漫游戏、虚拟现实等；第三，信息技术与其他业务的应用有机地结合，如与商业、金融、交通、物流、加工制造、工业设计、广告传媒、影视娱乐等结合，形成了一些独立的生态体系，综合信息处理、数据分析、智能控制、媒体创意、网络传播等日益成为当前信息技术的主要应用领域，并诞生了云计算、物联网、大数据、3D 打印等指引未来信息技术应用的发展方向。

信息技术的不断推陈出新及应用领域的综合化和普及化，直接影响着技术、技能型人才的信息技术能力的培养定位，并引领着职业教育领域信息技术或计算机相关专业与课程改革、配套教材的建设，使之不断推陈出新、与时俱进。

2009 年，教育部颁布了《中等职业学校计算机应用基础大纲》，2014 年，教育部在 2010 年新修订的专业目录基础上，相继颁布了“计算机应用、数字媒体技术应用、计算机平面设计、计算机动漫与游戏制作、计算机网络技术、网站建设与管理、软件与信息服务、客户信息服务、计算机速录”等 9 个信息技术类相关专业的教学标准，确定了教学实施及核心课程内容的指导意见。本套教材就是以此为依据，结合当前最新的信息技术发展趋势和企业应用案例组织开发和编写的。

本套系列教材的主要特色

● **对计算机专业类相关课程的教学内容进行重新整合**

本套教材面向学生的基础应用能力，设定了系统操作、文档编辑、网络使用、数据分析、媒体处理、信息交互、外设与移动设备应用、系统维护维修、综合业务运用等内容；针对专业应用能力，根据专业和职业能力方向的不同，结合企业的具体应用业务规划了教材内容。

● **以岗位工作过程来确定学习任务和目标，综合提升学生的专业能力、过程能力和职位差异能力**

本套教材通过工作过程为导向的教学模式和模块化的知识能力整合结构，体现产业需求与专业设置、职业标准与课程内容、生产过程与教学过程、职业资格证书与学历证书、终身学习与职业教育的“五对接”。从学习目标到内容的设计上，本套教材不再仅仅是专业理论内容的复制，而是经由职业岗位实践——工作过程与岗位能力分析——技能知识学习应用内化的学习实训导引和案例。借助知识的重组与技能的强化，达到企业岗位情境和教学内容要求相贯通的课程融合目标。

● **以项目教学和任务案例实训作为主线**

本套教材通过项目教学，构建了工作业务的完整流程和岗位能力需求体系。项目的确定应遵循三个基本目标：核心能力的熟练程度，技术更新与延伸的再学习能力，不同业务情境应用的适应性。教材借助以校企合作为基础的实训任务，以应用能力为核心、以案例为线索，通过设立情境、任务解析、引导示范、基础练习、难点解析与知识延伸、能力提升训练和总结评价等环节引领学者在任务的完成过程中积累技能、学习知识，并迁移到不同业务情境的任务解决过程中，使学者在未来可以从容面对不同应用场景的工作岗位。

当前，全国职业教育领域都在深入贯彻全国工作会议精神，学习领会中央领导对职业教育的重要批示，全力加快推进现代职业教育。国务院出台的《加快发展现代职业教育的决定》明确提出要“形成适应发展需求、产教深度融合、中职高职衔接、职业教育与普通教育相互沟通，体现终身教育理念，具有中国特色、世界水平的现代职业教育体系”。现代职业教育体系的建立将带来人才培养模式、教育教学方式和办学体制机制的巨大变革，这无疑给职业院校信息技术应用人才培养提出了新的目标。计算机类相关专业的教学必须要适应改革，始终把握技术发展和技术技能人才培养的最新动向，坚持产教融合、校企合作、工学结合、知行合一，为培养出更多适应产业升级转型和经济发展的高素质职业人才做出更大贡献！

前言 | PREFACE

为建立健全教育质量保障体系，提高职业教育质量，教育部于 2014 年颁布了中等职业学校专业教学标准（以下简称专业教学标准）。专业教学标准是指导和管理中等职业学校教学工作的主要依据，是保证教育教学质量和人才培养规格的纲领性教学文件。在“教育部办公厅关于公布首批《中等职业学校专业教学标准（试行）》目录的通知”（教职成厅〔2014〕11 号文）中，强调“专业教学标准是开展专业教学的基本文件，是明确培养目标和规格、组织实施教学、规范教学管理、加强专业建设、开发教材和学习资源的基本依据，是评估教育教学质量的主要标尺，同时也是社会用人单位选用中等职业学校毕业生的重要参考”。

本书特色

本书根据教育部颁发的《中等职业学校专业教学标准（试行）信息技术类（第一辑）》中的相关教学内容和要求编写。

本书系统介绍了 Flash 基础入门、图形绘制与编辑、对象的编辑、文本的编辑、元件和库、基本动画的制作、层与高级动画、3D 动画、外部素材的应用、ActionScript 3.0 编程基础、动画的输出与发布、综合实训等内容。

本书是计算机动漫与游戏制作专业的专业核心课程教材，本书适合作为中等职业学校相关专业教材，也可作为计算机动漫制作人员、动漫爱好者的参考用书。

本书作者

本书由王萍萍主编，孙强、李晓娜、江永春副主编。一些职业学校的老师参与试教和修改工作，在此表示衷心的感谢。由于编者水平有限，难免有错误和不妥之处，恳请广大读者批评指正。

教学资源

为了提高学习效率和教学效果，方便教师教学，作者为本书配备包括电子教案、教学指南、素材文件、微课，以及习题参考答案等配套的教学资源。请有此需要的读者登录华信教育资源网（http://www.hxedu.com.cn）免费注册后进行下载，有问题时请在网站留言板留言或与电子工业出版社联系（E-mail:hxedu@phei.com.cn）。

编　者

CONTENTS | 目录

Flash CC 基础入门

学习目标

本章主要介绍 Flash 软件的特点、功能和最基本的操作。

- 了解什么是 Fash 动画。
- 了解 Flash 动画的制作流程。
- 熟悉并掌握 Flash CC 软件界面的基本操作。
- 制作简单的 Flash 动画。

重点难点

- 在 Flash 中导入图片。
- 使用编辑多个帧对多个关键帧进行操作。
- 发布影片。
- 库面板的简单操作。

1.1　Flash 动画基础

1.1.1　Flash 动画的特点

Adobe Flash 是美国 Adobe 公司设计的一种二维动画制作软件，是目前最主流的制作多媒体网络交互动画的工具软件。Flash 可以通过添加图片、声音、视频等文件，构建样式丰富的 Flash 应用程序。Flash 动画已经在网络广告、影视制作、游戏软件开发等领域得到广泛应用。

Flash 动画作为一种流行的动画格式，它具有文件小、交互性强、便于传播、制作成本低等特点，下面分别介绍 Flash 动画的特点。

（1）文件数据量小，图像质量高。Flash 广泛使用矢量图形，矢量图形以数学公式存储图形，需要的内存和存储空间小，特别适合在 Internet 上传播。同时，矢量图形在放大的情况下，图像不失真，动画的图像质量高。

（2）便于网络传播。可采用流式技术，可以边下载边播放，适合网络传播。

（3）简单易学。可视化的操作界面，简单易学，为动画爱好者提供了一个很好的动画制作的平台。

（4）制作成本低。相比于传统的二维动画，Flash 动画采用无纸化制作，大大减少了人力、物力资源的消耗，降低了制作成本。

（5）交互性强。Flash 软件中内置 ActionScript 语言，为 Flash 动画添加交互动作。例如，制作 Flash 网站、多媒体课件、游戏等。

（6）较好的传播性。Flash 作品不仅可以在网络上传播，也可以在传统媒体与新兴媒体中播放，拓宽了 F1ash 的应用领域。

1.1.2　Flash 动画的应用领域

随着网络热潮的不断掀起，Flash 动画软件的版本也开始逐渐升级，其强大的动画编辑功能及操作平台更深受用户的喜爱，从而使得 Flash 动画的应用范围也越来越广泛，Flash 动画主要应用在以下几个方面。

1. 动画短片

Flash 动画短片在形式上主要包括动画短片，如 F1ash MTV、幽默小品等。制作 Flash 动画短片要求制作人员具有一定的绘画技巧及丰富的想象力。例如，可以使用 Flash 制作《亡羊补牢》《守株待兔》等成语故事的动画作品，如图 1-1 所示。

2. Flash 网站

Flash 网站（图 1-2）页面美观，互动性强。Flash 可以将网站建设所需要的图片、文本、声音、视频等多种元素有机整合，并能制作出具有良好交互性的功能界面，给用户带来全新的互动体验和视觉享受。

图 1-1　《亡羊补牢》截图

图 1-2　Flash 网站截图

3. 教学课件

Flash 课件（图 1-3）具有形象性、趣味性、直观性、交互性等特点，能有效激发学生的学习兴趣。

4. 交互游戏

Flash 使用 ActionScript 脚本语言，具有很好的交互性能，可以制作出画面精美、趣味性强的交互性游戏。例如，《黄金矿工》《悟空识字》等游戏，如图 1-4 所示。

图 1-3　教学课件

图 1-4　《黄金矿工》截图

5. 片头动画

网站片头一般只是起一个引导和展示的作用，要短小精悍，时间只有几十秒，但可使浏览者对网站有一个大体的印象和认识。使用 Flash 制作网站片头，结合动画和声音可以制作出绚丽的效果，给浏览者很强的视觉冲击力。图 1-5 所示的是茶具公司网站的片头动画。

6. 贺卡

Flash 电子贺卡动画效果生动、表现形式多样、制作简单，能制作出绚丽的效果，将祝福传递出去。图 1-6 所示的是生日贺卡截图。

图 1-5　片头动画截图

图 1-6　生日贺卡截图

7. 网页广告

Flash 网页广告具有短小精悍、表现力强等特点，适合网络传播，在网络上得到广泛的应用。图 1-7 所示的是化妆品广告截图。

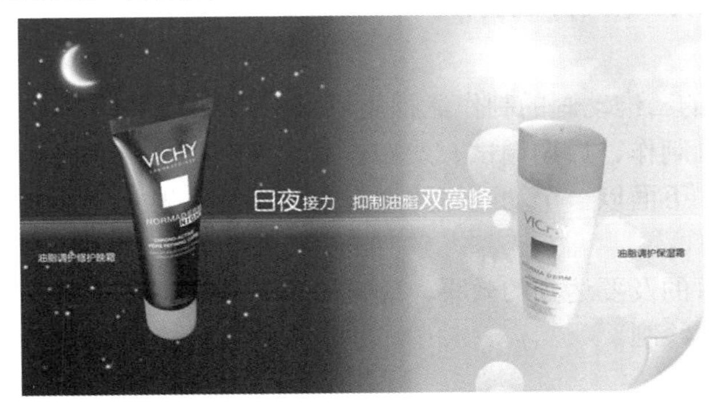

图 1-7　化妆品广告截图

1.1.3　Flash 动画的基本概念

学习 Flash 软件之前，需要理解 Flash 的基本概念，如帧、帧频、图层、元件等概念。

1. 帧与帧频

根据人的视觉暂留原理，人眼所看到的视觉影像，会在视网膜上停留 0.1 秒之久，电影动画都是通过连续播放一系列静止画画，形成视觉上连续变化的动态画面。通常将这一个静态画面称为一帧。

帧频指动画播放的速度，也就是每秒播放的帧数，单位为 fps（帧/秒）。帧频的快慢决定动画的播放质量，帧频慢动画会有停顿感觉，帧频过快，则会增加动画成本且容易忽视动画细节。通常电影每秒钟是 24 帧画面，电视每秒钟 25 帧，呈现的是非常流畅自然的运动过程。Flash 动画在制作时，可根据播放载体设置相应的帧频，Flash CC 的默认帧频为 24fps。

2. 关键帧与普通帧

在 Flash 动画编辑中，最小的时间单位是帧。根据帧的作用可分为普通帧和关键帧。

关键帧是指在动画制作过程中，呈现关键性动作的帧。而普通帧则是将关键帧的状态进行延续，一般是用来将动画内容保持在动画场景中。

3. 图层

图层是将动画进行分层制作，不同的对象放置在不同的图层上，方便操作，最后叠加在一起成为最终的动画效果。

4. 元件

制作动画的过程中，可以将动画所用的素材放置在库中，反复使用，缩小 Flash 文件的大小。元件包括图形、按钮、影片剪辑、声音、视频等元素。

5. 时间轴

帧和图层是时间轴的主要组成部分，是 Flash 进行动画制作的主要场所。一帧一帧的动画内容按照设置的帧频速度进行播放，就形成了 Flash 动画。

6. 舞台

舞台（Stage）是用来放置元件、声音、图片、动画等元素的地方。放置在舞台上的内容在 Flash 影片发布后可以呈现，放置在舞台外部区域的动画内容不能呈现。

1.1.4　Flash 动画制作流程

Flash 动画与传统的二维动画的制作流程类似。通常情况下制作一个 Flash 动画要经历前期策划、素材准备、动画制作、后期调试、发布作品这几个阶段，而根据制作动画题材的不同，制作流程会有所调整。下面以一个动画短片题材为例，简单地介绍各个阶段的主要任务。

1. 前期策划

明确制作动画的目的及要达到的效果，确定剧本，确定影片风格，进行场景和角色设计，完成动画的分镜头台本绘制。

2. 素材准备

素材包括场景素材、角色素材、道具素材等。结合 Flash 软件的功能特点，在准备素材时，有条理地对素材进行分类管理，转换为库元件，方便后面动画的制作。

3. 制作动画

素材准备就绪后就可以开始制作动画了。制作动画的内容主要包括为角色造型添加动作、角色与背景的合成、声音与动画的同步等。

4. 后期调试

后期调试包括调试动画和测试动画。调试动画主要是对动画细节进行调整，使动画显得流畅、和谐；测试动画是对动画的播放效果进行检测，以保证动画能完美地展现在欣赏者面前。

5. 发布作品

动画制作完成并调试无误后，便可以将其导出或发布为“.swf”格式的影片，并传到网络上供人们欣赏及下载。

1.2　Flash 动画——奔跑的马

上一节中介绍了 Flash 动画的特点和一些基本概念，下面通过一个简单的实例，熟悉 Flash CC 软件的界面、布局和基本操作。实例效果如图 1-8 所示。

制作这个实例时，大致需要以下操作。

（1）新建 Flash 文档。

（2）首选参数设置。

（3）设置舞台属性。

（4）保存文档。

（5）导入素材。

（6）图层设置。

（7）新建元件。

（8）改变元件属性。

（9）添加帧和关键帧。

（10）创建简单的传统补间动画。

（11）发布设置。

图 1-8　马奔跑的动画效果截图

通过这些步骤，熟悉并了解 Flash CC 软件的操作界面，菜单栏、工具栏、舞台、时间轴等界面的使用，同时熟悉并掌握 Flash CC 软件的新建、保存、设置舞台属性、改变帧频、辅助线、发布影片等基本操作。

操作步骤　START

1. 新建 Flash 文档

双击 Flash CC 快捷键，启动 Flash Professional CC 软件，在【新建】一栏中选择【ActionScript 3.0】选项，此选项适合制作动画及 ActionScript 3.0 脚本编程，如图 1-9 所示。

2. 首选参数设置——界面颜色

初次进入 Flash 编辑页面，可以对软件的一些首选参数进行设置。执行【编辑】→【首选参数】命令，如图 1-10 所示，在此界面中可以选择常规、同步设置、代码编辑器 、文本、绘制等选项，为后面的动画制作提供方便。为了本书后面的截图效果，将用户界面颜色改为【浅】。

用户可根据个人喜好，进行“用户界面”、“加亮颜色”等首选参数的设置。

图 1-9　Flash Professional CC 起始页面

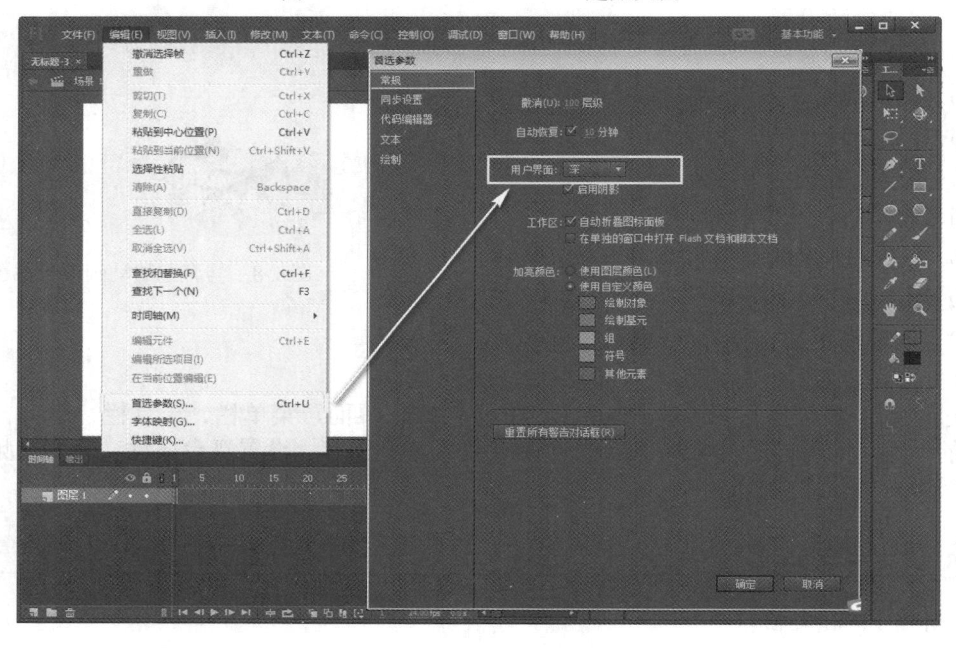

图 1-10　首选参数对话框中修改用户界面颜色

3. 设置舞台大小及帧频

根据所要完成的动画设置舞台大小和帧频。如将帧频设置为 12fps，舞台大小设置为 800×400。在默认情况下，Flash 软件的帧频为 24fps，舞台大小为 550×400。先用鼠标单击舞台空白区域，在右侧的“属性”面板中呈现的是 Flash 文档的属性，在“属性”面板中修改帧频与舞台大小，如图 1-11 所示。

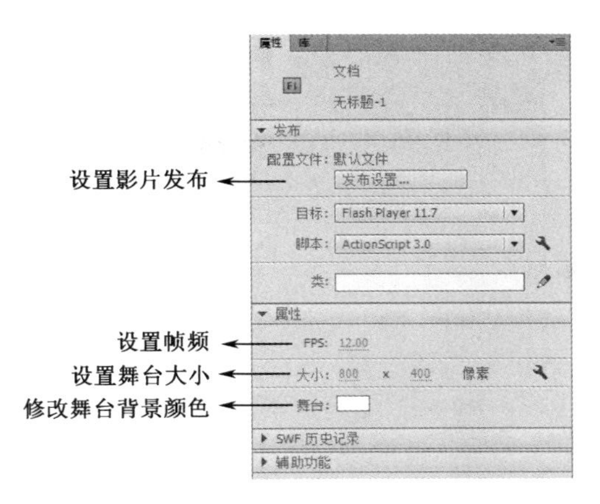

图 1-11　修改舞台属性

4. 保存文档

为了防止制作的动画丢失，将文档保存。执行【文件】→【保存】命令，或者按快捷键【Ctrl+S】，弹出“另存为”对话框，如图 1-12 所示，输入文件名“实例 1—马儿跑.fla”，单击【保存】按钮即可。

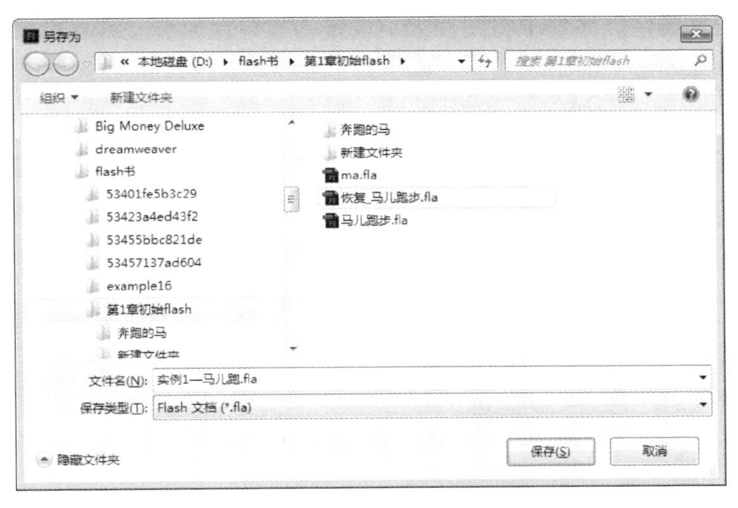

图 1-12　“另存为”对话框

“.fla”文档是 Flash 文件的原始文档，只能使用 Flash 相应版本的软件才可以打开，并进行编辑。“.swf”是 Flash 软件的发布文档，是一个完整的影片格式，使用 Flash Player、网页或者播放器即可观看，但不能进行编辑。

5. 导入素材

制作 Flash 动画时，需要从文件中导入需要的素材文件，执行【文件】→【导入】命令。本实例中需要导入草原的背景图片，具体操作如图 1-13 所示，执行【文件】→【导入】→【导入到舞台】命令，弹出“导入”对话框，选择素材“第 1 章初始 flash/奔跑的马/草原.jpg”文件导入到舞台上。

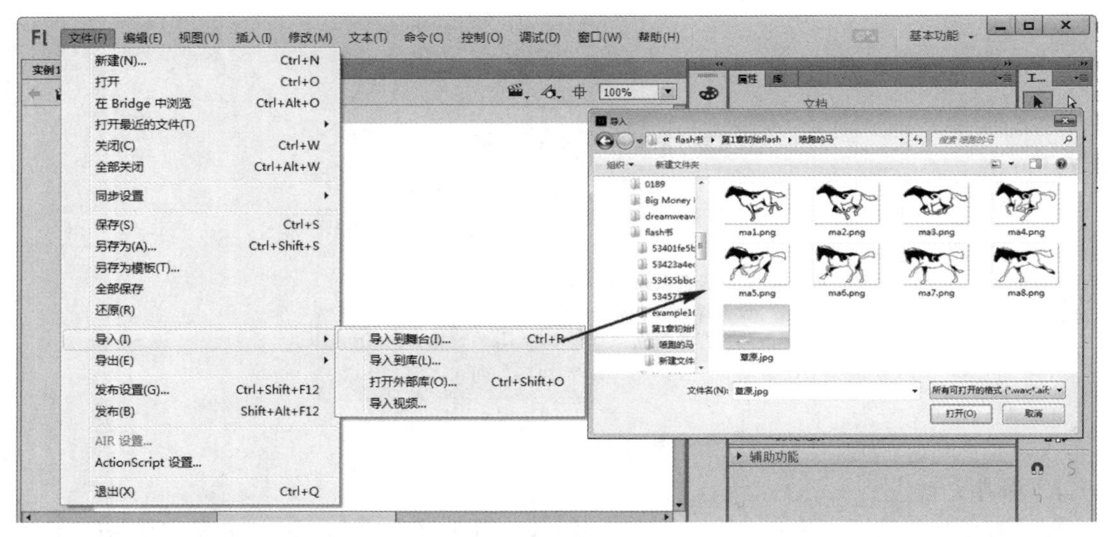

图 1-13　导入素材

“草原”图片导入到舞台后，需要修改图片的大小与舞台大小一致，具体操作如图 1-14 所示。选择图片，在“属性”面板中将图片大小设置为与舞台大小一致，X、Y 坐标值为 0。

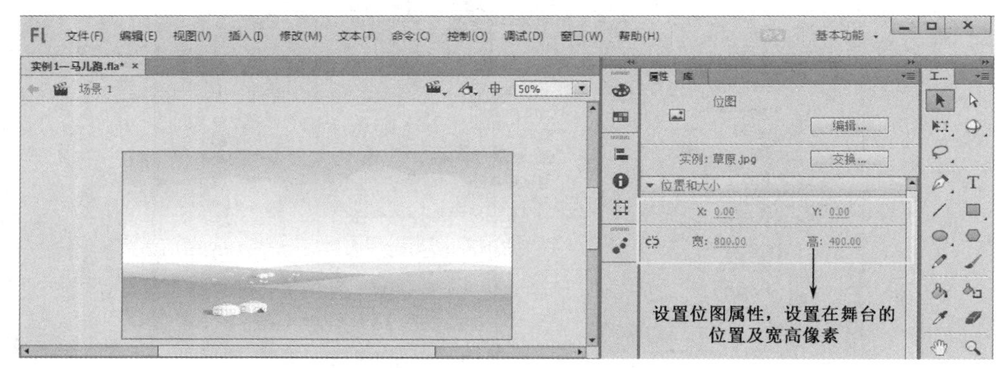

图 1-14　修改图片大小

在宽和高属性设置前有个【锁定】按钮，当单击【锁定】按钮呈现（锁定）状态时，宽和高的值按照原来位图的比例进行改变。

当单击【锁定】按钮呈现（解锁）状态时，宽和高的值可以不按照原来的比例进行改变。

6. 制作马奔跑的影片剪辑元件

本实例中出现的是多匹马奔跑的场景，所以需要将马奔跑的动画保存为一个动画片段反复应用，也就是影片剪辑。具体操作如下。

（1）新建元件

执行【插入】→【新建元件】命令，在弹出的对话框中，选择类型为“影片剪辑”，输入名称“马跑”，单击【确定】按钮，如图 1-15 所示，即建立一个影片剪辑元件，同时进入影片剪辑的编辑窗口。

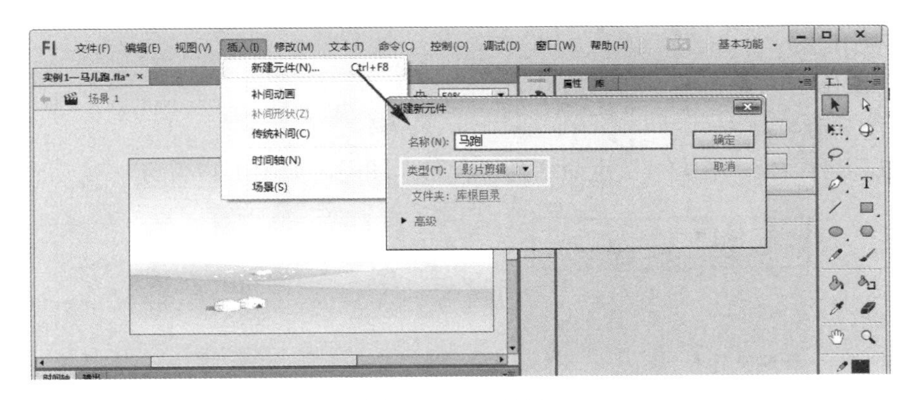

图 1-15　新建元件

（2）导入序列图片

在“马跑”的影片剪辑中，执行【文件】→【导入】→【导入到舞台】命令，在弹出的对话框中，选择“第 1 章初始 flash/奔跑的马/ma1.png”素材，单击【打开】按钮，弹出对话框，如图 1-16 所示。

“此文件看起来是图像序列的组成部分，是否导入序列中的所有图像”，单击按钮【是】，则将马跑的序列图片导入到舞台上，并形成序列图片组成的动画片段。

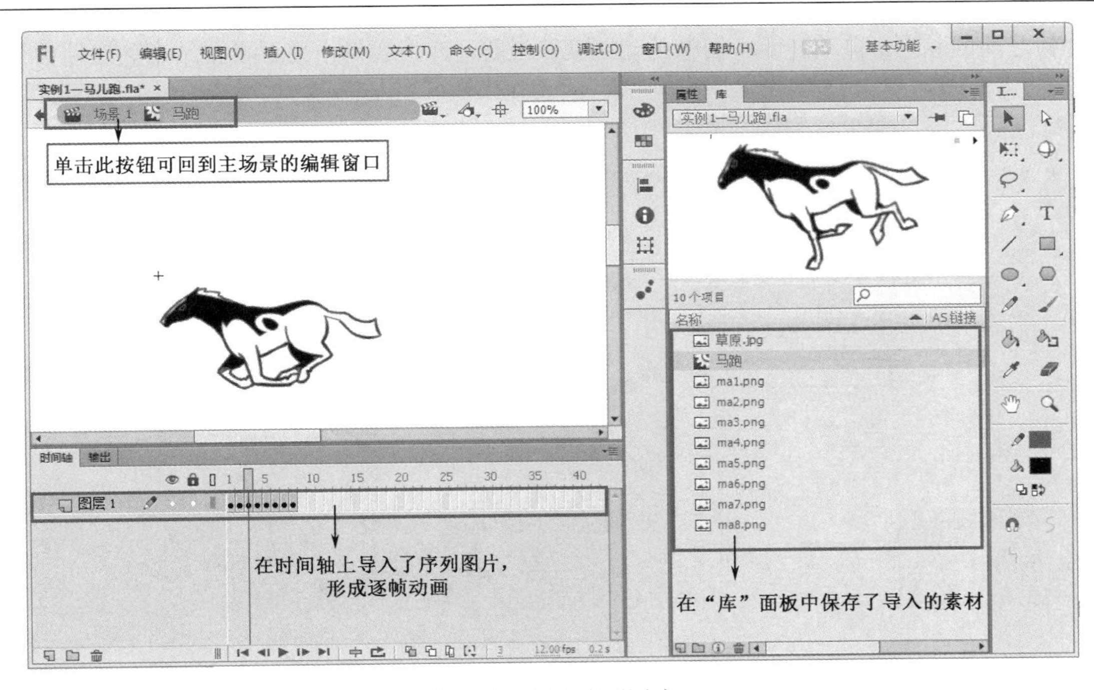

图 1-16　导入序列图片

（3）切换主场景编辑窗口

如图 1-16 所示舞台处在“马跑”的影片剪辑编辑窗口，单击舞台上方的切换链接，可以切换到主场景中。

7. 图层操作

（1）图层重命名

双击图层名称，将“图层 1”重命名为“背景”图层，如图 1-17 所示。

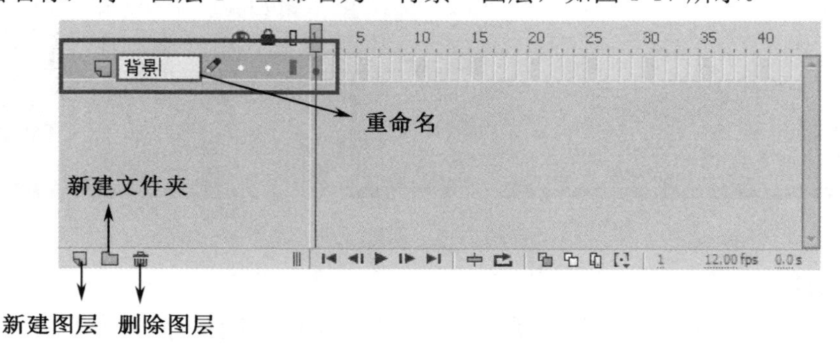

图 1-17 图层重命名

（2）单击“图层”面板下面的【新建图层】按钮，新建一个图层，并重命名为“马奔跑”。

8. 制作马奔跑效果

（1）用鼠标选择“马奔跑”图层的第 1 帧，然后从“库”面板中将“马跑”的影片剪辑拖曳到舞台上，拖曳 3 次，这样在舞台上会出现 3 个马奔跑的影片剪辑，如图 1-18 所示。

（2）如图 1-18 所示，选择“马奔跑”图层的第一帧右击，在弹出的快捷菜单中选择“创建传统补间”命令。创建传统补间动画需要设置起始关键帧和结束关键帧，Flash 会根据两个关键帧之间的差别，自动补上中间帧的动画变换过程。在本实例中需要设置结束关键帧中马的位置。

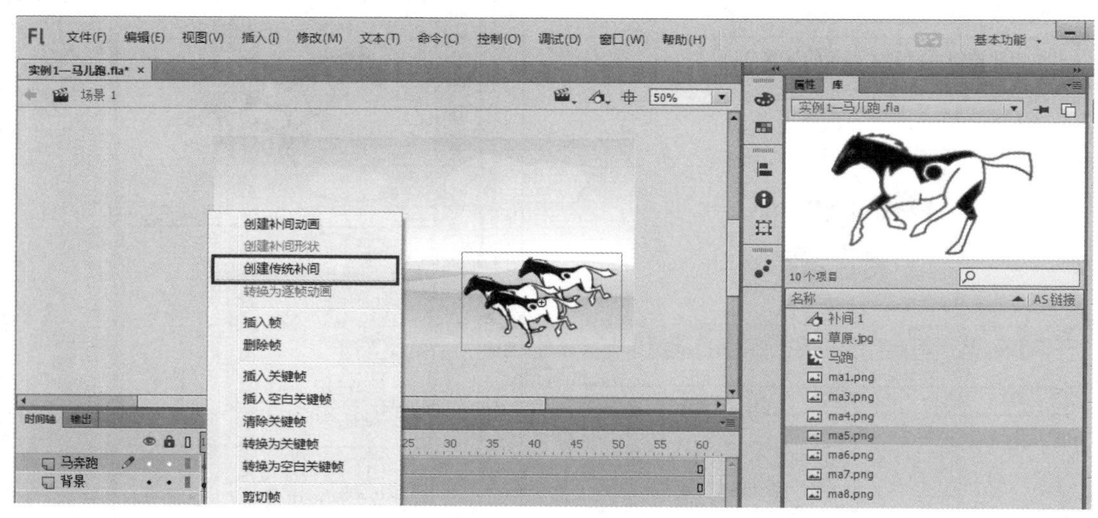

图 1-18 创建传统补间动画

（3）选中第 60 帧右击，在弹出的快捷菜单中选择“插入关键帧”命令，或者选择第 60 帧，按快捷键【F6】插入关键帧。

（4）同时在“背景”图层的第 60 帧右击，在弹出的快捷菜单中选择“插入帧”命令，将背景图形在时间轴上延续，如图 1-19 所示。

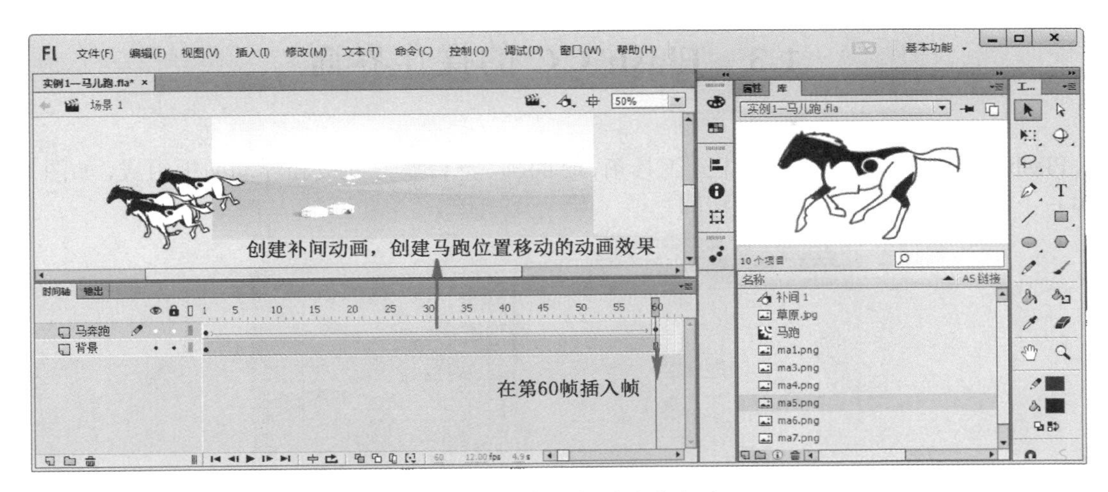

图 1-19　制作马位置移动动画

9. *发布动画*

按【Ctrl+Enter】组合键，或者执行【控制】→【测试】命令，测试影片的播放效果，同时在源文件同一目录下，会生成一个同名的“.swf”文件。测试本实例生成的“实例 1—马儿跑.swf”的动画效果，节奏动作不合适可以再进行修改。

举一反三　START

上面的实例是将马奔跑的序列图片放置在一个影片剪辑中，然后将“马跑”的影片剪辑放置在舞台上，将这个影片剪辑实例做传统补间动画，实现位置移动，最后呈现马边移动边跑的效果。

根据上面实例的操作过程，可以制作相似的动画效果。下面制作鱼游的动画实例，效果如图 1-20 所示。

图 1-20　鱼游动画效果截图

操作提示：

（1）新建 Flash 文档，按【Ctrl+S】快捷键保存文档“鱼游”。

（2）导入素材，执行【文件】→【导入】→【导入到舞台】命令，弹出“导入”对话框，选择“举一反三实例”文件夹中的“背景.jpg”图片导入到舞台上。并设置 X、Y 坐标值为 0，宽为 550 像素，高为 400 像素。

（3）制作“鱼游动”影片剪辑元件，执行【插入】→【新建元件】命令，导入鱼游动的序列图片。

（4）切换主场景编辑窗口，新建图层“鱼游”。

（5）将“鱼游动”的影片剪辑放置在舞台上，右击该图层的第一帧，在弹出的快捷菜单中选择“创建传统补间”命令，在第 50 帧插入关键帧，移动“鱼游动”影片剪辑的位置。

（6）重复（4）、（5）的操作过程，在场景中多做几个鱼游动的效果。

（7）发布动画。按【Ctrl+Enter】快捷键，或者执行【控制】→【测试】命令，测试影片的使用会在本书第 2 章详细介绍。

1.3 Flash CC 的操作界面

Flash CC 的操作界面由菜单栏、工具箱、时间轴、舞台属性面板和浮动面板组成，如图 1-21 所示。下面详细介绍各个部分的功能。

菜单栏
舞台
浮动面板
时间轴
属性面板
工具箱

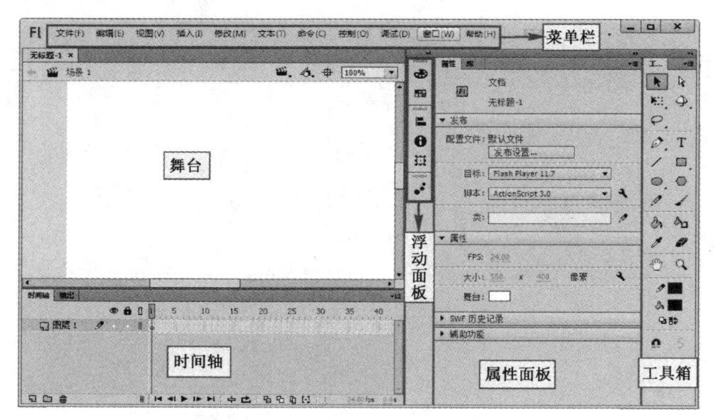

图 1-21 Flash CC 操作界面

1.3.1 菜单栏

菜单栏如图 1-22 所示，包括【文件】、【编辑】、【视图】、【插入】、【修改】、【文本】、【命令】、【控制】、【调试】、【窗口】和【帮助】菜单。

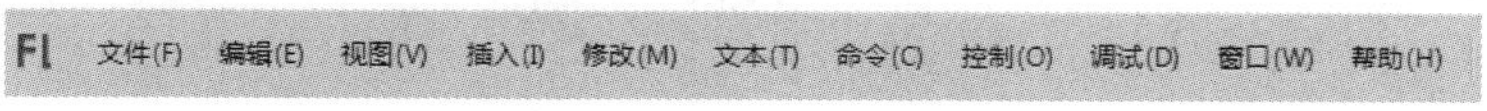
Fl
文件(F)
编辑(E)
视图(V)
插入(I)
修改(M)
文本(T)
命令(C)
控制(O)
调试(D)
窗口(W)
帮助(H)

图 1-22 菜单栏

【文件】菜单主要包括新建、保存、另存、导入、导出、发布、发布设置等命令，其中新建、保存、导入、导出使用频率较高。

【编辑】菜单主要包括对文档的复制、粘贴、撤销、重做等命令。

【视图】菜单中主要对舞台的放大、缩小、显示比例等设置，同时提供辅助线、标尺等辅助功能。

【插入】菜单主要执行插入元件、场景、图层、帧等命令，其中常用“新建元件”命令。

【修改】菜单主要提供对动画形状、位图、元件等进行修改的属性。

【文本】菜单中主要对文本的样式、字体进行设置。

【命令】菜单主要提供管理、保存的命令及 XML 的导入、导出命令。

【控制】菜单主要对影片进行测试、播放。

【调试】菜单主要是对 ActionScript 脚本语言进行调试。

【窗口】菜单主要实现工作界面的布局、选择控制窗口。

【帮助】菜单提供帮助文档及在线帮助等。

1.3.2 工具箱

工具箱是 Flash 中重要的面板，它包含选取工具、绘图工具、色彩填充工具、视图工具、颜色选择工具和选项工具区。使用工具箱可以进行矢量图形的绘制和编辑等各种操作，工具箱的使用会在本书第 2 章详细介绍，如图 1-23 所示。

1.3.3　舞台

Flash 界面中的白色区域称为舞台。舞台上面的按钮提供了舞台内容的切换，如场景切换、元件编辑切换，也包括设置舞台视图比例、舞台居中等选项，如图 1-24 所示。

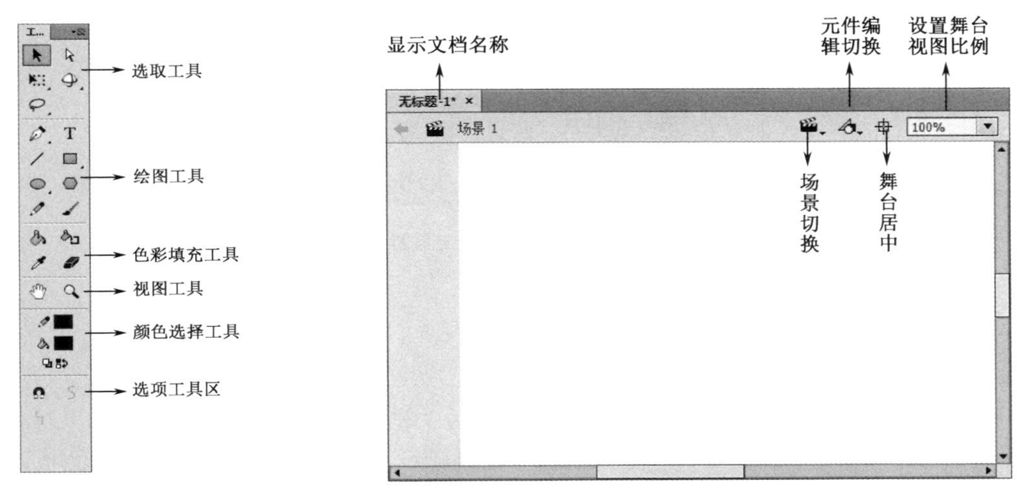

图 1-23　工具箱　　　　图 1-24　舞台面板

1.3.4　时间轴

帧和图层是时间轴的主要组成部分，是 Flash 进行动画制作的主要场所，如图 1-25 所示。

图层就像堆叠在一起的多张幻灯胶片一样，每个图层都包含一个显示在舞台中的不同图像。面板中主要提供了图层的添加、删除的选项。其中图层右上角的三个按钮，分别表示对图层的隐藏、锁定和显示轮廓。

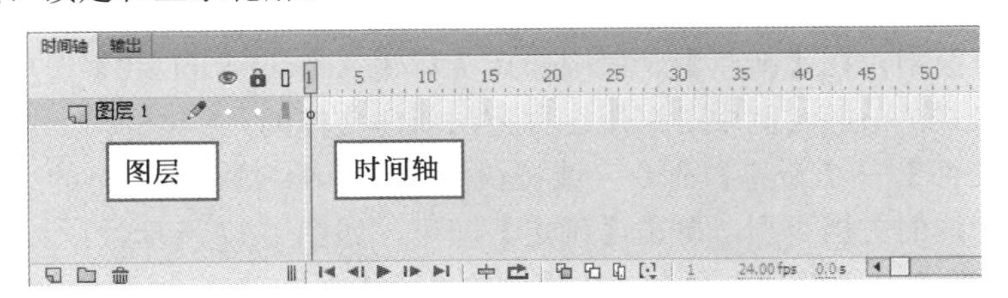

图 1-25　“时间轴”面板

右侧的每一个小格子表示一帧，而红色的小方块表示播放头。播放头指示当前在舞台中显示的帧，播放头到哪一帧，舞台上就显示哪一帧的图像。

1.3.5　属性面板

Flash 软件的“属性”面板是动态变换的，会根据选择对象的不同，显示不同的属性设置，并对所选择对象的属性进行修改编辑。图 1-26 所示的是【矩形工具】的“属性”面板。

图 1-26　【矩形工具】的“属性”面板

1.3.6　浮动面板

浮动面板是由各种不同功能的面板组成的，包括“颜色”面板、“样本”面板、“对齐”面板、“信息”面板、“变形”面板、“库”面板、“动画预设”面板等，需要显示哪个面板，可通过单击【窗口】菜单，对浮动面板的显示、隐藏进行设置。

1.4　Flash CC 的基本操作

1.4.1　新建文档

新建文档有以下 3 种方法。

（1）在起始页面中，在【新建】一栏中选择【新建 ActionScript 3.0】选项，也可以根据需要创建其他文档格式。前面实例中是采用这种方法新建文档的。

（2）执行【文件】→【新建】命令，或按快捷键【Ctrl+N】。在弹出的“新建文档”对话框中，选择需要创建的文档类型，单击【确定】即可，如图 1-27 所示。

（3）执行【文件】→【新建】命令，在弹出的“新建文档”对话框中，选择【模板】标签，其中提供一些范例文件，以方便地创建一些动画效果。

1.4.2　打开文档

首先需要打开文档，对已有的 Flash 文档进行编辑和修改，打开文档的操作步骤如下。

（1）执行【文件】→【打开】命令（或按快捷键【Ctrl+O】），会弹出“打开”对话框，如图 1-28 所示。选择需要打开的文档，单击【打开】按钮即可。

（2）执行【文件】→【打开最近的文档】命令，在级联菜单中，选择最近操作的 Flash 文档打开即可。

（3）双击选中的文件，即可启动 Flash 软件，打开文档。

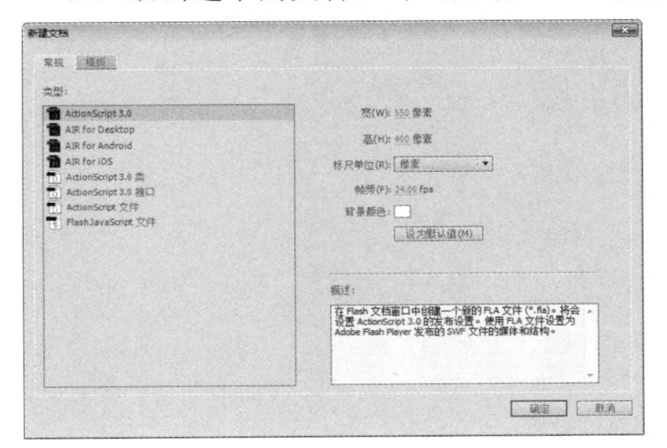

图 1-27　“新建文档”对话框

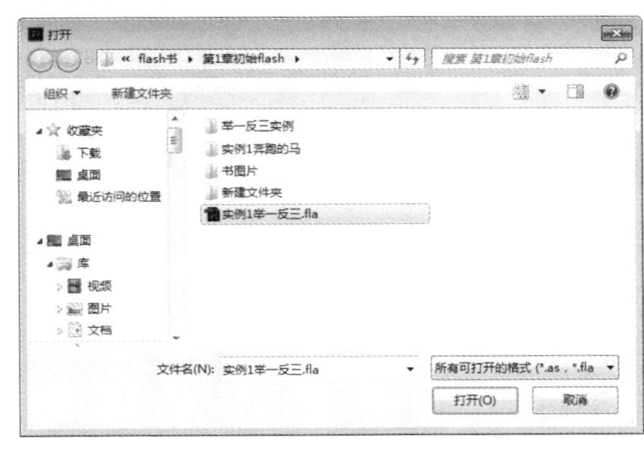

图 1-28　“打开”对话框

1.4.3　保存文档

在编辑 Flash 文档的过程中，为了防止文件丢失，最好养成及时保存文档的习惯。最好在新建文档后，即将 Flash 文档保存。

（1）执行【文件】→【保存】命令，或按快捷键【Ctrl+S】。

（2）要将文档保存到不同的位置或用不同的名称保存文档，执行【文件】→【另存为】命令。

（3）需要还原到上次保存的文档版本，执行【文件】→【还原】命令即可。

1.4.4　关闭文档

Flash CC 软件通常会打开多个文档，而需要关闭某个 Flash 文档时，可以通过下面的方法进行。

（1）单击文档标题栏右侧的“×”按钮。

（2）执行【文件】→【关闭】命令，或按快捷键【Ctrl+W】。对于多个文档，可以执行【文件】→【全部关闭】命令。

1.4.5　设置文档属性

Flash 软件的“属性”面板是动态变换的，会根据选择对象的不同，显示不同的属性设置。在 Flash 中没有选中对象，或者单击舞台空白处时，“属性”面板呈现的是文档的属性，可以设置帧频、舞台大小、背景颜色等，如图 1-29 所示。单击按钮，弹出“文档设置”对话框，可以详细设置文档属性。

文档属性如下。

（1）“单位”：设置计量单位，一般选择像素。

（2）“舞台大小”：设置舞台宽和高的值。单击右侧【匹配内容】按钮，则舞台会根据动画内容来改变大小。

（3）“缩放”：设置当改变舞台大小时，舞台上的素材元件是否进行缩放。

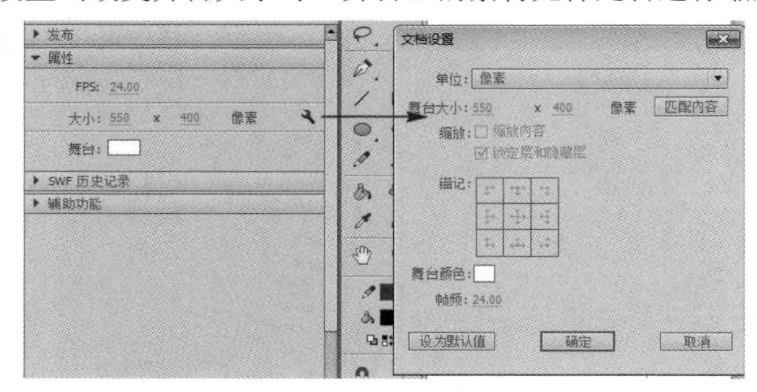

图 1-29　文档属性设置

（4）“舞台颜色”：单击右侧的颜色面板，改变文档的背景颜色。

（5）“帧频”：用来设置当前 Flash 文档的播放速度，单位“fps”指的是每秒播放的帧数。Flash CC 默认的帧频为 24fps。

（6）【设为默认值】按钮：将之前设置的参数还原为系统默认的参数。

1.4.6　辅助功能

Flash 软件提供了标尺、辅助线、网格等辅助功能，以便准确地定位对象，下面分别进行介绍。

1. 标尺和辅助线

（1）显示标尺。标尺在舞台的上面和左侧。显示的方法是执行【视图】→【标尺】命令再次单击此选项，则隐藏标尺。

（2）拖曳辅助线：在标尺上按住鼠标左键不放向舞台中拖动，会拖曳出辅助线，默认颜色为绿色，如图 1-30 所示。

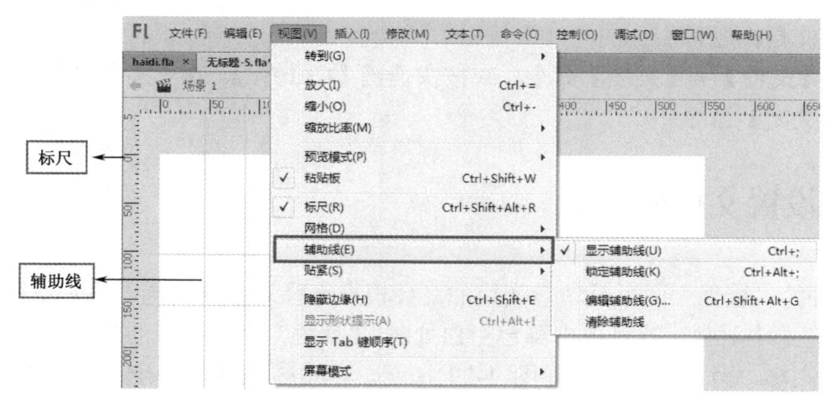

图 1-30　设置辅助线

（3）显示/隐藏辅助线：执行【视图】→【辅助线】→【显示辅助线】命令，可显示及隐藏辅助线。

（4）删除辅助线：将辅助线拖曳到舞台外部或执行【视图】→【辅助线】→【清除辅助线】命令即可删除辅助线。

（5）编辑辅助线：执行【视图】→【辅助线】→【编辑辅助线】命令，在弹出的窗口中可以设置辅助线的颜色、贴紧至辅助线等选项。

2. 网格

网格是由一组水平线和垂直线组成的，主要用于精确地对齐和放置对象，网格只在编辑区域内容时显示，最后影片中不会显示。

（1）显示网格：执行【视图】→【网格】→【显示网格】命令，舞台即显示网格。舞台上的对象在编辑时，会吸附到网格交叉的点上，如图 1-31 所示。

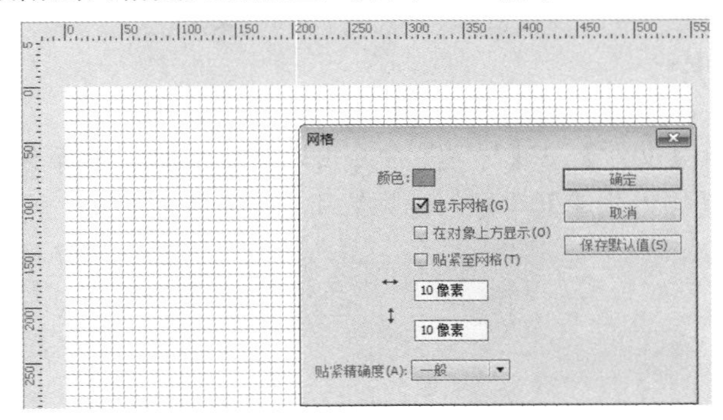

图 1-31　显示网格

（2）编辑网格：如果觉得默认的网格设置不合适，可以执行【视图】→【网格】→【编辑网格】命令，在弹出的“网格”对话框中，编辑网格信息。

1.4.7　舞台视图缩放比例

在舞台上编辑对象时，为了方便操作，需要对舞台视图进行放大或缩小，可以使用以下几种方法实现。

（1）在【视图】菜单下，执行【放大】、【缩小】、【缩放比率】命令可以对舞台大小进行缩放，如图 1-32 所示。

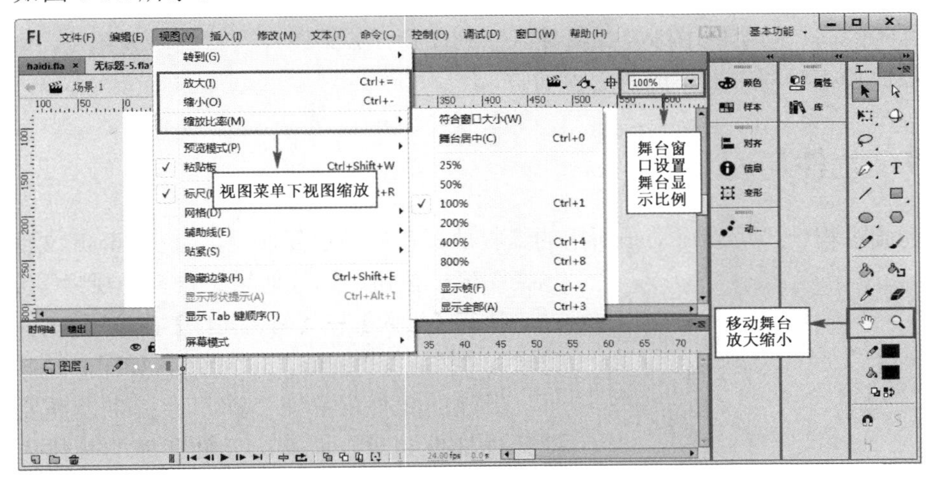

图 1-32　设置舞台视图

（2）在舞台右上角的下拉列表中可以选择舞台的显示比例。

（3）工具箱视图工具中的【手形工具】和【缩放工具】可以对舞台视图内容及显示比例进行改变。

对舞台进行缩放后，按【Ctrl+1】快捷键，舞台视图比例恢复 100%，方便动画操作。

1.4.8　导入图片

制作 Flash 时，执行【文件】→【导入】命令可以从文件中导入需要的素材文件。【导入】菜单包括【导入到舞台】、【导入到库】、【导入视频】和【打开外部库】4 个选项，如图 1-33 所示。

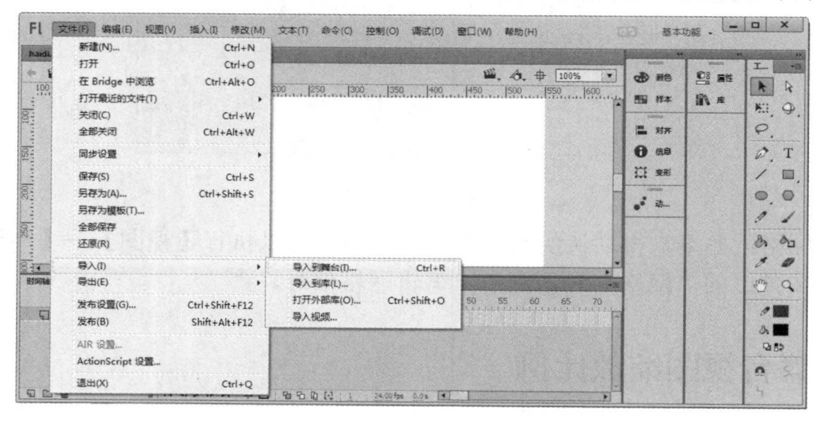

图 1-33　导入菜单

导入图片时，有【导入到舞台】和【导入到库】两个选项。主要区别在于【导入到舞台】，是将导入的图片直接放置在编辑区域内，同时也将图片素材导入到库中。而【导入到库】，是将图片放置在“库”面板中，然后在编辑动画时使用。

在“奔跑的马”的实例中涉及如何导入序列图片，如果图片素材是序列图片，则导入后会将图片逐帧放置在时间轴上，形成逐帧动画。

1.4.9　元件与库

制作动画过程中，可以将动画所用的素材放置在库中反复使用，减少 Flash 文件的大小。包括图形、按钮、影片剪辑、声音、视频等元素。

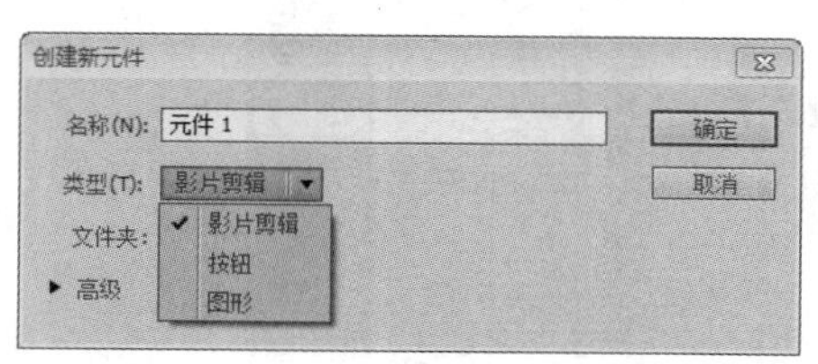

图 1-34　新建元件

执行【插入】→【新建元件】命令，可以新建“影片剪辑”、“按钮”、“图形”3 种元件，如图 1-34 所示。

新建的元件保存在“库”面板中，需要使用时，把元件拖曳到舞台即可。元件和库的具体内容在本书的第 5 章元件和库中有详细说明。

知识拓展——矢量图和位图

计算机中显示的图形一般可以分为两大类——矢量图和位图。Flash 软件是一款矢量图制作软件，由于使用矢量图形，使得 Flash 动画的文件数据小，图像质量高，那么矢量图与位图图像有何区别，下面来详细说明一下。

1. 矢量图

矢量图是以数学描述的方式来记录图像内容，它的内容以线条和色块为主，其文件所占的容量较小，也可以很容易地进行放大、缩小和旋转等操作，并且不会失真，可以制作三维图像。

优点：矢量图像与分辨率无关，将它缩放到任意大小和以任意分辨率在输出设备上打印出来，都不会遗漏细节和影响清晰度。

缺点：不易制作色调丰富或色彩变化太多的图像。

应用：它是制作文字和粗放图形的最佳选择，如徽标、美工插图、工程绘图。

矢量图形软件：用来绘制矢量图形的软件，常见的矢量图形软件有 Adobe Illustrator、CorelDRAW 等。

2. 位图

位图也叫像素图，它由像素或点的网格组成，与矢量图形相比，位图的图像更容易模拟照片的真实效果。

优点：位图图像能够制作出颜色和色调变化丰富的图像，可以逼真地表现出自然界的景观。同时也很容易在不同软件之间交换文件。

缺点：它无法制作真正的三维图像，并且图像在缩放和旋转时会产生失真现象，同时文件较大，对内存和硬盘空间容量的需求也较高。

应用：位图图像广泛应用在照片和绘图图像中。

位图软件：基于位图的软件有 Photoshop、Painter 等。

本章小结与重点回顾

本章主要介绍了 Flash 动画的主要特点、Flash 动画的应用领域、Flash 动画基本流程及 Flash 动画的基本概念，通过本章的学习，读者可对 Flash 动画有个基本的了解。

本章以实例“奔跑的马”的制作，了解并掌握简单的 Flash 动画的制作过程，熟悉并掌握如何新建 Flash 文档、设置舞台大小、改变帧频、新建元件、导入素材、创建传统补间动画等基本操作。

通过本章的学习，需要掌握 Flash CC 面板的操作界面，掌握 Flash 新建、保存、设置标尺和辅助线、导入素材、新建元件等操作。为进一步学习打下基础。

课后实训 1

打开光盘素材中的“第 1 章/课后实训/素材”里的文件，制作如下动画效果，如图 1-35 所示。

图 1-35　课后实训效果

操作提示

（1）设置舞台背景为 1000×400 像素；
（2）导入背景图片“背景.png”；
（3）新建图层，导入飞机图片“飞机.png”；
（4）在飞机的图层上创建补间动画，实现飞机的位置移动。

课后习题 1

1．选择题

（1）创建新文档的快捷键是（　　）。

A．【Ctrl+A】　B．【Ctrl+D】　C．【Ctrl+N】　D．【Ctrl+S】

（2）保存文档的快捷键是（　　）。

A．【Ctrl+A】　B．【Ctrl+D】　C．【Ctrl+N】　D．【Ctrl+S】

（3）要直接在舞台上预览动画效果，应该按下面哪个快捷键？（　　）

A．【Ctrl+Enter】　B．【Ctrl+Shift+Enter】

C．【Enter】　C．【Ctrl+Alt+Enter】

2．填空题

（1）Flash 文档源文件的后缀是＿＿＿＿＿＿，发布文件的后缀是＿＿＿＿＿＿。

（2）Flash CC 文件的默认帧频是＿＿＿＿＿＿。

（3）Flash 软件的辅助功能包括＿＿＿＿＿＿、＿＿＿＿＿＿和＿＿＿＿＿＿。

（4）＿＿＿＿＿＿是组成位图图像的基本单位。

3．简答题

（1）简述 Flash 动画的特点。

（2）简述位图与矢量图的区别。

图形绘制与编辑

学习目标

Flash 主要绘制的是矢量图形，在 Flash 操作界面的工具箱中提供了大量用于绘制线条和形状的工具，使用这些绘图工具可以绘制矢量图形。本章主要通过 Flash CC 软件工具箱的工具绘制矢量图形，主要通过绘制卡通角色、公共汽车、圣诞夜晚、阳光海滩 4 个实例来介绍对工具箱工具及颜色面板的应用。

- 熟悉并掌握绘图工具的使用，使用矢量绘图工具绘制图形。
- 熟悉并掌握刷子工具及橡皮擦工具的使用。
- 掌握如何填充颜色，设置填充样式。
- 熟练使用选择工具和绘图工具进行矢量图形的绘制，并填充颜色。

重点难点

- 选择工具的功能和作用。
- 填充工具及渐变变形工具的综合应用。
- 选择工具结合线条工具绘制轮廓。
- 刷子工具几种绘制模式的区别。

2.1　选择工具与线条工具的使用

2.1.1　课堂实例 1——绘制卡通角色

实例综述

本实例主要使用线条工具、钢笔工具和铅笔工具绘制一个卡通角色，并为卡通角色填充颜色，添加背景。效果如图 2-1 所示。

图 2-1　绘制卡通角色效果

实例分析

本实例主要使用【线条工具】绘制基本轮廓，在绘制轮廓的过程中，使用【选择工具】或【部分选择工具】调整线条，再使用【颜料桶工具】填充颜色。对实例的背景，先导入背景图片，然后使用【套索工具】进行处理。在整个制作过程中主要使用了【选择工具】、【部分选择工具】、【铅笔工具】、【直线工具】、【钢笔工具】、【颜料桶工具】、【套索工具】等，熟悉并掌握绘图工具的使用是本章的重点内容。

本实例的主要制作过程包括以下环节。

（1）新建文档并保存。

（2）新建元件“小女孩”，绘制卡通角色轮廓。

（3）填充颜色。

（4）添加背景图片。

（5）处理房子图片。

（6）添加图层，添加女孩元件。

（7）发布影片。

操作步骤　START

1. 新建文档并保存

新建 ActionScript 3.0 文档，并将文档保存为“小女孩卡通角色”。按照上一章所讲的内容操作。

2. 新建元件“小女孩”，绘制卡通角色轮廓并填充颜色

（1）新建元件

执行【插入】→【新建元件】命令，在弹出的“创建新元件”对话框中，选择类型为“图形”，名称为“小女孩”，如图 2-2 所示。

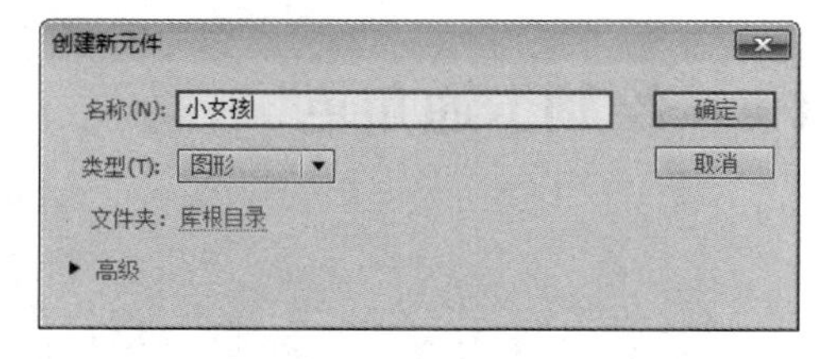

图 2-2　“创建新元件“对话框

（2）绘制小女孩轮廓

绘制小女孩轮廓的操作步骤如表 2-1 所示。

表 2-1　绘制小女孩轮廓操作步骤

绘制步骤	绘制说明
	**绘制头发形状** 选择工具箱中的【铅笔工具】，绘制头发的形状。 **注意：**在绘制过程中，如果线条不够平滑，选择线条后，可以通过单击工具箱中线条选项区的按钮，使曲线平滑。
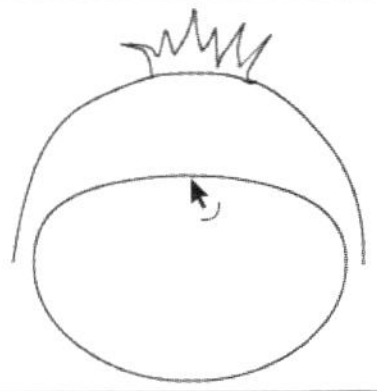	**绘制脸型** （1）选择工具箱中的【椭圆工具】，在工具箱下方的颜色设置中，将笔触颜色设置为黑色（#000000），填充颜色为无，绘制一个椭圆形。 （2）使用【选择工具】，当鼠标放在线段边上，鼠标变成形状时，调整脸型。当鼠标变成形状时，可以通过鼠标调整线条的弯曲度。
	**绘制五官** （1）将笔触颜色设置为黑色（#000000），填充颜色为无，按住【Shift】键绘制正圆形，添加眼睛。这里绘制两个圆形叠加在一起。 （2）同样，绘制椭圆形，添加耳朵，可以将多余线条删除。 （3）使用【铅笔工具】绘制鼻子的弧形，以及刘海的线条。
	**绘制身体** （1）通过【钢笔工具】绘制小女孩的裙子。选择工具箱中的【钢笔工具】，在小女孩脸下面单击，这时舞台上会出现一个小圆圈。将光标移到另一点并单击，这时在两点之间自动出现一条直线，按住鼠标左键拖动，会改变直线的曲率。依次类推，绘制裙子的形状。 （2）绘制胳膊。先绘制胳膊长度的直线，当鼠标变成形状时，弯曲直线。然后绘制表示手的直线。 **注意：**把鼠标放置在线段的节点处，鼠标会显示形状，可以改变节点的位置。
	**绘制腿** （1）使用【直线工具】绘制腿的形状，可以按住【Shift】键绘制直线。 （2）使用【椭圆工具】绘制脚的形状，绘制一个椭圆形。
填充颜色 使用【颜料桶工具】，设置相应的颜色，为小女孩图像填充颜色。 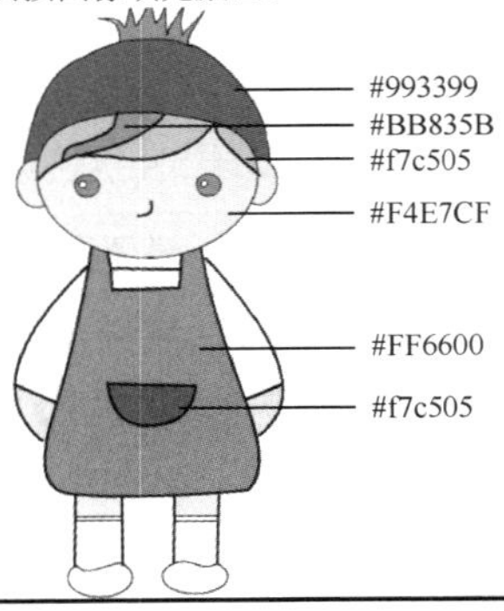 #993399 #BB835B #f7c505 #F4E7CF #FF6600 #f7c505	

3. 添加背景图片

绘制好“小女孩”元件，单击舞台左上角 场景 1 小女孩 中的“场景 1”回到主场景中。

将文档“图层 1”命名为“背景”。选择“背景”图层第 1 帧，导入“背景.jpg”图片。使用【选择工具】选择图片，鼠标拖动将背景图片覆盖整个舞台。如图 2-3 所示。

图 2-3　添加背景图片

4. 处理房子图片

（1）单击“时间轴”面板左下角的【新建图层】按钮，新建一个图层，重命名为“房子”，为了方便操作，单击“背景”图层上的【锁定按钮】将“背景”图层锁定。

（2）单击“房子”的第 1 帧，执行【文件】→【导入】→【导入到舞台】命令，导入图片“房子.png”，并设置背景属性：X 为“0”，Y 为“100”，宽为“550”，高度按照图像比例缩放即可，如图 2-4 所示。

图 2-4　导入并设置图片

（3）分散位图。选择导入的“房子”位图后，执行【修改】→【分散】命令，或按【Ctrl+B】快捷键，或者右击图片，在弹出的快捷菜单中执行【分散】命令，这 3 种方法都执行分散命令，将位图转化为形状。

（4）使用【套索工具】，除去白色背景。如图 2-5 所示，选择【魔术棒】工具，单击图像白色区域，按【Delete】键，将白色区域清除。

图 2-5 魔术棒处理图片

使用【魔术棒】工具选择白色区域后，并不能完全删除，留下的白色像素可以使用【橡皮擦工具】进行擦除。

5. 添加图层，添加女孩元件

单击时间轴面板左下角的【新建图层】按钮，新建一个图层，重命名为“小女孩”，选择第 1 帧，将“小女孩”图形元件放置在舞台上。将元件的属性设置为宽为 100，高为 230。

6. 保存并发布文档

执行【文件】→【保存】命令，或快捷键【Ctrl+S】保存文档。

7. 测试影片

按【Ctrl+Enter】快捷键测试影片。

START

绘制卡通角色的实例主要使用【直线工具】、【铅笔工具】、【钢笔工具】和【选择工具】。动画制作过程中，很多角色、场景需要在 Flash 中绘制，这就需要用户熟练掌握这些工具并进行创作。根据上面的操作过程，绘制角色 Hello Kitty，如图 2-6 所示。

图 2-6 Hello Kitty

2.1.2 选择工具

【选择工具】是工具箱中使用频率最高的一个工具，可以对舞台上的形状、对象等进行选择、移动或者变形等操作。

选择【选择工具】，在工具箱的选项区会出现 3 个按钮：【贴紧至对象】、【平滑】和【伸直】。其作用如下。

【贴紧至对象】：在使用【选择工具】时，单击该按钮，光标处将出现一个圆点，将选择的对象向其他对象移动时，会自动吸附上去。绘制对象和移动对象时，容易吸附到辅助线或者网格线上，如图 2-7 所示。

【平滑】：可以将选中的线条变平滑，消除多余的锯齿。可以柔化曲线，减少整体凹凸等不规则变化。

【伸直】：可以将选中的线条变平直，消除多余的弧度。

图 2-8 所示的是同一条曲线在多次单击【平滑】和【伸直】按钮后的变化。

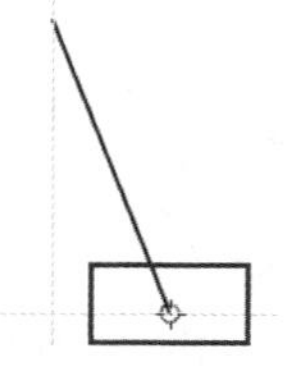

图 2-7　紧贴至对象

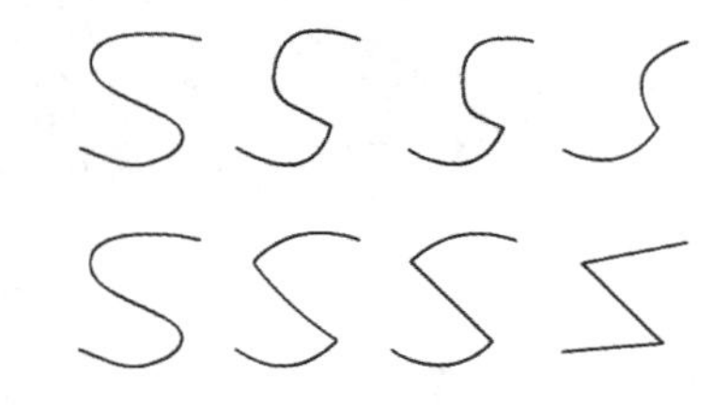

图 2-8　平滑和伸直变化

表 2-2 所示的是【选择工具】的几种用法。

表 2-2　【选择工具】的几种用法

作　用	说　明	图　解
选择对象	单击填充区域，可选择一个填充区域的色块。 单击线条，选择单个线段。 双击选择连续的线条。	选择填充　单击线条　双击选择连接线条
选择多个对象	按【Shift】键可选择多个对象。	
框选	拖动鼠标，框选选择范围可选择多个对象。	
移动	选择一个对象后，鼠标形状为 时，表示可以向四个方向进行移动。	
复制	选择一个对象后，按【Alt】键移动对象可复制对象。	
移动节点	当鼠标放在线条或填充图像的节点处，鼠标形状为 ，表示可以移动节点。	
调整线条、填充形状的边线	当鼠标放在线条或填充图像边缘处，鼠标形状为 ，表示可以改变线条的弯曲度。	

2.1.3　部分选择工具

图 2-9　图形上的锚点

【部分选择工具】的主要作用是方便移动线条上的锚点位置和调整曲线的弧度。【部分选择工具】很多情况下可以结合【钢笔工具】一起使用。

使用方法：选择工具箱中的【部分选择工具】，快捷键为【A】，选择绘制的图形后，会显示出该线条上的锚点，如图 2-9 所示。

【部分选择工具】的功能如表 2-3 所示。

表 2-3　【部分选择工具】的功能

功　能	说　明	图　解
移动锚点	当鼠标移动到某个锚点处，鼠标形状为 时，单击锚点并拖动锚点，可改变锚点的位置，从而修改绘制图形的形状。	
移动位置	鼠标放在没有锚点的位置处，鼠标形状为 时，单击图形可以移动图形的位置。	
改变曲线	单击曲线锚点，在锚点两侧会出现调节杆，将鼠标移动调节杆处，可以改变曲线路径。 按【Alt】键可以单独调整一边的调节杆。	

【部分选择工具】可以实现通过对锚点的移动、对锚点控制杆的调整来调整矢量图形的形状。可以结合【钢笔工具】中的添加锚点、删除锚点等功能来绘制矢量图形。绘制矢量图形过程中，要熟练结合多个绘图工具，用简单的方法绘制出需要的矢量图形。

2.1.4　套索工具

【套索工具】用于选择对象的不规则区域，在分离的形状上可以选择需要的不规则区域。

选择工具箱中的【套索工具】按钮，在分离的形状上按住鼠标左键，拖动鼠标绘制出一个封闭的选区，放开鼠标即可选择一个区域，如图 2-10 所示。

图 2-10　用【套索工具】绘制封闭选区

【套索工具】有 3 个工具选项，包括【套索工具】、【多边形工具】和【魔术棒】。图 2-10 所示的是使用【套索工具】选择的区域。【多边形工具】与【套索工具】类似，通过鼠标勾画出多边形选区。

【魔术棒】的主要功能是在位图中快速选择颜色近似的区域，在操作前需要将位图分离。选择【魔术棒】后，在“属性”面板中可以设置【魔术棒】的属性，如图 2-11 所示。

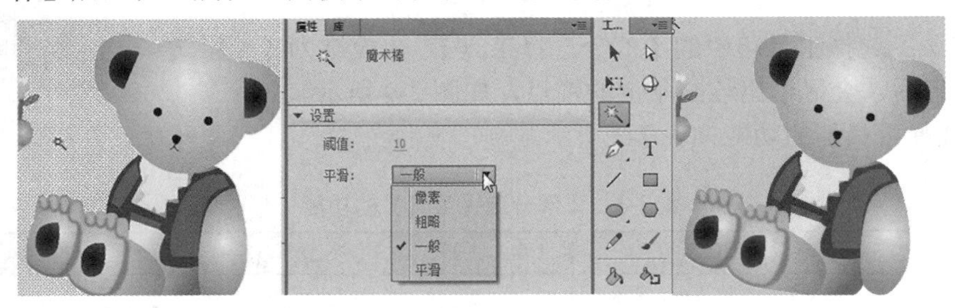

图 2-11　【魔术棒】的属性面板

“阈值”：用于定义选取范围内的颜色与单击处颜色的相近程度。输入的数值越大，选取的相邻区域的范围就越大。

“平滑”：用于指定选取范围边缘的平滑度，有“像素”、“粗略”、“一般”和“平滑”4 种。依次平滑效果增大。

2.1.5　线条工具

【线条工具】是 Flash 中既简单又实用的绘画工具，可以用于绘制直线和各种样式的线条。与【选择工具】结合操作，来绘制曲线。选择【线条工具】后，在“属性”面板中可以设置线条的属性，如图 2-12 所示。

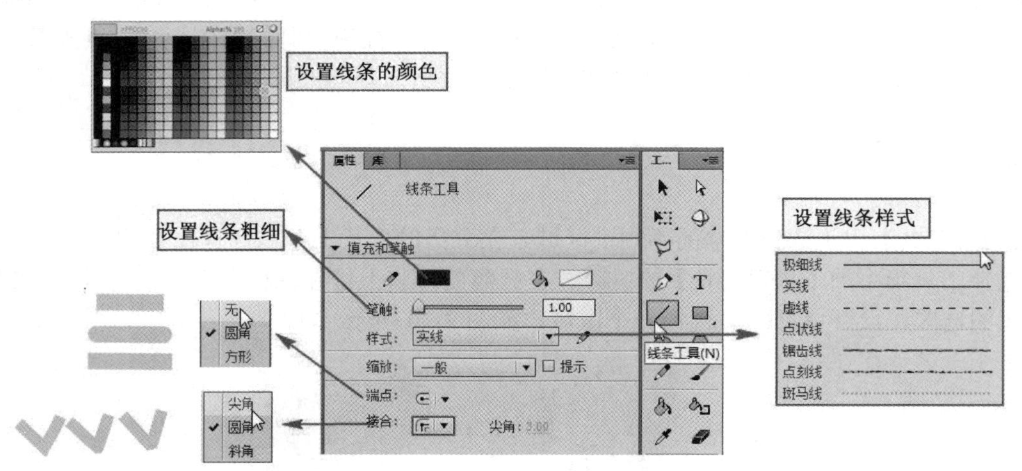

图 2-12　线条属性设置

“笔触颜色”：单击笔触后面的色块，可以通过颜色样式面板设置线条的颜色。

“笔触”：可以设置笔触的粗细。

“样式”：可以设置线条为极细线、实线、虚线、点状线、锯齿线、点刻线和斑马线。单击后面的【设置】

按钮，在弹出的“笔触样式”对话框中可以设置样式的属性。如图 2-13 所示，设置斑马线的属性，模仿绘制草的效果。设置粗细为“细”，间隔为“非常远”，微动为“松散”，旋转为“中”，曲线为“中等弯曲”，长度为“随机”。在舞台上绘制直线，即出现草的效果。

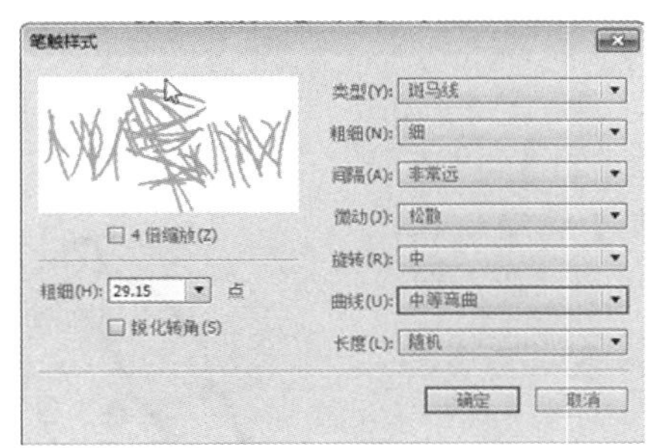

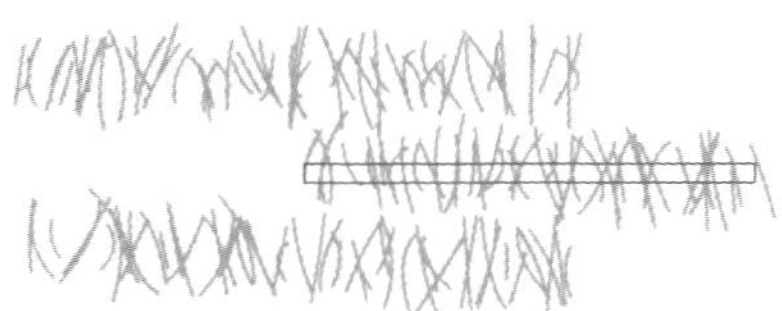

图 2-13　设置斑马线的属性

“端点”：有 3 个选项，分别为无、圆角和方形。

“接合”：设置两条线段接触点样式，有尖角、圆角和斜角。

在绘制直线时，按住【Shift】键可以绘制水平线和垂直线，或者绘制倾斜 45° 的直线。

2.1.6　铅笔工具

【铅笔工具】的“属性”面板与【线条工具】一样。使用【铅笔工具】可以绘制直线、曲线等。与【线条工具】不同的是，在选择【铅笔工具】后，在【铅笔工具】的选项区中，包括【平滑】、【伸直】和【墨水】3 个选项，如图 2-14 所示。

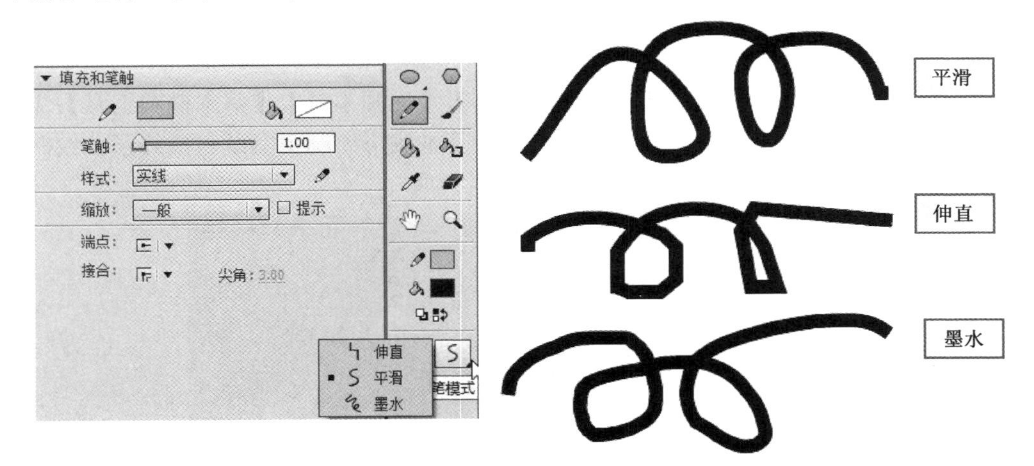

图 2-14　【铅笔工具】属性设置

“平滑”：对绘制的线条进行平滑处理。

“伸直”：对绘制的线条进行伸直处理。

“墨水”：绘制不用修改的手绘线条，鼠标移动笔触的路径是什么，绘制的曲线就是什么，不做特殊处理。

2.1.7 钢笔工具

【钢笔工具】可以绘制直线和曲线。【钢笔工具】的“属性”面板与【线条工具】一样，使用【钢笔工具】将鼠标移到舞台上，在起点位置单击舞台上出现一个小圆圈。移动鼠标在另一处单击，并按住鼠标左键拖曳，调整线条的形状。依次类推，绘制形状，如图 2-15 所示。

图 2-15 用【钢笔工具】绘制形状

【钢笔工具】组还包括【添加锚点工具】、【删除锚点工具】和【转换锚点工具】，可以结合【部分选择工具】来修改绘制的图像形状。

【添加锚点工具】：单击该按钮，在路径上添加一个锚点。

【删除锚点工具】：单击该按钮，在路径上删除一个锚点。

【转换锚点工具】：单击拖动直线上的锚点可将直线调节为曲线。已经变成曲线的锚点，单击则变成直线。

2.2 基本图形绘制

2.2.1 课堂实例 2——绘制公共汽车

实例综述

本实例主要使用【矩形工具】、【基本矩形工具】、【椭圆工具】、【基本椭圆工具】、【多角星形工具】等矢量图形绘制工具来绘制一个公交车。基本图形绘制工具既包括线条的绘制，也包括填充颜色的设置。效果如图 2-16 所示。

图 2-16 绘制的公共汽车效果

实例分析

本实例主要使用【基本矩形工具】绘制车的整体形状及窗户，使用【椭圆工具】或【基本椭圆工具】绘制车轮、车灯，使用【多边星形工具】绘制“STOP”标志。主要介绍了【矩形工具】、【基本矩形工具】、【椭圆工具】、【基本椭圆工具】、【多角星形工具】等图形绘制工具的使用。同时在制作实例的过程中，为了调节图形，也涉及了简单的【任意变形工具】、对象的组合、对象的排列等操作，这部分内容，将在本书第 3 章详细介绍。

在制作这个实例时，大致需要以下环节。

（1）新建文档，设置文档的背景大小，并保存。

（2）导入背景。

（3）新建元件“公共汽车”，使用矩形、椭圆、多角星形工具进行绘制。

（4）新建“公共汽车”图层，从库中拖放到舞台上，并调整相应属性。

（5）发布影片。

操作步骤

START

1. 新建文档

新建文档，设置背景大小为 600×400 像素，并保存文档。

2. 导入背景图片

（1）选择“图层 1”，重命名为“背景”。

（2）执行【文件】→【导入】→【导入到舞台】命令，在弹出的“导入”对话框中选择素材中的“第 2 章/实例 2/背景.png”图片，导入到舞台上，设置属性 X 为 0、Y 为 0、高度为 400，如图 2-17 所示。

图 2-17　导入背景图片

3. 绘制公共汽车

使用【矩形工具】绘制车体，使用【基本椭圆工具】绘制车轮。具体操作步骤如下。

（1）新建“公共汽车”元件，执行【插入】→【新建元件】命令，在弹出的对话框中选择“图形”元件，输入“公共汽车”，单击【确定】按钮。

（2）选择工具箱中的【基本矩形工具】 基本矩形工具(R)，在舞台中绘制一个圆角矩形，在“属性”面板中的“矩形选项”中设置圆角数值，将锁定链接解锁，分别输入 67、20、20 和 20，

如图 2-18 所示。设置宽为 750 像素，高为 150 像素。

（3）使用同样的方法绘制车身和窗户，设置圆角数值为 18，如图 2-19 所示。

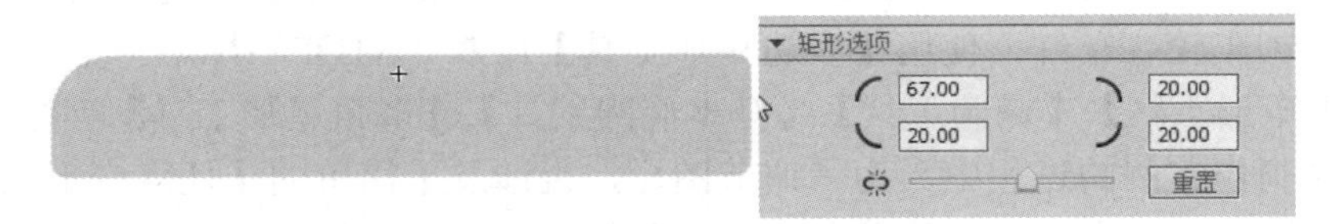

图 2-18　设置圆角矩形

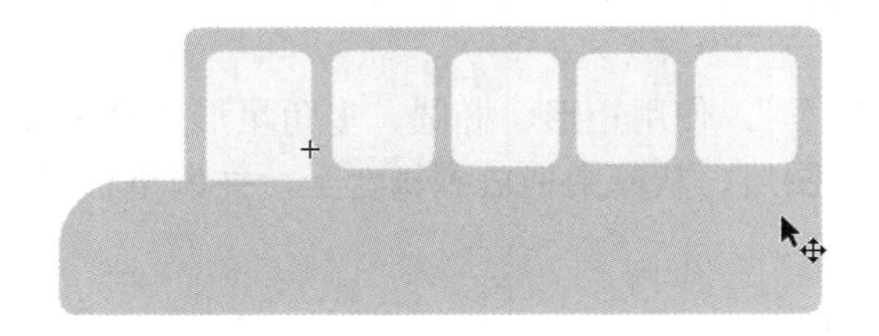

图 2-19　绘制车身与窗户

（4）选择【多角星形工具】，在“属性”面板中单击【选项】按钮，在弹出的“工具设置”对话框中设置“边数”为 8，“星形顶点大小”为 0.5，单击【确定】按钮，如图 2-20 所示。在舞台上拖曳出八边形，宽和高都设置为 100 像素。

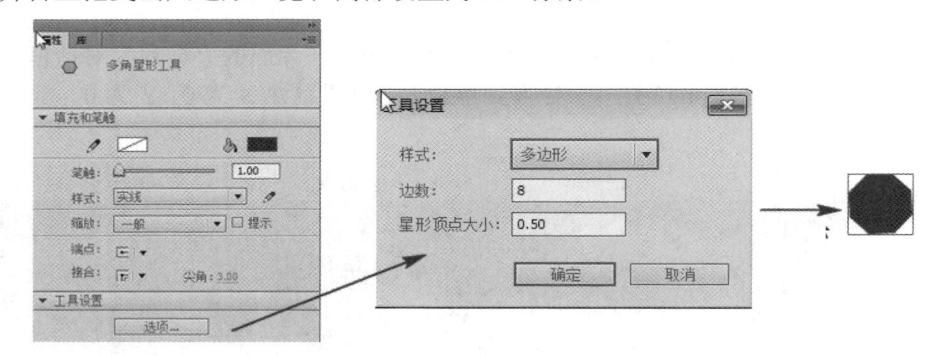

图 2-20　绘制八边形

（5）选择工具箱中的【文本工具】，在八边形上面书写文字“STOP”，字体样式为“Showcard Gothic”，字体大小为 30，颜色为白色。

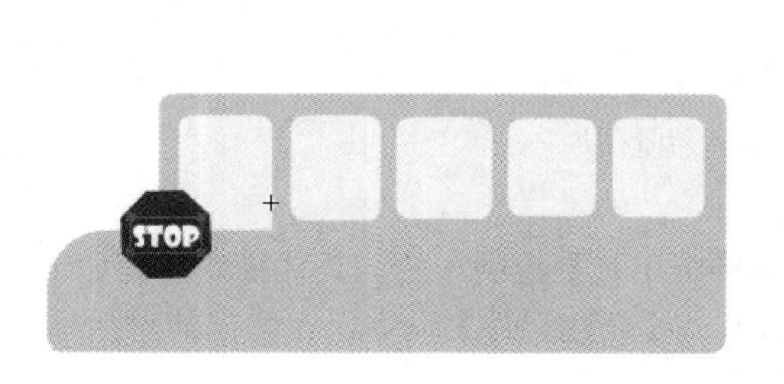

图 2-21　输入文本

（6）绘制车轮。车轮由 3 部分组成，绘制半圆形，表示车身凹陷部分。选择工具箱的【椭圆工具】，在“属性”面板中的“椭圆选项”中设置“开始角度”为 180，绘制一个半圆形。

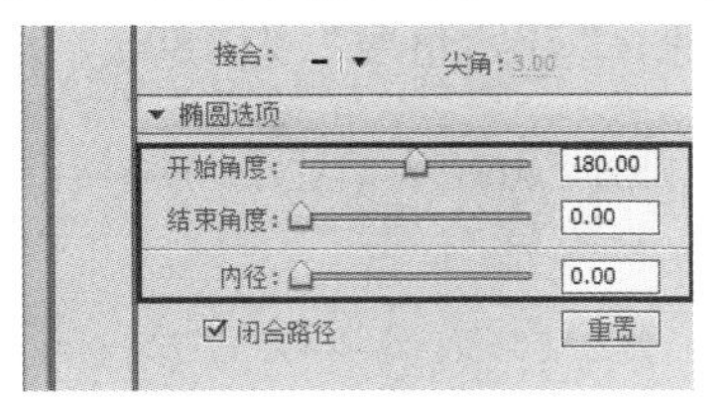

图 2-22　绘制半圆

使用【椭圆工具】绘制车轮，设置“属性”面板中的“内径”值为 50.38，如图 2-23 所示。

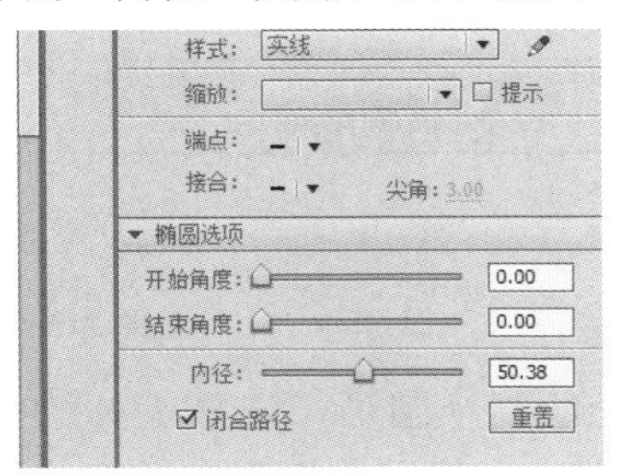

图 2-23　绘制车轮

双击绘制的车轮，将“椭圆图元”转化为“绘制对象”，使用【颜料桶工具】，将车轮中间填充灰色。

（7）组合车轮。切换到“公共汽车”的编辑窗口，选择【选择工具】，按住【Shift】键，将绘制的半圆、车轮选中，执行【修改】→【组合】命令，或按【Ctrl+G】快捷键，将它们组合为一个整体，以便于操作，如图 2-24 所示。组合好车轮后再复制一个，作为车的前轮，并放好位置。

（8）绘制前后保险杠。车灯前后保险杠使用【矩形工具】绘制。绘制深灰色与浅灰色的矩形进行叠加。并选中两个矩形，按【Ctrl+G】快捷键组合。复制一个分别放置在车的前后位置，如图 2-25 所示。

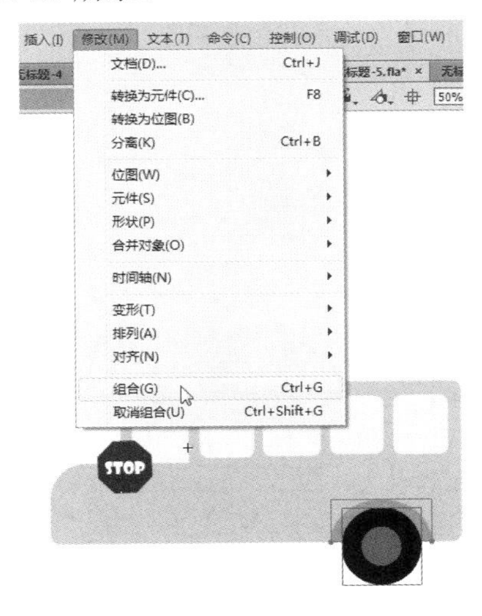

图 2-24　组合对象

图 2-25　绘制保险杠

（9）绘制车灯。绘制半圆形来表示车灯，参数设置如图 2-26 所示，设置笔触颜色为灰色，填充颜色为红色，“开始角度”为 180。

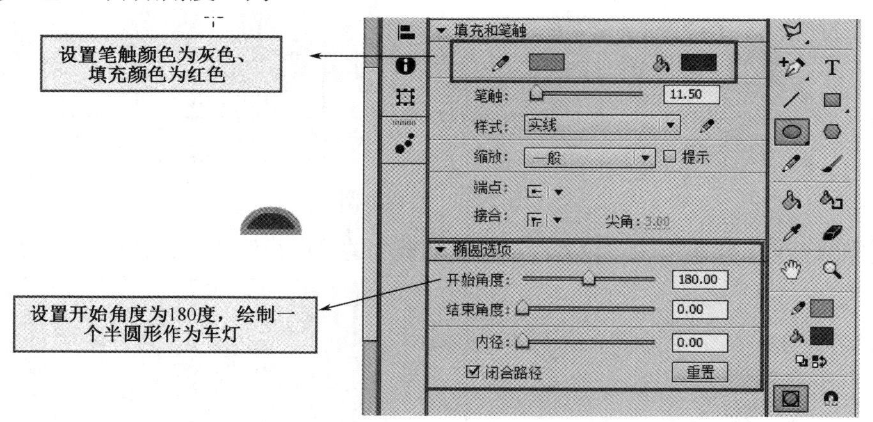

图 2-26　绘制车灯参数设置

在舞台上绘制半圆形，选择工具箱中的【任意变形工具】并将其放置在相应的位置，如图 2-27 所示。可使用【任意变形工具】调整大小，或者在“属性”面板中设置宽和高的值。

车灯位置确定好了，需要将其放置在车身后面，右击车灯图形，在弹出的快捷菜单中，执行【排列】→【移至底层】命令即可。

4. 添加“公共汽车”元件

在舞台窗口的上方 场景 1 公共汽车 中，单击“场景 1”，切换到主场景窗口进行编辑。

新建一个图层，重命名为“公共汽车”，打开“库”面板，将“公共汽车”元件拖放到舞台上，并在舞台上设置 X、Y、宽和高。使公共汽车的元件实例大小与背景街道大小相同，如图 2-28 所示。

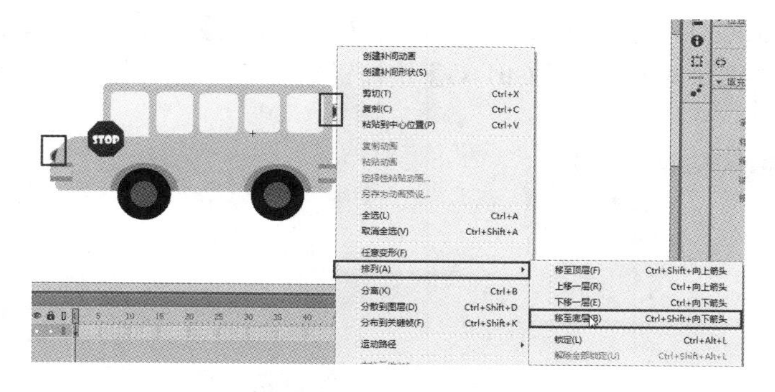

图 2-27　确定车灯位置

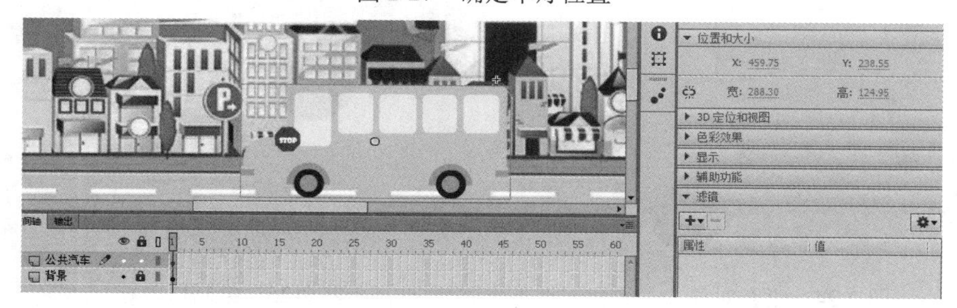

图 2-28　添加元件

5. 保存并发布影片

执行【文件】→【保存】命令，或按快捷键【Ctrl+S】保存文档。按【Ctrl+Enter】快捷键播放影片。

举一反三　START

使用上面的方法，可以绘制其他的交通工具，如图 2-29 所示的是绘制小汽车示例。

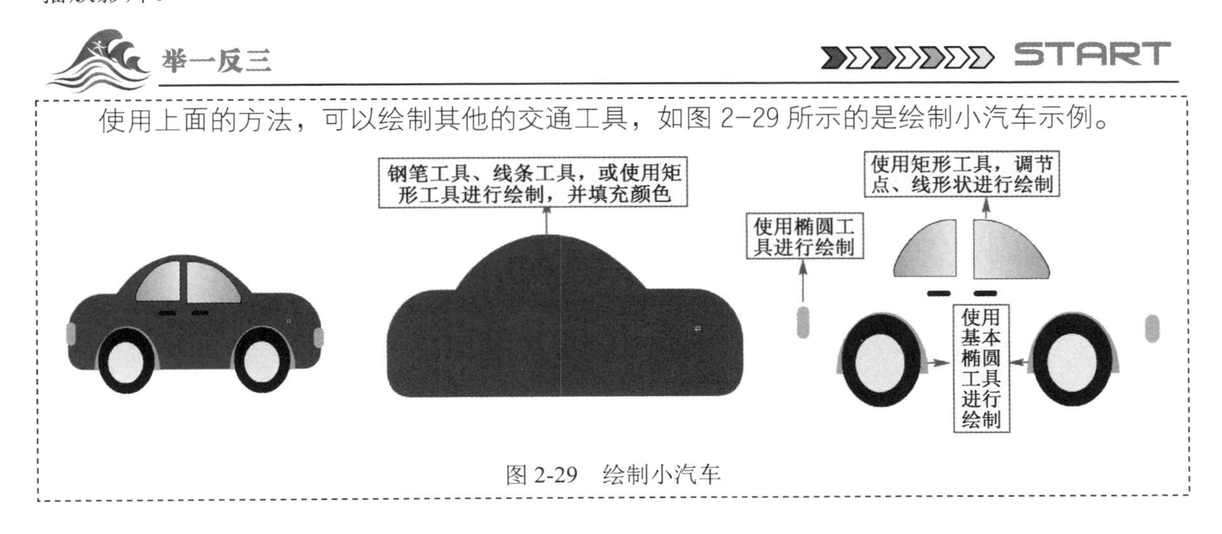

图 2-29　绘制小汽车

2.2.2　矩形工具和基本矩形工具

工具箱中的【矩形工具】和【基本矩形工具】，可以绘制矩形、正方形和圆角矩形。绘制的图形由填充和线条组成。属性设置如图 2-30 所示。

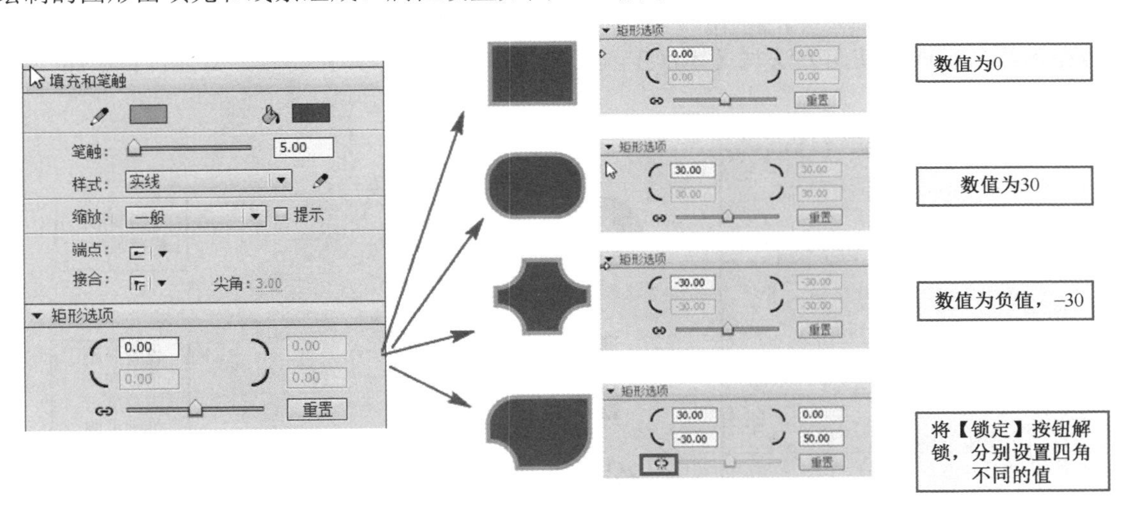

图 2-30　设置矩形属性

绘制的矩形包括线条和填充色，线条属性的设置与【线条工具】的属性设置一致。填充色单击【填充颜色】按钮进行选择。

“矩形选项”的值可以改变圆角矩形的形状，值越大，圆角矩形的半径越大。值为 0 时为直角。值为负数时，向内弯曲，如图 2-30 所示。

【矩形工具】和【基本矩形工具】都是用来绘制矩形或正方形的，属性设置也相同。两者最主要的区别有以下两点。

（1）【矩形工具】先设定参数，然后在舞台上绘制，绘制完成后参数就不再起作用了，绘制的对象为形状或者绘制对象。

（2）【基本矩形工具】绘制在舞台上的形状可以修改。绘制的对象为“矩形图元”，并且在舞台上可以使用鼠标调节矩形的形状，如图 2-31 所示。

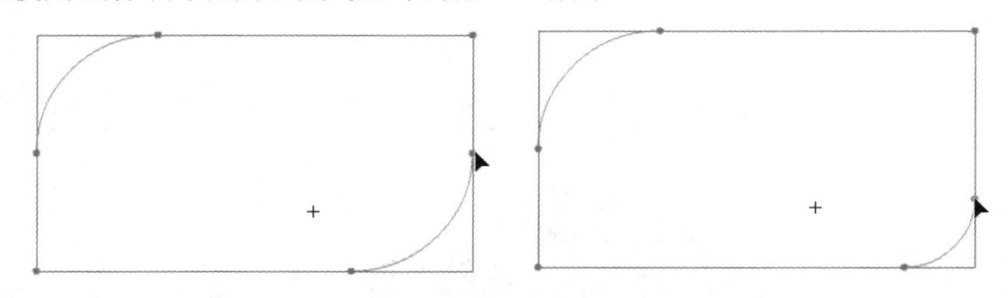

图 2-31 调整“矩形图元”的形状

按住【Shift】键，在舞台上进行拖曳，可以绘制正方形。

2.2.3 椭圆工具与基本椭圆工具

工具箱中的【椭圆工具】和【基本椭圆工具】可以绘制圆形、椭圆形。绘制的图形由填充和线条组成。使用方法与【矩形工具】和【基本矩形工具】类似。属性设置如图 2-32 所示。

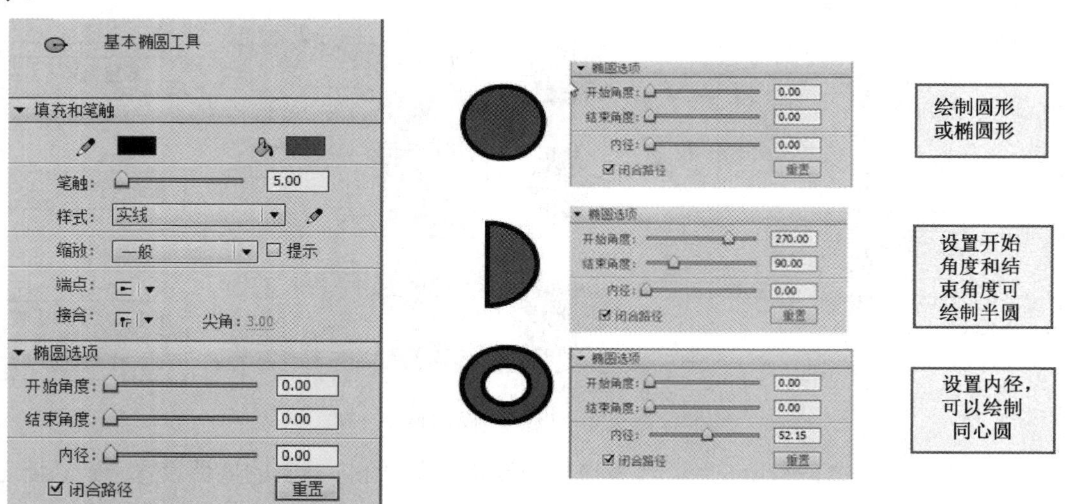

图 2-32 【椭圆工具】和【基本椭圆工具】属性设置

“椭圆选项”的值可以改变椭圆为扇形、同心圆等形状。【椭圆工具】和【基本椭圆工具】都是用来绘制圆形或椭圆形的，两者的区别与【矩形工具】和【基本矩形工具】的区别类似，

【椭圆工具】先设定参数，然后在舞台上绘制，绘制完成后参数就不再起作用了，绘制对象为形状或者绘制对象。而【基本椭圆工具】绘制在舞台上的形状可以进行修改，绘制的对象为“椭圆图元”，并且在舞台上可以使用鼠标调节椭圆的形状。

2.2.4　多角星形工具

利用【多角星形工具】可以绘制多边形和星形，在工具箱中选择【多角星形工具】后，在“属性”面板中可以设置其属性。与【矩形工具】类似，可设置线条样式及填充样式等。不同的是【多角星形工具】在“属性”面板下面有个 选项... 按钮，在弹出的“工具设置”对话框中可以选择绘制的样式、边数、星形顶点大小等值，如图 2-33 所示。

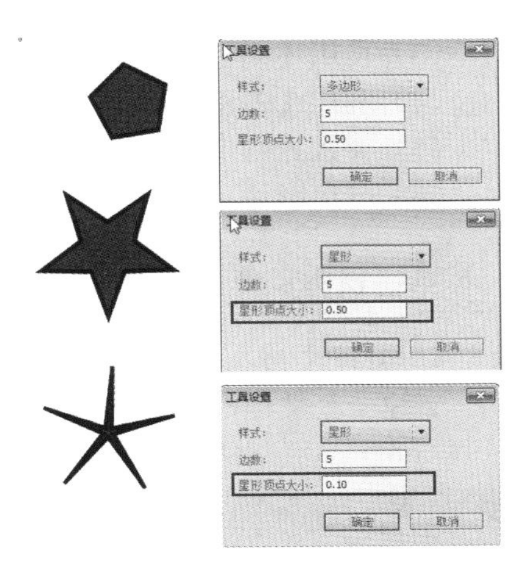

图 2-33　【多角星形工具】属性设置

2.3　刷子及橡皮擦工具应用

2.3.1　课堂实例 3——绘制圣诞夜晚

实例综述

本实例的主要效果如图 2-34 所示，主要是用【刷子工具】装饰圣诞树的效果，使用【橡皮擦工具】处理礼品素材图片。

图 2-34　圣诞夜晚

实例分析

本实例主要使用【刷子工具】和【橡皮擦工具】来绘制圣诞夜晚效果，在制作实例中熟悉并掌握如何设置【刷子工具】的刷子模式、刷子大小、刷子形状。【橡皮擦工具】也需要注意橡皮擦模式和橡皮擦形状的选择。

本实例的操作主要包括以下环节。

（1）新建文档并保存，设置文档大小。
（2）导入背景图片和圣诞树图片，拖放到舞台相应的位置。
（3）使用【刷子工具】为圣诞树绘制装饰点和装饰条。
（4）利用【多角星形工具】绘制五角星，并填充颜色。
（5）导入礼物位图素材，使用【橡皮擦工具】修理图片。
（6）导出影片。

操作步骤 START

1. 新建文档

新建一个文档，设置背景大小为800×500像素，并保存文档。

2. 导入图片

图 2-35　添加背景及圣诞树图片

（1）选择“图层1”，重命名为“背景”。执行【文件】→【导入】→【导入到舞台】命令，在弹出的“导入”对话框中选择光盘文件“第2章/实例3/背景.png”，导入到舞台上，设置属性X：0、Y：0、宽：800、高：500，如图2-35所示。

（2）新建图层，重新命名为“圣诞树”，执行【文件】→【导入】→【导入到舞台】命令，将圣诞树拖曳到舞台中间位置，如图2-35所示。

3. 绘制装饰点及装饰条

（1）新建图层，重命名为“装饰”。

（2）选择工具箱中的【刷子工具】，在工具箱下面的选项区中设置属性，如图2-36所示。选择【绘制对象】模式，可将绘制的形状保存为一个整体，便于操作。设置刷子模式为标准绘制，刷子形状为圆形，再选择刷子的大小和颜色。

（3）设置完【刷子工具】属性后，使用【刷子工具】在圣诞树上单击，绘制装饰点。一种颜色绘制好后，再更换为其他颜色和大小的装饰点，丰富绘制效果，如图2-36所示。

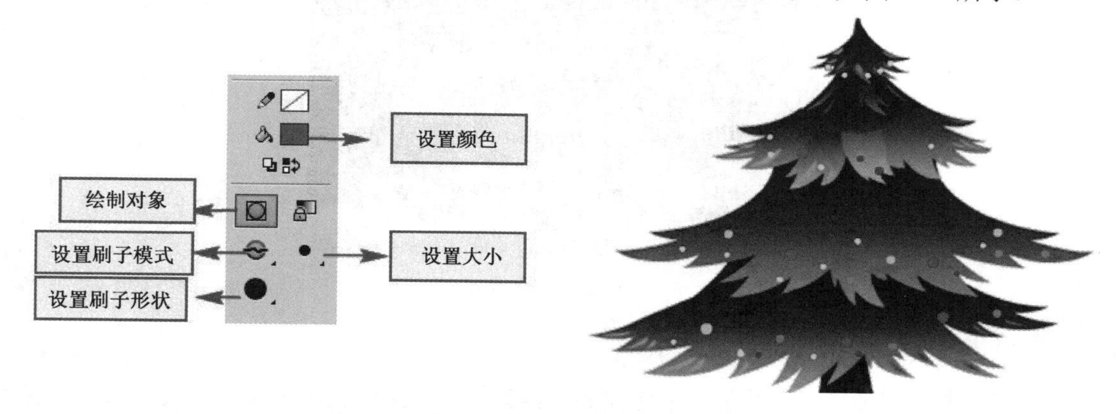

图 2-36　【刷子工具】属性设置及绘制装饰点

（4）绘制装饰条与绘制装饰点类似。设置刷子的形状为圆形，大小为最大，颜色为白色，然后在圣诞树上绘制彩条效果。可进行色彩搭配，绘制其他颜色彩条效果，如图2-37所示。

4. 绘制五角星

（1）新建一个图层，重命名为“五角星”，选择该图层的第 1 帧，并将其他图层锁定。

（2）选择【多角星形工具】，在“属性”面板中选择【选项】按钮，在弹出的“工具设置”对话框中设置“样式”为“星形”，“边数”为 5，单击【确定】按钮。选择填充颜色为黄色（#FFFF00），笔触颜色为黑色（#000000），在舞台上绘制一个五角星。

图 2-37　绘制彩条

（3）双击进入五角星绘制对象编辑窗口进行编辑。如图 2-38 所示，将五角星的顶点与对角的顶角连线，然后选择【颜料桶工具】，设置填充颜色为#FFCC00，间隔地对分割的小三角填充颜色。最后删除线条，突出五角星的立体感觉。

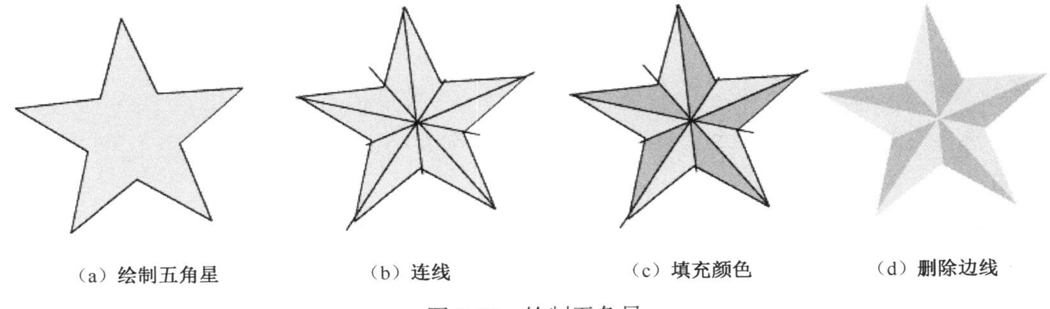

（a）绘制五角星　（b）连线　（c）填充颜色　（d）删除边线

图 2-38　绘制五角星

5. 导入礼物位图素材

（1）新建图层，重命名为“礼物”，选择该图层的第 1 帧，并将其他图层锁定或隐藏。

（2）导入“礼物 1.jpg”和“礼物 2.jpg”两张图片素材到舞台上。

（3）选择图片，将其“分散”。按【Ctrl+B】组合键或者右击，在弹出的快捷菜单中执行【分散】命令。

（4）选择工具箱中【橡皮擦工具】，设置橡皮擦模式为“标准擦除”，将多余的白色区域擦除，如图 2-39 所示。

图 2-39　使用【橡皮擦工具】处理图片

（5）分别设置两个“礼物”的大小，放在圣诞树下。

6. 导出影片

按【Ctrl+Enter】快捷键，测试影片。

举一反三 START

在“圣诞夜晚”实例的基础上，给上面的实例添加“圣诞快乐”披雪文字的效果，如图 2-40 所示。

图 2-40　披雪文字

操作提示

（1）选择工具箱中的【文本工具】T，设置文字大小为 96，颜色为红色（#FF0000），在舞台上输入“圣诞快乐”4 个大字。

（2）按两次【Ctrl+B】快捷键，将文字分散。

（3）选择【刷子工具】，设置刷子模式为颜料选择。选择分散的文本，在文字上面进行绘制，如图 2-41 所示。

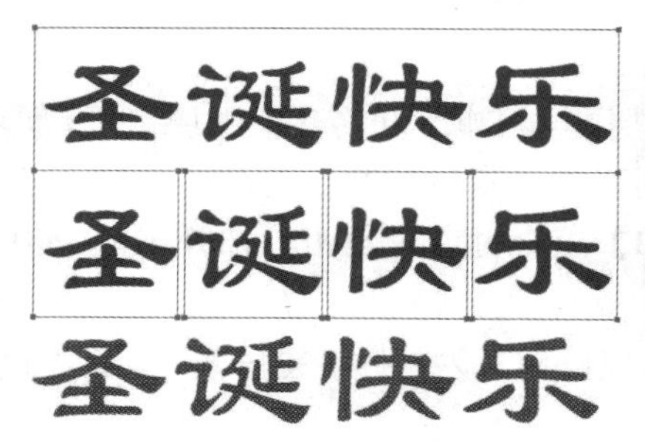

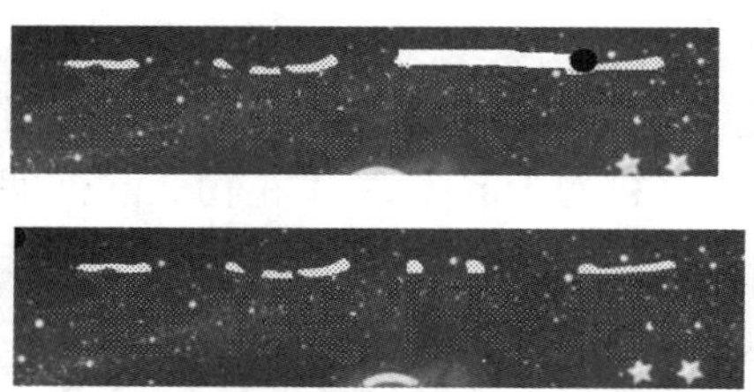

图 2-41　披雪文字制作过程

2.3.2　刷子工具

【刷子工具】是常用的绘图工具之一，【刷子工具】绘制的是填充区域而不是线条。在“属性”面板中会出现【刷子工具】的相关属性，主要设置颜料桶的颜色。选择【刷子工具】时，在工具箱的选项区中，可以进行刷子工具的模式、大小、形状属性设置，如图 2-42 所示。

【刷子工具】的颜色可以在【颜料桶工具】中选择，根据绘制需要可以选择不同的刷子绘制形状和刷子大小。而刷子模式的设置主要包括 5 种，具体功能如下。

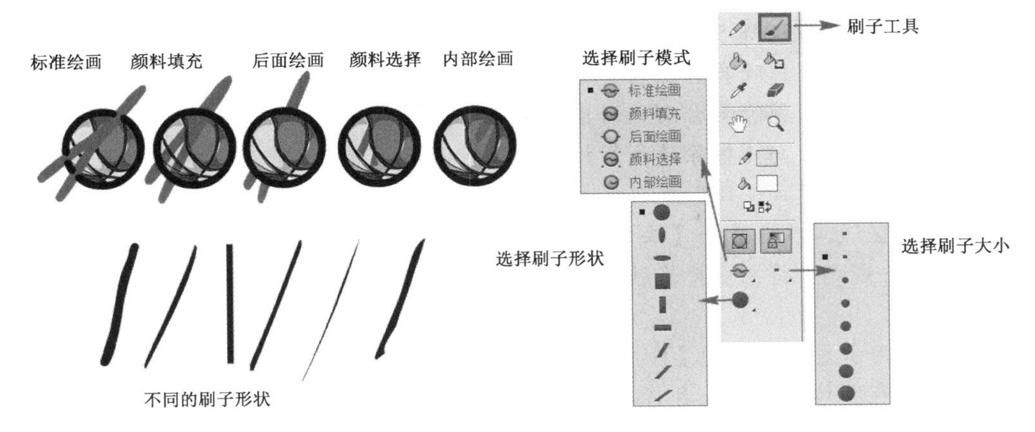

图 2-42 刷子工具属性

【标准绘画】模式：在舞台上呈现绘制效果，可以在同一图层中的线条和填充区域进行绘制，将覆盖已绘制的对象。

【颜料填充】模式：可以在填充区域和空白区域进行绘画，绘制的线条不受影响，绘制的填充区域将在线条下面显示。

【后面绘画】模式：绘制的对象将呈现在已绘制的线条和填充区域下面显示。

【颜料选择】模式：在该模式下，需要先选择一个填充区域，绘制的内容只在选择的区域内显示，而未选择的区域，不会呈现绘制效果。

【内部绘画】模式：该模式将画笔笔触开始的封闭区域作为绘制区域，这个绘制区域以外的部分不能进行绘制。如果在空白区域中开始绘制，则不会影响任何现有的填充区域。

按住【Shift】键，使用【刷子工具】进行绘制时，可以绘制水平线或垂直线。

2.3.3 橡皮擦工具

使用【橡皮擦工具】可以擦除图形的填充色和路径。选择【橡皮擦工具】，在工具箱选项区中可以选择【橡皮擦工具】的橡皮擦模式、橡皮擦形状和水龙头选项，如图 2-43 所示。

图 2-43 橡皮擦工具属性

【橡皮擦工具】可以选择5种不同的擦除模式，如图2-43所示，具体功能如下。
【标准擦除】模式：擦除舞台上的矢量图形、形状、分散位图、分散文本等。
【擦除填色】模式：擦除舞台形状对象的填充色，而不能擦除线条。
【擦除线条】模式：与【擦除填色】相反，只能擦除填充色，而不能擦除线条。
【擦除所选填充】模式：只能擦除所选择的区域内的填充，而其他区域不能擦除。操作时，先选择填充区域，然后选择【橡皮擦工具】进行擦除。
【内部擦除】模式：将橡皮擦笔触开始的封闭区域作为擦除区域，这个区域以外的区域不能进行擦除。
水龙头：使用水龙头模式的【橡皮擦工具】可以单击删除整个路径和填充区域。也就是将图形的填充色整体去除，或者将路径全部擦除。
大小形状设置：打开橡皮擦形状下拉列表框，可以看到Flash CC提供了10种形状、大小不同的选项，可根据绘制需要进行选择。

双击【橡皮擦工具】，会快速擦除舞台中未锁定图层中的所有内容。

2.4 图像色彩应用

2.4.1 课堂实例4——绘制阳光海滩

实例综述

本实例的主要效果如图2-44所示。本实例主要是线条、矩形、椭圆等绘图工具和颜料桶、墨水瓶、任意变形工具、渐变变形工具等工具的综合应用。重点内容是如何使用颜料桶和颜色面板进行线性填充、径向填充，并结合渐变变形工具对其进行调整；如何使用任意变形工具对所选择对象进行变形操作。通过实例的制作，熟悉并掌握颜色面板、样本面板的使用。

图2-44　阳光海滩效果

实例分析

本实例通过绘制图形元素，可以巩固对线条、矩形、椭圆、钢笔等绘制图形工具的使用。为了实现逼真的绘制效果，需要对绘制的天空、海面、沙滩等对象填充颜色，本实例主要对“颜色”面板中的线性填充、径向填充进行讲解，以及如何使用【渐变变形工具】对填充样式进行修改。

本实例中的元素对象主要包括天空、海面、白云、阳光、远山、倒影及椰子树。主要的操作包括以下环节。

（1）新建文档并保存，设置文档大小。

（2）绘制天空。使用【矩形工具】绘制天空，填充区域为线性填充，设置填充颜色、方向和范围。

（3）绘制海面。使用【矩形工具】绘制海面，与制作天空的方法类似。

（4）绘制沙滩。使用【钢笔工具】绘制沙滩边缘线，并填充颜色。

（5）绘制白云。使用【椭圆工具】绘制白云。

（6）绘制远山，并绘制倒影。

（7）绘制阳光。使用【椭圆工具】绘制太阳，使用径向填充设置颜色填充效果。

（8）绘制阳光光照效果。使用【多角星形工具】绘制五边形及八角星形。

（9）拖曳椰子树元件。

（10）导出影片。

操作步骤　START

1. 新建文档并保存

新建文档并保存为“阳光沙滩.fla”，设置文档大小为 800×400 像素，帧频为 24fps。

2. 绘制天空

（1）使用【矩形工具】绘制 800×400 的矩形，位置为 X：0，Y：0，覆盖舞台。

（2）选择“颜色”面板，在弹出的面板中，选择“线性渐变”填充，并设置渐变的颜色，左侧颜色为#1871E1，右侧颜色为#DCFFFE，如图 2-45 所示。

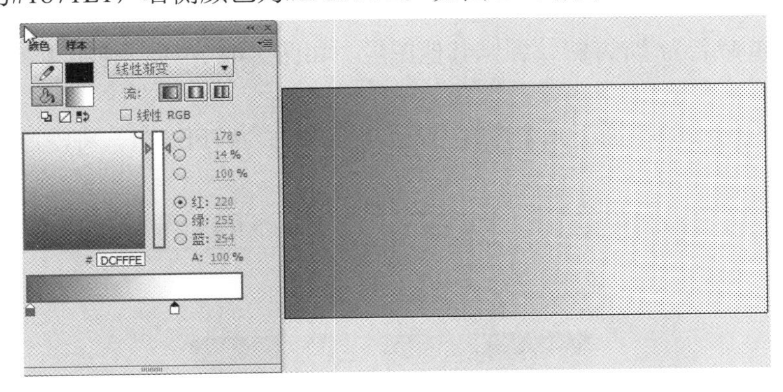

图 2-45　背景色渐变

（3）选择工具箱中【渐变变形工具】，调整渐变变形工具右上角的小圆，把鼠标放在上面，当鼠标变成圆形时，表示可以调整填充方向。选择边线处的横向箭头，可以调整渐变区域的大小。如图 2-46 所示，调整渐变变形的渐变方向、范围和大小。

3. 绘制海面

使用【矩形工具】绘制海面，与天空制作方法类似。新建一个图层，重命名为“海面”，绘制一个矩形海面，占舞台下方 50%左右。在“颜色”面板中选择线性渐变，颜色设置与天空一致。调整渐变角度及范围如图 2-47 所示。

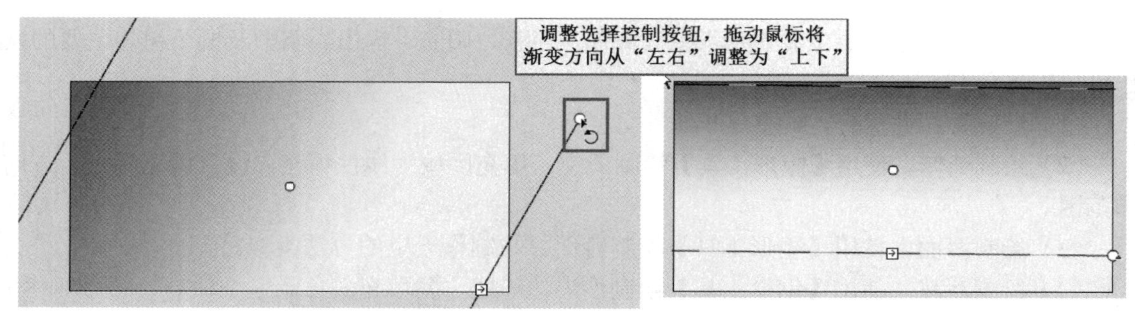

（a）调整渐变方向　　（b）调整范围和大小

图 2-46　调整渐变方向、范围和大小

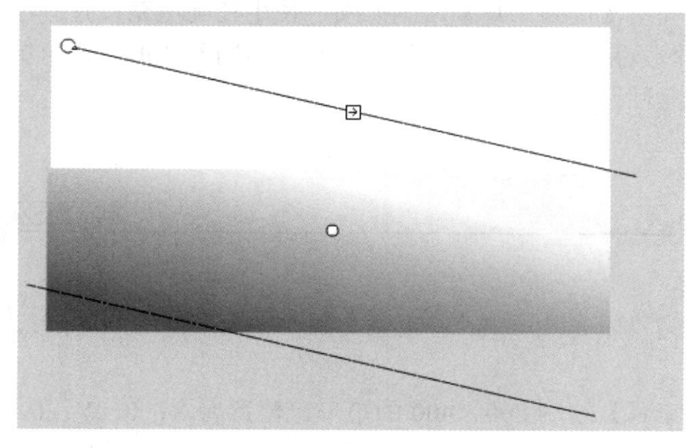

图 2-47　绘制海面

4. 绘制沙滩

新建图层，重命名为“沙滩”，锁定其他图层。如图 2-48 所示，使用【钢笔工具】绘制沙滩边缘线。

选择工具箱中的【颜料桶工具】，设置填充颜色为#FFE8C4。将沙滩的封闭区域填充上沙滩颜色。

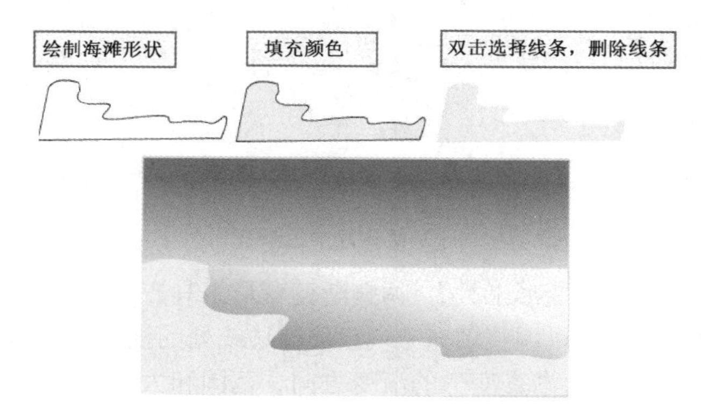

图 2-48　绘制沙滩

5. 绘制白云

新建图层，重命名为“白云”，锁定其他图层。白云的边缘都比较平滑，可以由大小不同的椭圆形组成。首先选择【椭圆工具】，设置笔触颜色为无，填充颜色为白色。绘制过程如图 2-49 所示。

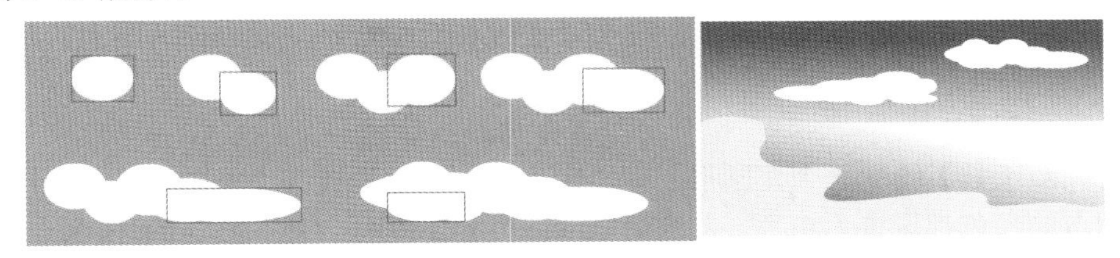

（a）绘制白云的过程　　（b）绘制白云的效果

图 2-49　绘制白云过程及效果

6. 绘制远山及倒影

新建图层，重命名为“远山”，锁定其他图层。绘制远山及倒影效果如图 2-50 所示。

图 2-50　绘制远山及倒影效果

远山及倒影的绘制过程如表 2-4 所示。

表 2-4　远山及倒影绘制过程

绘制步骤	说　明
	使用【钢笔工具】或者【铅笔工具】绘制远山的外轮廓，设置颜色为#5B8E2C。删除边线，按【Ctrl+G】快捷键将其组合为一个整体。
	使用【钢笔工具】或者【铅笔工具】绘制另一个远山的外轮廓，设置颜色为#006600，删除边线，按【Ctrl+G】快捷键将其组合为一整体。
	选择绘制的两部分远山，按【Ctrl+G】快捷键，组合为一体。
	复制山的组合，将其分离为形状。 使用【颜料桶工具】，设置颜色为#D3E5D5。 执行【修改】→【变形】→【垂直翻转】命令，将山翻转，形成倒影。
	用同样的方法绘制另一个远山，放置在场景中。

7. 绘制阳光及光照效果

新建图层，重命名为“阳光”。阳光的绘制包括太阳、光环、反射在水面上的两点等。绘制过程如下。

（1）绘制太阳

使用【椭圆工具】绘制一个正圆形，在“颜色”面板中设置为“径向填充”颜色效果，两个颜色控制点的颜色都设置为白色，左侧的Alpha值为100%，右侧的Alpha值为0%，形成从中心向外的渐变效果，如图2-51所示。绘制后按【Ctrl+G】快捷键将其组合。

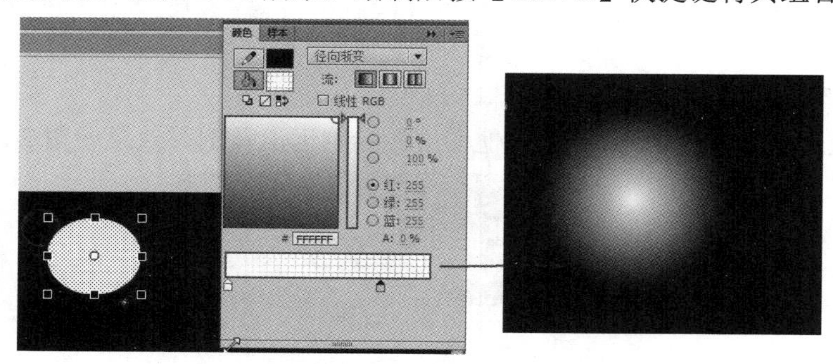

图2-51　绘制太阳

（2）绘制光圈

使用【椭圆工具】绘制一个正圆形，比上面的圆要大一些，在“颜色”面板中设置为“径向填充”颜色效果。其中包括4个颜色控制点，颜色值及位置设置如图2-52所示，从左到右依次为①白色（#FFFFFF），Alpha值为0%；②白色（#FFFFFF），Alpha值为0%；③黄色（#FFD443），Alpha值为24%；④白色（#FFFFFF），Alpha值为0%，形成一个光圈效果。绘制后将其组合（快捷键为【Ctrl+G】）。在舞台上再绘制其他大小不一的光圈。

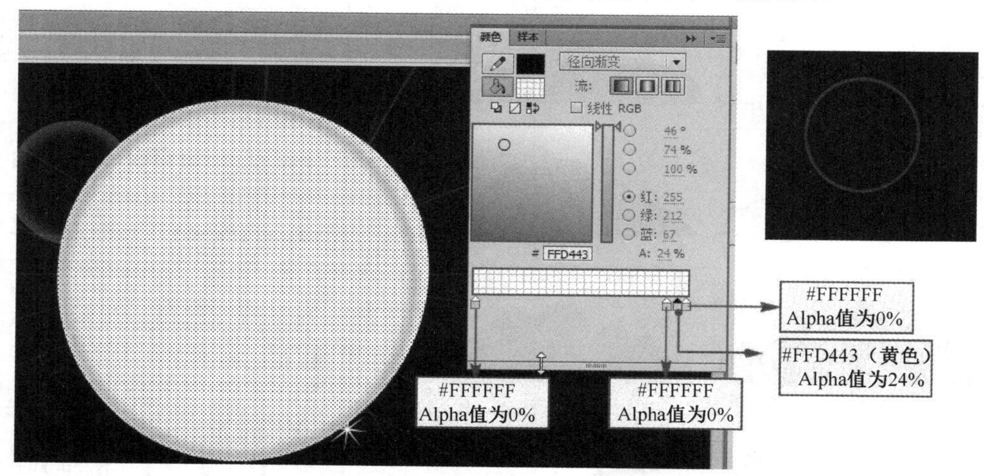

图2-52　绘制光圈

（3）绘制光线

绘制表示太阳光的光线，使用【线条工具】，设置线条粗细为1像素，颜色为白色，Alpha值为10%，在太阳上绘制一些放射线即可，如图2-53所示。

（4）绘制反射光

表示水面或者空气中的反射光的效果，采用【多角星形工具】进行绘制。选择【多角星形工具】，在颜色属性中设置笔触颜色为“无”，填充颜色为白色，Alpha 值为 20%。单击【选项】按钮，在弹出的“工具设置”对话框中，设置“样式”为“多边形”，“边数”为 5，“星形顶点大小”为 0.5，单击【确定】按钮后，在舞台上绘制大小不同的五边形，如图 2-54 所示。

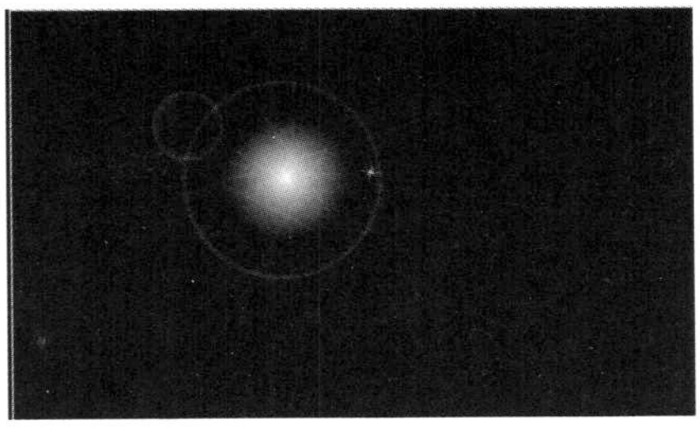

图 2-53　绘制光线

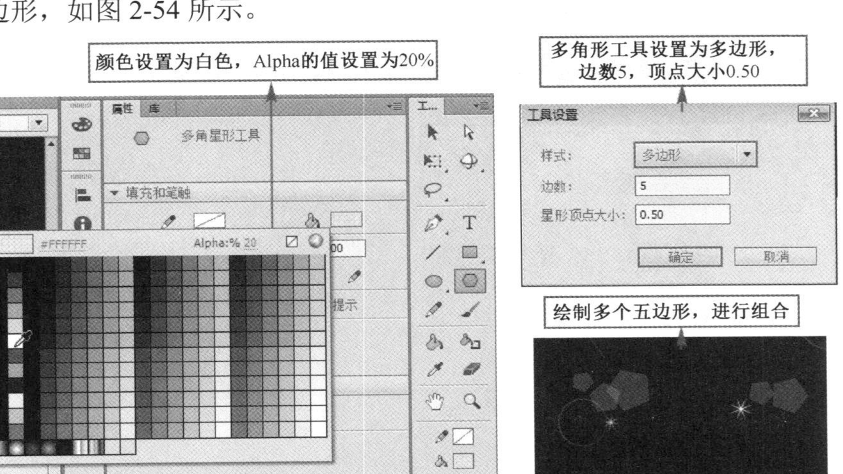

图 2-54　绘制五边形

阳光反射的亮点，用八角星形表示，设置笔触颜色为白色，Alpha 值为 20%，填充颜色为白色，Alpha 值为 100%，单击【选项】按钮，在弹出的“工具设置”对话框中，设置“样式”为“星形”，“边数”为 8，“星形顶点大小”为 0.1，单击【确定】按钮后，在舞台上绘制大小不同的八角星形。星形不要绘制太大，如图 2-55 所示。

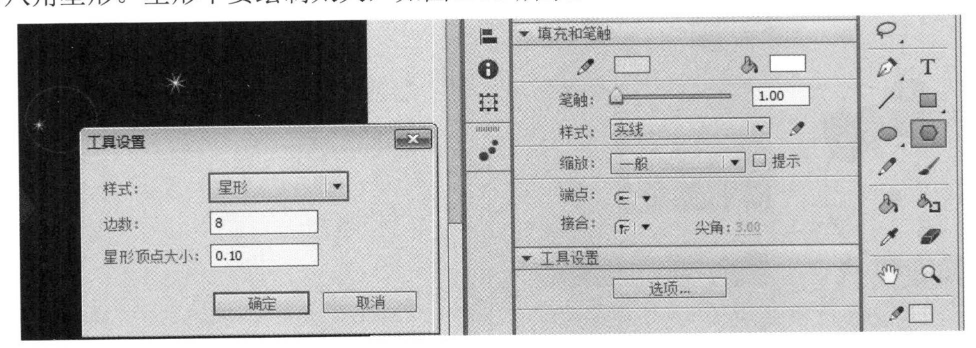

图 2-55　八角星形的参数设置

8. 导入椰子树元件

直接导入“第三章/课堂实例 1/椰子树.fla”中的元件实例。执行【文件】→【导入】→【打开外部库】命令，在弹出的对话框中，选择指定的文件，单击【打开】按钮即可。在 Flash CC 面板中，会弹出一个外部库窗口，如图 2-56 所示。将椰子树元件拖曳到舞台上，并调整大小。

9. 导出影片

执行【文件】→【保存】命令，或按快捷键【Ctrl+S】保存文件。按【Ctrl+Enter】组合键，测试影片。

START

图 2-57 所示的是举一反三实例，与上面的实例主要在沙滩、白云、阳光等组成元素的形状上有差别，绘制过程是一样的，使用上面的制作过程和方法，绘制如图 2-57 所示的海滩背景。参考光盘文件“第二章/实例 4 阳光海滩/举一反三.fla”，进行操作。

图 2-56　导入外部库素材

图 2-57　举一反三实例

2.4.2　墨水瓶工具

【墨水瓶工具】用于修改路径的颜色、粗细、线条等。该工具所对应的颜色为笔触颜色。即在工具箱的笔触颜色设置、“属性”面板的笔触颜色设置或“颜色”面板的笔触颜色设置，都可以设置【墨水瓶工具】的颜色，如图 2-58 所示。

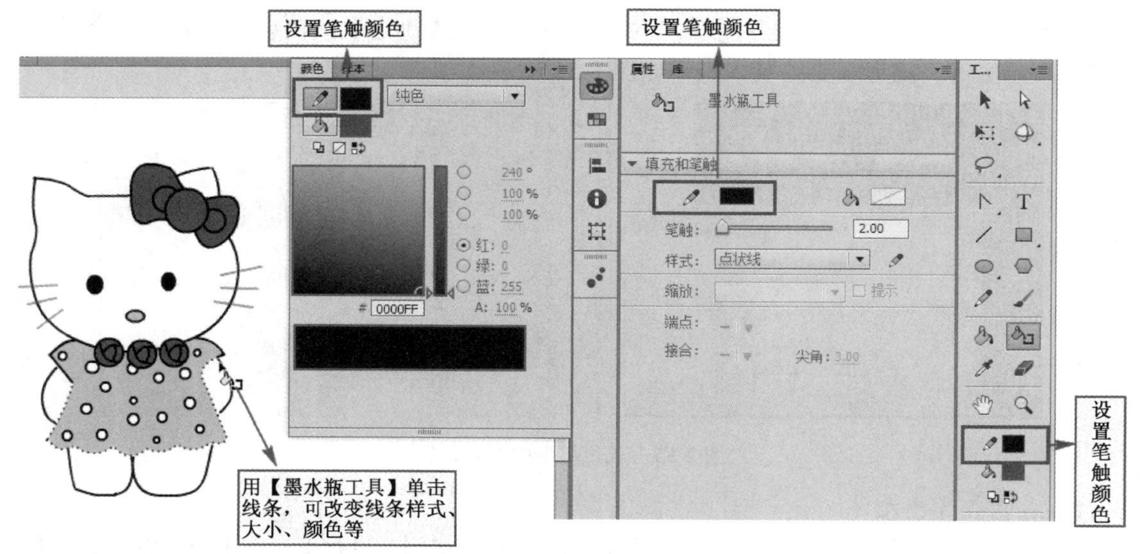

图 2-58　【墨水瓶工具】的属性设置

【墨水瓶工具】可以修改已有线条的颜色、笔触高度、轮廓线及边框线条的样式等属性，也可以为图形添加边框，如图 2-59 所示。

图 2-59　为图形添加边框

2.4.3　颜料桶工具

【颜料桶工具】可以为封闭的区域填充颜色，也可以对已有的填充区域进行颜色修改，选择工具箱中的【颜料桶工具】或按快捷键【K】，即可选择【颜料桶工具】，在“属性”面板中可以设置填充颜色。

【颜料桶工具】与【墨水瓶工具】设置笔触颜色相同，如图 2-60 所示，可在工具箱颜色设置区、“属性”面板、“颜色”面板中设置填充颜色 。

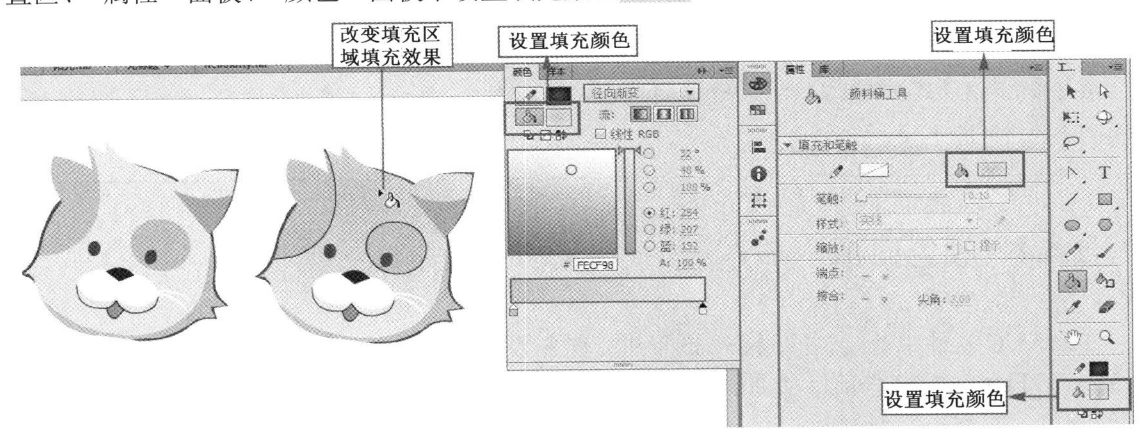

图 2-60　颜料桶工具

对绘制好的轮廓，进行颜色填充时，可以单击工具箱下方的【间隔大小】按钮，对封闭区域或带缝隙的区域进行填充，如图 2-61 所示。

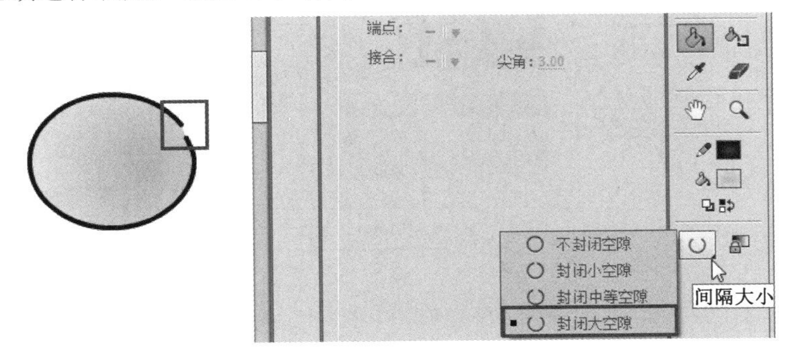

图 2-61　填充空隙

【不封闭空隙】：默认情况下选择的是【不封闭空隙】选项，所有未封闭曲线内将不会被填充颜色。

【封闭小空隙】：在填充颜色前，自行封闭选区的小空隙。

【封闭中等空隙】：在填充颜色前，自行封闭选区的中等空隙。

【封闭大空隙】：在填充颜色前，自行封闭选区的大空隙。

【锁定填充】按钮：可将不同区域的填充效果连成一体。当单击锁定按钮，进行位图或者渐变填充时，填充范围为整个舞台区域内的涂色对象。而锁定按钮没有选择时，以单个对象为整体进行填充。如图 2-62 所示，右侧为选择【锁定填充】后的填充效果，而左侧为没有选择【锁定填充】的填充效果。

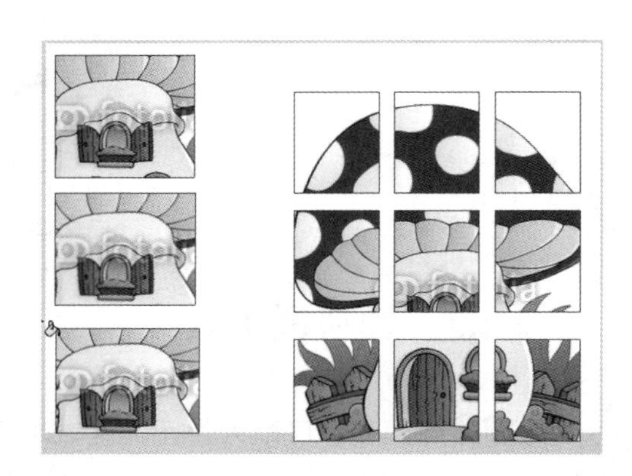

图 2-62　锁定填充

在【锁定填充】选择情况下，对多个对象进行填充时，先对中心区域的对象进行填充。系统会识别第一个填充对象为位图中心。

2.4.4　颜色面板

Flash CC 软件中对绘制的线条、图形进行颜色设置时，很多情况下结合“颜色”面板进行设置。在 Flash CC 软件的浮动面板区，单击按钮，弹出“颜色”面板，可以设置笔触和填充的颜色，如图 2-63 所示。

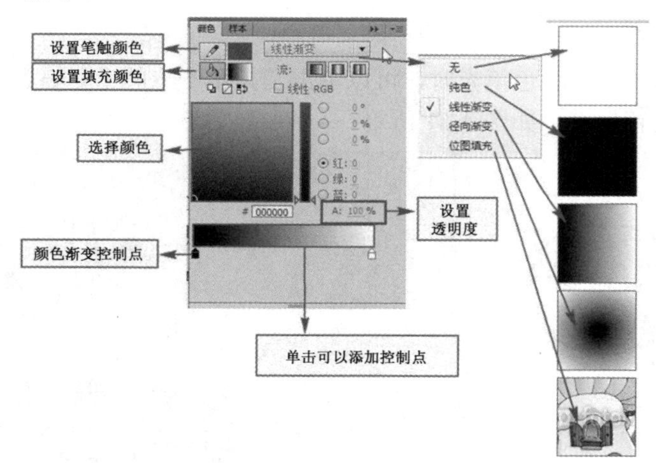

图 2-63　“颜色”面板

“颜色”面板各选项的作用如下。

- 设置【笔触颜色】。选中该按钮表示目前对笔触颜色进行设置。单击右侧的颜色框，可以在弹出的颜色列表中选择颜色。
- 设置【填充颜色】。选中该按钮表示目前对填充颜色进行设置。单击右侧的颜色框，可以在弹出的颜色列表中选择颜色。
- 这 3 个选项可以快速地将笔触颜色和填充颜色设置为黑白、无或者交换。
- 在 纯色 下拉列表中可以选择 5 种填充方式：无、纯色、线性渐变、径向渐变、位图填充。
- 流: 表示渐变色溢出模式，依次为扩展、反射和重复。
- “红”、“绿”、“蓝”单选按钮：用于设置三原色的数字。
- “A”：表示设置颜色透明度的百分比。
- # 6EFF00 ：表示输入的十六进制数，表示颜色。

下面详细介绍如何实现线性渐变、径向渐变及位图填充。

1. 线性渐变

颜色从一种颜色到另一种颜色渐变，按照直线线性关系变换。

在“颜色”面板的下拉列表中选择“线性渐变”，可在“颜色”面板下方设置线性渐变的颜色，如图 2-64 所示。在“渐变色编辑栏”中，设置渐变色的起始点颜色和终点颜色。

注意

用户还可以在“渐变色编辑栏”上单击增加过渡色标，拖动鼠标可以移动该色标的位置，单击色标，拖曳出面板即可删除色标。

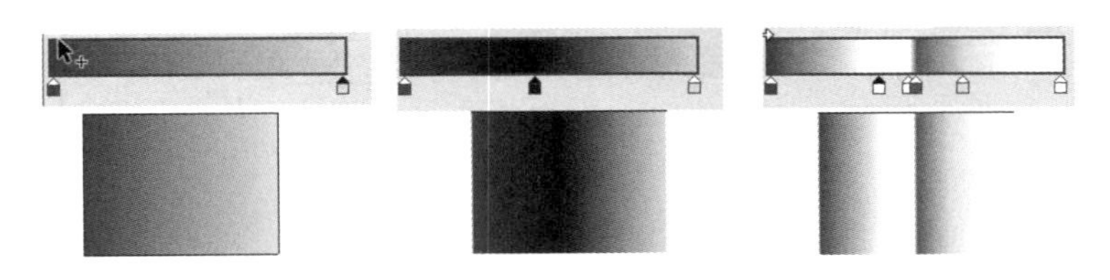

图 2-64　设置线性渐变颜色

2. 径向渐变

颜色从一种颜色到另一种颜色按照从中心到四周的径向放射性变化。

在“颜色”面板的下拉列表中选择“径向渐变”，在“渐变色编辑栏”中，设置色标的颜色，如图 2-65 所示。

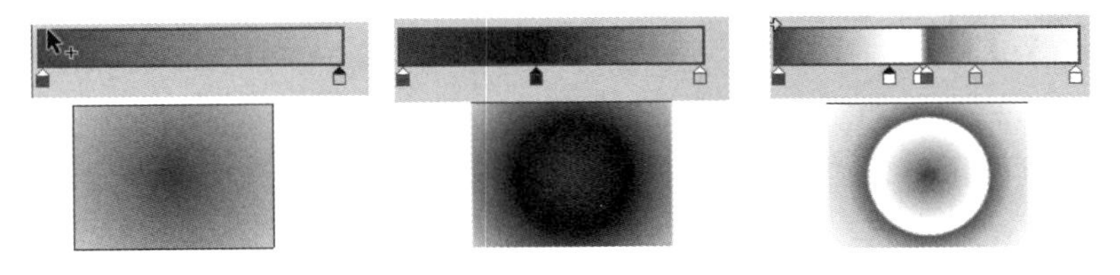

图 2-65　设置径向渐变颜色

3. 位图填充

在 Flash 软件中可以对填充区域进行位图填充。在填充位图之前，需要将位图导入到库中，如图 2-66 所示。

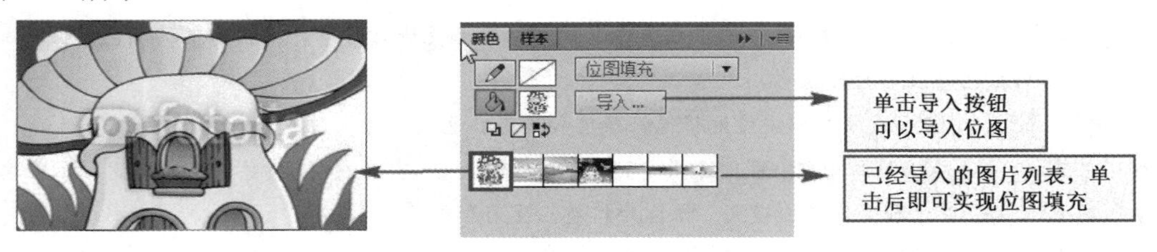

图 2-66 位图填充设置

2.4.5 渐变变形工具

当填充区域为渐变填充、径向填充和位图填充时，可以使用【渐变变形工具】对填充效果进行修改。

选择工具箱中的【渐变变形工具】，单击已经填充好的填充对象，会出现相应的控制柄，用控制柄对填充效果进行调整，如图 2-67 所示。

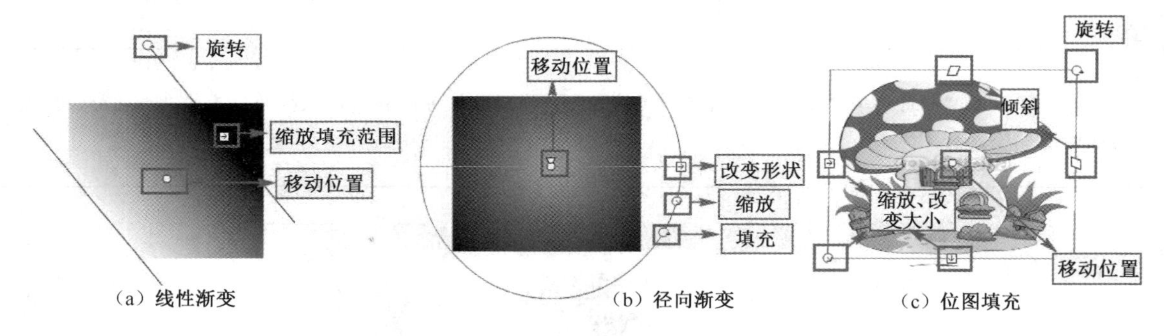

图 2-67 调节填充效果

（1）线性渐变的控制柄主要包括旋转、移动位置和缩放 3 个。“阳光海滩”实例中的天空、海面都需要使用【渐变变形工具】对填充效果进行旋转及改变位置。

（2）径向渐变的控制柄也包括移动位置、旋转、缩放、改变形状等。默认情况下径向渐变为正圆形，可以通过 按钮，将正圆形改变为椭圆形。

（3）位图填充的控制柄包括移动位置、缩放、旋转和倾斜等。

2.4.6 滴管工具

工具箱中的【滴管工具】可以吸取舞台区域中已经存在的图形的颜色或样式，应用到其他图形中。

选择工具箱中的【滴管工具】，鼠标会变成吸管图标，在填充样式上单击，鼠标即变成颜料桶图标效果，然后再单击其他填充区域，就显示为所吸取的颜料样式。如图 2-68 所示，选择五角星的渐变区域应用到“Hello Kitty”猫的裙子上，裙子的填充区域即显示为所吸取的渐变效果。同样，吸取位图的填充效果，可以将位图的填充效果应用到其他填充区域。

而【滴管工具】吸取的为线条的样式和颜色，则鼠标变成墨水瓶图标效果，单击其他线条，则显示相应的线条样式。如图 2-68 所示，将点状线的线条样式通过滴管工具应用到“Hello Kitty”的轮廓线上。

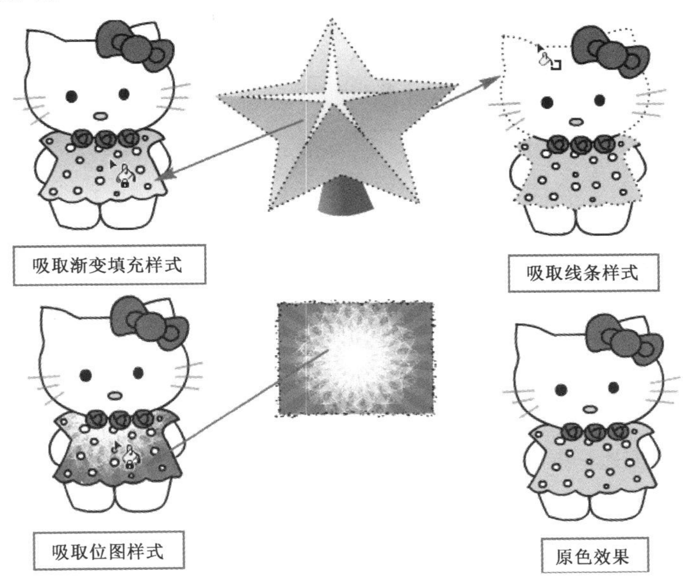

图 2-68　滴管工具应用

2.4.7　样本面板

“样本”面板提供了很多颜色供用户使用，“样本”面板分为上下两个部分：上部分是纯色样本，下部分是渐变色样本。

1. 添加样本

在“颜色”面板中，设定好一种颜色样本后，单击右上角的菜单按钮，在弹出的菜单中执行【添加样本】命令，即实现添加样本的功能，此时在“样本”面板中即可看到添加的样本，如图 2-69 所示。

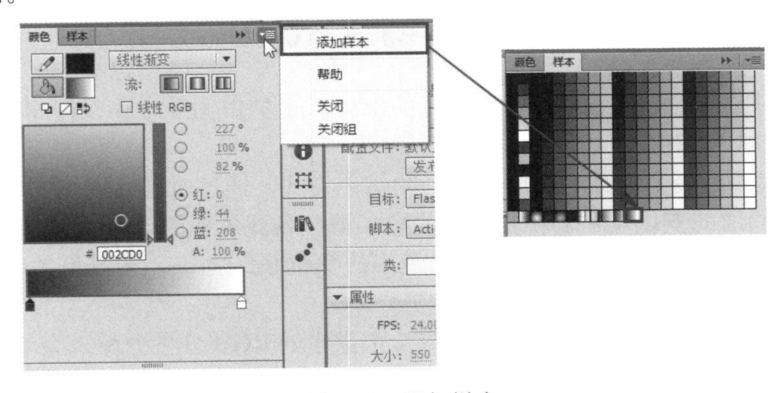

图 2-69　添加样本

2. 管理样本

在“样本”面板右上角的菜单命令中，可以对“样本”面板进行管理，如图 2-70 所示。

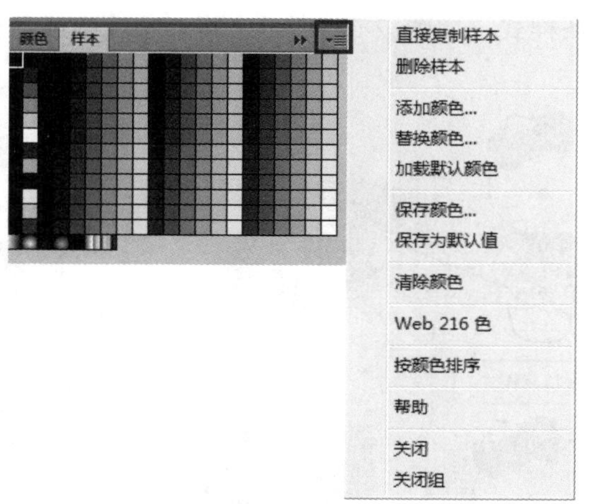

图 2-70　“样本”面板

【直接复制样本】：复制选择的样本颜色。

【删除样本】：删除选中的颜色。

【添加颜色】：将系统中保存的颜色添加到“样本”面板中。

【替换颜色】：将选中的颜色替换成系统中保留的颜色。

【加载默认颜色】：将“样式”面板中的颜色恢复到系统默认的颜色状态。

【保存颜色】：把编辑好的颜色保存到系统中。

【保存为默认值】：用编辑好的颜色替换系统默认的颜色文件。

【清除颜色】：清除当前面板中的所有颜色，只保留黑色与白色。

【Web 216 色】：用于调出系统自带的符合 Internet 标准的色彩。

【按颜色排序】：用于将色标按色相进行排列。

【帮助】：选择该命令，将弹出帮助文件。

【关闭】：关闭“样本”面板。

【关闭组】：关闭“样本”面板所在的面板组。

知识拓展——RGB 和 HSB 色彩模式

在 Flash 中对图形进行色彩填充是很重要的部分，而在 Flash CC 中，程序提供了两种色彩模式，分别为 RGB 和 HSB 色彩模式。

RGB 色彩模式是最为常见、使用最广泛的颜色模式，通过对红（Red）、绿（Green）、蓝（Blue）3 个颜色通道的变化及它们相互之间的叠加得到各式各样的颜色，这个标准几乎包括了人类视力所能感知的所有颜色，是目前应用最广的颜色系统之一。计算机的显示器就是通过 RGB 方式来显示颜色的。

RGB 色彩模式使用 RGB 模型为图像中每一个像素的 RGB 分量分配一个 0～255 范围内的强度值，分别用 3 个十六进制数进行表示。例如，纯红色 R 值为 255，G 值为 0，B 值为 0，则值为#FF0000，黑色为#000000，白色为#FFFFFF。RGB 图像只使用 3 种颜色，就可以使它们按照不同的比例混合，在屏幕上呈现出 16777216 种颜色。

HSB 色彩模式是以人体对色彩的感觉为依据的，描述了色彩的 3 种特性，其中 H 代表色相，S 代表纯度，B 代表明度。

（1）H：色相在 0～360°的标准色环上，按照角度值标示。比如，红色是 0°、橙色是 30°等。

（2）S：饱和度，指颜色的强度或纯度。饱和度表示色相中彩色成分所占的比例，用从 0（灰色）～100%（完全饱和）的百分比来度量。

（3）B：亮度，是颜色的明暗程度，通常用从 0（黑）～100%（白）的百分比来度量。

本章小结与重点回顾

本章主要介绍了【线条工具】、【钢笔工具】、【铅笔工具】等绘制线条工具的使用，并介绍如何设置线条的“属性”面板，绘制矢量图形。

基本图形工具包括【矩形工具】、【基本矩形工具】、【基本椭圆工具】和【椭圆工具】，通过本章的学习，读者可熟悉并掌握工具的使用方法及“属性”面板的设置，明确【矩形工具】与【基本矩形工具】，【椭圆工具】与【基本椭圆工具】的区别。

选择工具包括【选择工具】、【部分选择工具】和【套索工具】。使用最多的是【选择工具】，熟悉并掌握【选择工具】的选择、移动、复制、移动节点、改变线段等功能特点，是本章的重点内容。

【刷子工具】的主要功能为绘制填充区域，【橡皮擦工具】的主要功能为擦除图形，注意几种刷子模式和擦除模式的区别。

工具箱颜色编辑工具有【墨水瓶工具】、【颜料桶工具】和【滴管工具】3 种颜色填充工具。其中，【墨水瓶工具】用来设置边线的属性，【颜料桶工具】用来设置填充的属性，【滴管工具】用来从已存在的线条和填充中获得颜色信息。在颜色填充时通常结合【渐变变形工具】对图形填充的颜色进行修改。

课后实训 2

课堂练习 1——水晶按钮绘制

本实例主要使用【椭圆工具】绘制按钮外形，使用渐变填充和【渐变变形工具】调整按钮的填充效果，实现按钮的立体效果。水晶按钮的效果如图 2-71 所示。

操作提示

（1）设置舞台大小为 600×300 像素，渐变背景。

（2）绘制按钮的背景圆。线条粗细为 8 像素，中间为径向渐变，如图 2-72 所示。

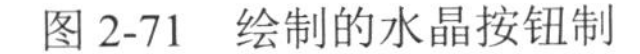

图 2-71　绘制的水晶按钮制

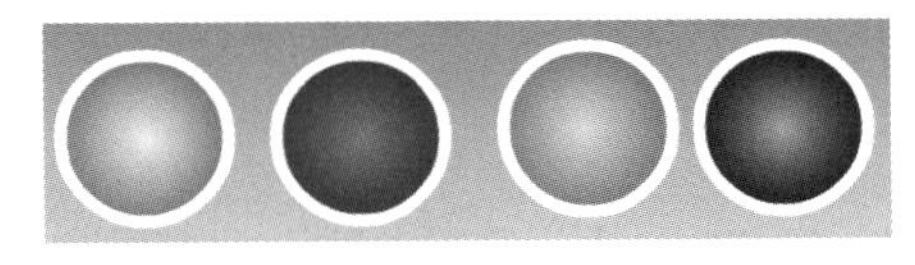

图 2-72　设置按钮的背景颜色

（3）添加图层，放置按钮图标，如图 2-73 所示。

（4）绘制高光，主要用线性渐变和径向渐变来设置高光效果。颜色均为白色，分别设置不同的透明度，如图 2-74 所示。

图 2-73　放置按钮图标

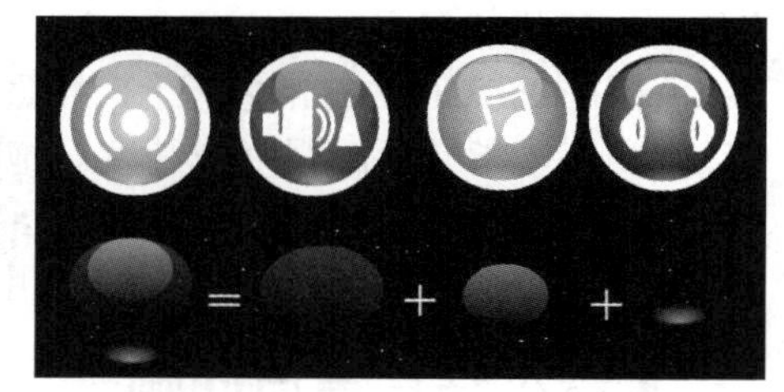

图 2-74　制作按钮立体效果

课堂练习 2——卡通角色设计

本实例主要使用线条绘制工具、基本图形绘制工具、颜色填充工具绘制卡通牛的角色，如图 2-75 所示。使用【钢笔工具】、【铅笔工具】和【线条工具】绘制卡通牛的线条轮廓；使用【选择工具】进行调整；使用【颜料桶工具】填充颜色。

图 2-75　绘制的卡通牛效果

课后习题 2

1．选择题

（1）在使用【矩形工具】绘制图形时，要绘制正方形，可以按哪个键拖动鼠标？（　　）

A．【Ctrl】　　B．【Alt】　　C．【Shift】　　D．【Ctrl+Shift】

（2）在使用【铅笔工具】绘制图形时，如果对绘制的线条不作任何处理，应该使用下面哪种模式？（　　）

A.【对象绘制】　　B．【伸直】　　C．【平滑】　　D．【墨水】

（3）在使用【刷子工具】时，可以在填充区域和空白区域进行绘画，而对线条不受影响，应该使用哪种模式？（　　）

A．【标准绘画】　　B．【颜料填充】　　C．【后面绘画】　　D．【颜料选择】

（4）在使用【橡皮擦工具】时，只擦除线条，应该使用哪种模式？（　　）

A．【标准擦除】　　B．【擦除填色】　　C．【内部擦除】　　D．【擦除线条】

2．填空题

（1）在 Flash 中，绘制矩形可以使用的工具是__________或__________，绘制椭圆可以使用的工具是__________或__________。

（2）使用【橡皮擦工具】时，在___________模式下只擦除填充色，在___________模式下只擦除轮廓线。

（3）选择工具的快捷键为__________________。

3．简答题

（1）【选择工具】的用法包括哪些？

（2）【椭圆工具】和【基本椭圆工具】的区别是什么？

（3）“颜色”面板包括哪几种填充样式？

对象的编辑

学习目标

在绘制矢量图形时常常需要对绘制的元素的大小、位置和形状进行修改，对多个对象进行排列、组合等操作。本章主要通过绘制椰子树、彩虹风景两个实例详细介绍如何对元素进行编辑、修饰等操作。

- 熟悉并掌握任意变形工具的操作及应用。
- 熟悉并掌握对象的组合、分离操作。
- 使用对齐面板对多个对象进行排列分布。
- 利用变形面板进行变形操作。
- 对象的修饰操作。

重点难点

- 重点掌握任意变形工具的功能及操作。
- 区别绘制对象模式与形状绘制的区别。
- 使用变形面板进行复制并应用变形。
- 刷子工具几种绘制模式的区别。
- 熟悉并掌握线条转换填充、柔化填充边缘、扩展填充等修改形状的操作及应用。

3.1 对象的编辑

3.1.1 课堂实例 1——绘制椰子树

实例综述

在第 2 章中的“阳光海滩”实例中引用了椰子树，本实例详细介绍了椰子树的制作过程。

本实例主要使用绘制对象模式来绘制图形，以便了解绘制对象模式和基本形状绘制模式的区别。本实例主要使用【任意变形工具】对绘制对象进行变形。实例效果如图 3-1 所示。

图 3-1 绘制的椰子树效果

实例分析

本实例在制作过程中采用【绘制对象】模式进行矢量图绘制。在整个绘制过程中熟悉并掌握【绘制对象】模式与非绘制对象模式的区别和操作特点。本实例中，椰子树的树叶形态类似但又有一定的变化，可以使用【任意变形工具】对已绘制的椰子树的树叶进行变形。树干、白云、绿树等元素在绘制过程中应用了组合、分散等操作。

在制作这个实例时，大致需要以下环节。

（1）新建文档，并保存，导入背景图片。

（2）绘制树干，使用【刷子工具】绘制树干阴影，并将树干与阴影组合。

（3）新建图层“椰子树”，使用【绘制对象】模式中的【合并对象】操作制作椰子树叶。

（4）使用【任意变形工具】对树叶进行变形组合。

（5）绘制椰果。

（6）组合椰子树并复制。

（7）发布影片。

操作步骤 START

1. 新建文档并保存

新建文档并保存为“椰子树.fla”，设置文档大小为 800×400 像素，帧频为 24fps。

将“图层 1”重命名为“背景”，导入“第 3 章\实例 1 绘制椰子树\背景.jpg”图片放置在舞台上，并覆盖整个舞台。

2. 绘制树干

新建图层“椰子树”，主要使用【矩形工具】和【选择工具】来绘制树干。具体操作步骤如图 3-2 所示。

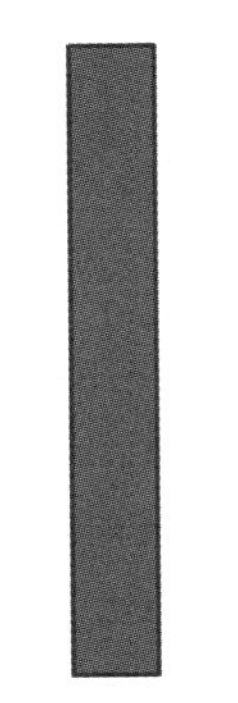

（a）用【矩形工具】绘制树干矩形

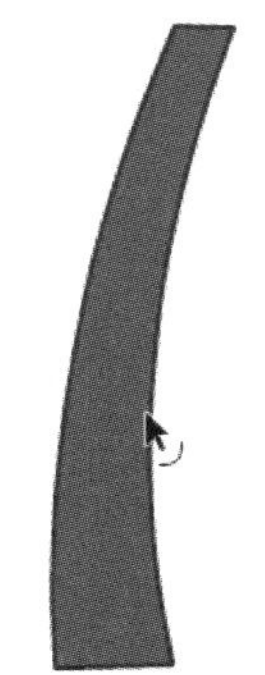

（b）使用【选择工具】，将直线变为曲线，并调整节点位置

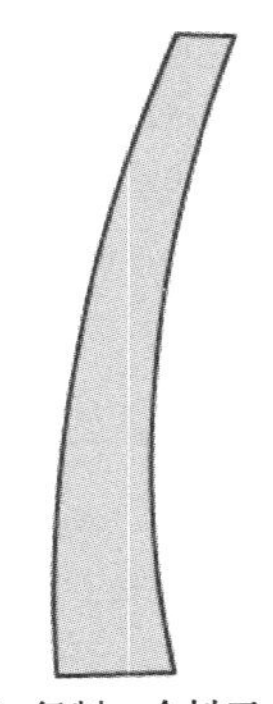

（c）复制一个树干，并将颜色设置为 #CC6600，Alpha值为 50%

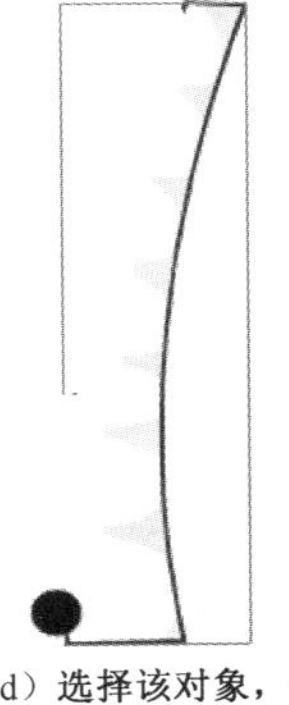

（d）选择该对象，使用【橡皮擦工具】擦除其他部分

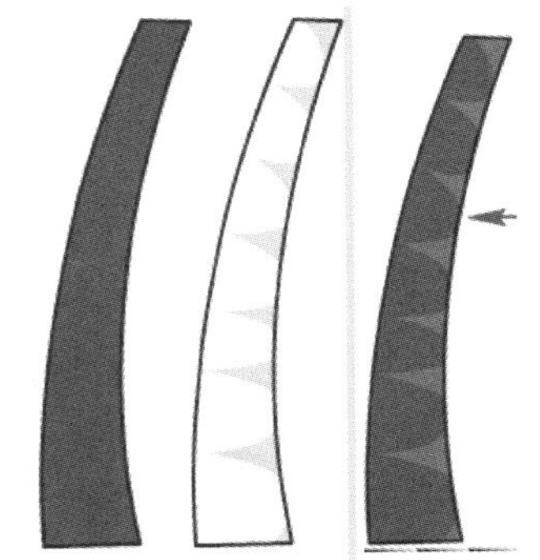

（e）选择两个对象，应用“对齐”面板中的居中对齐。底对齐，使两者复合

图 3-2 树干绘制过程

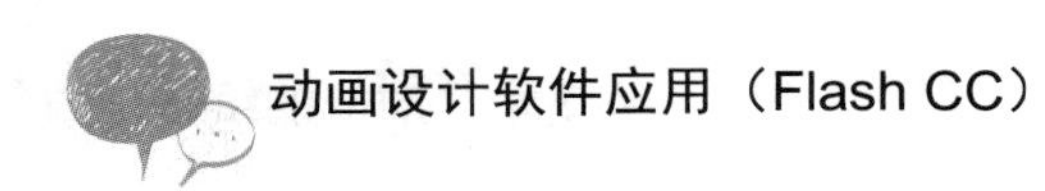

对齐树干及树干阴影后，执行【修改】→【组合】命令，或按快捷键【Ctrl+G】将其组合，以便于操作。

3．绘制椰子树

执行【绘制对象】模式中的【合并对象】命令制作椰子树。绘制过程如表 3-1 所示。

表 3-1　椰子树绘制过程

绘制步骤	说　明
	1．绘制一个椭圆，填充颜色为绿色。 2．再绘制一个矩形，使用【选择工具】将边线调整为曲线。 3．将两个图形重叠，留出椰子树叶子的外形。 4．执行【修改】→【合并对象】→【打孔】命令，形成绿色的叶子外形。
	1．使用【多角星形工具】绘制三角形。 2．对绘制的三角形与绿色的叶子执行【修改】→【合并对象】→【打孔】命令，形成椰子树叶效果。 3．用同样的方法制作另一种颜色的树叶。
	1．复制多个树叶，使用【任意变形工具】对树叶进行放大、缩小、扭曲变形等操作。 2．同时，可以选中某个树叶，按【Ctrl+↑】或【Ctrl+↓】组合键改变树叶的上下顺序。选择某个树叶右击，在弹出的快捷菜单中，执行【排列】命令，改变层级顺序。 移至顶层(F)　Ctrl+Shift+向上箭头 上移一层(R)　Ctrl+向上箭头 下移一层(E)　Ctrl+向下箭头 移至底层(B)　Ctrl+Shift+向下箭头
	1．选中右侧的所有树叶，按【Alt】键，使用【选择工具】拖曳，即可复制。或者选择后，按【Ctrl+C】和【Ctrl+V】组合键复制并粘贴选择的内容。 2．执行【修改】→【变形】→【水平翻转】命令，将选择内容水平翻转，形成另一面树叶效果。再使用【任意变形工具】进行调整。
	1．绘制椰子。选择【椭圆工具】绘制 3 个椰子。 2．将所有的椰子树内容框选后，按【Ctrl+G】组合键将其组合。

4．复制椰子树

将组合好的椰子树复制 3 个，使用【任意变形工具】对椰子进行放大、缩小、旋转变形等操作，如图 3-3 所示。

5. 发布影片

按【Ctrl+Enter】快捷键，测试并发布影片。

START

按照上面实例的操作步骤完成卡通树实例的制作，如图 3-4 所示。

图 3-3　复制椰子树并变形

图 3-4　卡通树

操作提示

绘制卡通树树干形状，并填充颜色；绘制树叶，并复制多个，使用任意变形工具进行变形。

图 3-5　绘制卡通树

3.1.2　绘制对象与形状

在实例图形的绘制过程中，绘制了线条和填充两种形状，当进行多个形状的绘制时，会出现融合或消除等现象，也就是后来绘制的形状会对前面已经绘制好的形状产生影响，如图 3-6 所示。

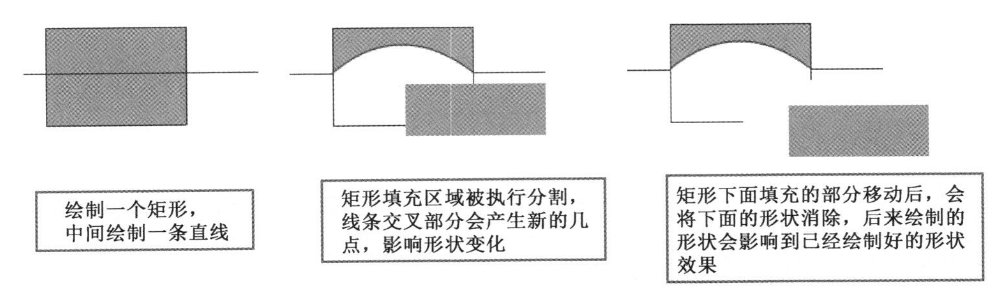

图 3-6　形状绘制

Flash8.0 以上的版本增加了对象绘制模式，选中任意一种绘图工具，在工具箱的选项区中会出现【对象绘制】按钮，单击【对象绘制】按钮，使其处于选中状态，在舞台上绘制一个图形时，图形外面会出现一个蓝色的矩形边框。在进行多个形状的绘制时，不会相互影响，如图 3-7 所示。

修改绘制对象的方法和修改形状对象的方法一样，可以使用【选择工具】调整轮廓的形状，使用【橡皮擦工具】进行擦除，使用各种修改工具对绘制对象进行相应地修改，修改之后的图形仍然是绘制对象。

对象绘制模式绘制的绘制对象，之所以相互不影响，相当于将绘制的形状放置在蓝色的透明容器内，两个容器内的形状不会相互影响。

绘制对象中不能单独选择填充和笔触进行编辑。需要单独编辑时，双击舞台上的绘制对象，则进入该绘制对象的编辑界面。这时选择舞台上的对象，可以看到“雪花点”的状态，表示该对象就是形状，可以按照形状的操作步骤进行设置。

在使用绘制对象绘制形状轮廓后，使用【颜料桶工具】进行填充时，看似封闭的区域，其实各为独立的部分，没有真正地组合在一起。这种情况需要将绘制对象分离后进行填充，如图 3-8 所示。

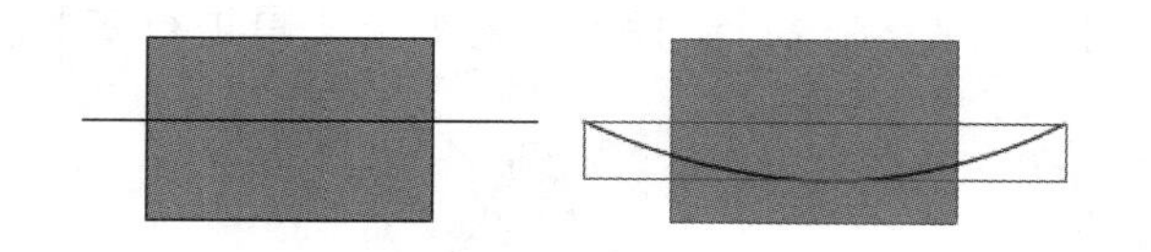

图 3-7　对象绘制

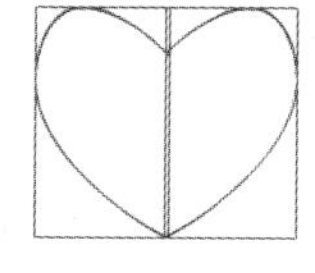

图 3-8　对绘制对象分离填充

3.1.3　合并对象

“合并对象”是将两个或多个绘制的“绘制对象”图形，通过几种不同的方法合并到一起，从而得到一个新的对象。执行【修改】→【合并对象】命令，在弹出的子菜单中有【联合】、【交集】、【打孔】和【裁切】4 个命令可实现合并对象的操作。具体效果如图 3-9 所示。

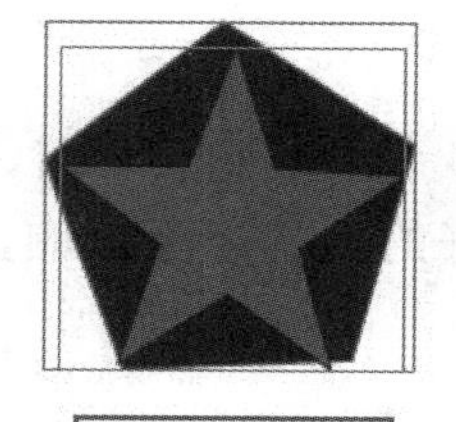

五边形和五角星两个绘制对象

联合：将两个绘制对象联合为一个对象

交集：将两部分相同部分显示出来，内容为上面对象的内容

打孔：在下面对象上打个上面图形的孔

裁切：将下面对象裁剪为上面对象的形状

图 3-9　【合并对象】效果

（1）联合：将选择的“绘制对象”合并到一个已合并的对象中。由联合前形状上所有可见的部分组成，而原来重叠区域的不可见部分将被删除。

（2）交集：由合并形状的重叠部分组成，其他不重叠的部分被删除。最终生成形状将使用堆叠中最上面形状的填充和笔触。

（3）打孔：删除顶层对象并挖空它与其他对象重叠的区域。

（4）裁切：删除下层对象与上层对象重叠区域外的所有内容。使用一个对象形状来裁切另一个对象，最上面的对象定义裁切区域的形状。裁切后将保留与最上面的形状重叠的任何下层形状部分。

3.1.4　组合对象

在编辑图形的过程中，如果要将组成图形的多个部分作为一个整体进行移动、变形或缩放等编辑操作时，需要同时选择这些对象，操作相对麻烦，这时，可通过组合图形的方式将其组合为一个整体，进行移动、缩放等操作，提高编辑的效率。例如，在“椰子树”实例中，绘制的椰子树包括树干、树叶、椰子等多个组成部分，对“椰子树”进行复制、缩放时，可以先将椰子树的组成部分组合为一整体，再进行操作，如图 3-10 所示。

图 3-10　对象组合

对于组合的对象，想要对组合的一部分进行编辑，可以双击组合对象，在组合的编辑窗口进行编辑，如图 3-11 所示。

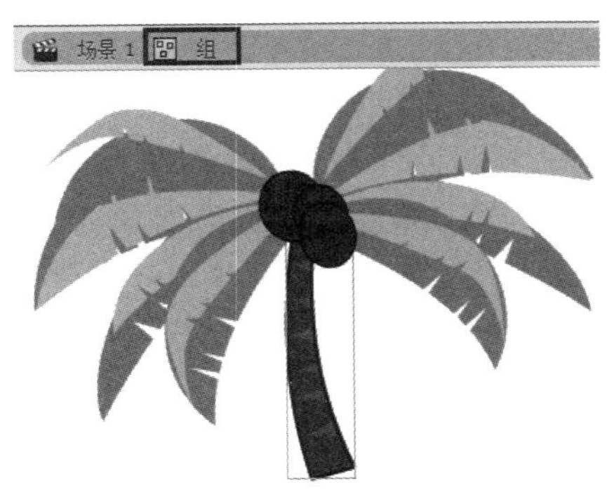

图 3-11　组合编辑窗口

组合的快捷键为【Ctrl+G】，而取消对图形的组合，可在选中组合图形的状态下，执行【修改】→【取消组合】命令，或按【Ctrl+Shift+G】快捷键。另外，通过按【Ctrl+B】快捷键打散图形的方式，也可取消对图形的组合。

3.1.5　分离对象

分离对象可实现将文字、位图或组合图形分离为单独的可编辑元素。

在 Flash CC 中打散图形的方法，如图 3-12 所示。其操作步骤如下。

（1）使用【选择工具】，选择需要分离的组合图形、位图、文本、实例等元素，执行【修改】→【分离】命令，实现对所选对象的分离操作。

（2）选择需要分离的对象后，按【Ctrl+B】快捷键，可将选择的组合图形分散为矢量图形。

（3）选择需要分离的对象后右击，在弹出的快捷菜单中，执行【分离】命令可实现分离操作。

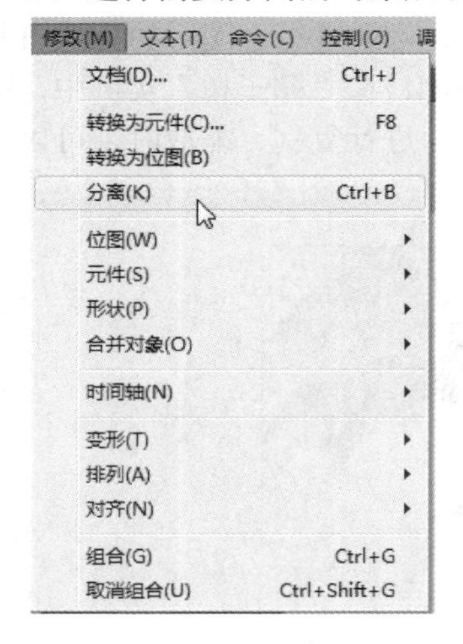

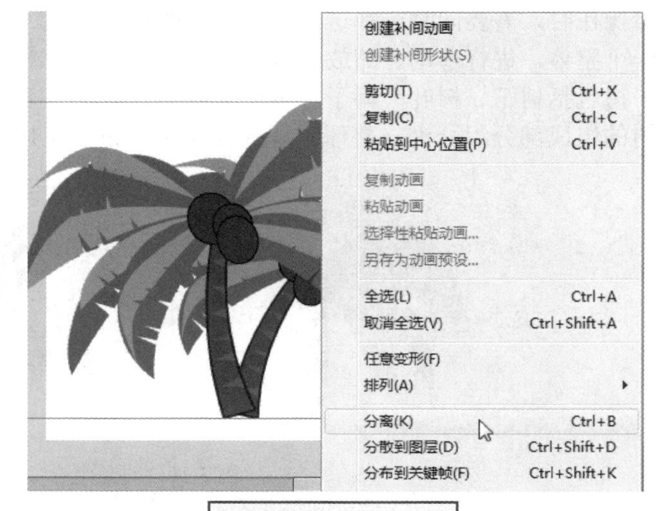

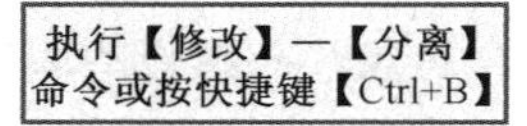

执行快捷菜单中的【分离】
命令或按快捷键【Ctrl+B】

图 3-12　分离对象

分离对象是指将组合、文本、实例、位图等对象分散成矢量图，该操作可将文本分离为多个文本，两次分离后变成矢量图形；对元件实例进行分离后则脱离与库中元件的联系（这部分在第 5 章有详细介绍）；位图分离则转换成形状；组合对象分离则实现取消组合。

通过【分离】和【取消组合】命令取消组合的结果不同，【分离】使对象成为矢量图，适用于所有对象；后者将组合在一起的对象分开，该操作不能将位图、实例或文本等变为矢量图。

3.1.6　任意变形工具

工具箱中的【任意变形工具】，快捷键为【Q】。主要用于将对象进行各种方式的变形处理，如拉伸、压缩、旋转、翻转和自由变形等。具体操作如表 3-2 所示。

表 3-2 【任意变形工具】的作用

作用	说　明	图　解
放大缩小	使用【选择工具】放置在需要变形的对象上，会出现 8 个控制点，鼠标拖动控制点，可以实现放大、缩小操作。 （1）当把鼠标放置在左右变形的控制点上时，鼠标变成横向双箭头（ ），表示可以进行宽度的放大、缩小。 （2）把鼠标放置在上下边线上时，鼠标变成上下的双箭头（ ），可以实现高度的放大、缩小。 （3）鼠标放置在顶点上时，鼠标变成斜向的双箭头（ ），表示可以同时进行高度和宽度的放大、缩小变化。	
旋转	选择需要变形的对象，移动到对象的 4 个控制点外侧，当鼠标变成旋转箭头（ ）时，表示可以拖动鼠标旋转元素对象。	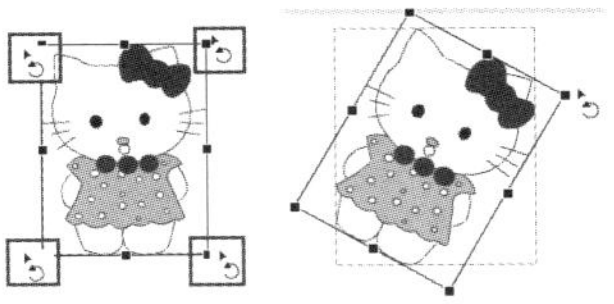
倾斜	选择需要变形的对象，把鼠标移动到对象的边线上，当鼠标变成双向箭头（ 或 ）时，表示可以拖动鼠标倾斜元素对象。	
扭曲	（1）扭曲只对属性为“形状”的图形进行变形，不是“形状”属性的对象需要执行【分离】命令。 （2）选择【任意变形工具】后，在工具箱的选项区选择【扭曲】选项 ，然后选择需要变形的“形状”，移动控制点来对形状进行变形。	
封套	【封套】选项与【扭曲】类似，只对“形状”进行变形，不是“形状”属性的对象需要执行【分离】命令。 选择【任意变形工具】后，在工具箱的选项区选择【封套】选项 ，然后选择需要变形的“形状”，移动控制点来对形状进行变形。 【封套】允许弯曲或扭曲对象，封套是一个边框，更改封套的点和控制手柄来编辑封套形状。	
移动	选择需要变形的对象，把鼠标移动到对象的中间，鼠标变为 4 个方向的箭头（ ）时，表示可以拖动鼠标移动元素对象的位置。	
翻转	把鼠标放到放大缩小的控制点上，拖动鼠标越过中间控制点，即可实现对变形对象的翻转。	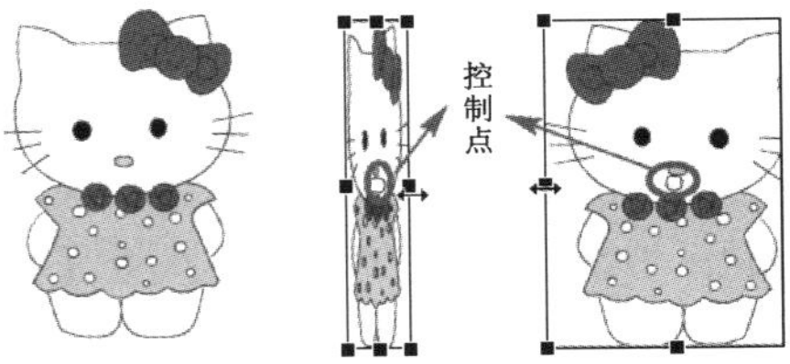 控制点

注意

在 Flash 中，所有图形都有控制中心点。当选择对象进行变形时，在对象的中心会出现一个圆形的变形中心点。默认情况下，图形的变形中心点与图形的中心点对齐，用户单击变形中心点并拖动，即可移动变形中心点的位置。当图形变形中心点的位置被移动后，对图形进行变形操作，则以新的变形中心点为中心进行变形操作。

双击变形对象，则变形控制中心点重新回到图形的中心位置。

3.1.7 对象变形

除了使用【任意变形工具】对舞台上的元素对象进行变形外，还可以执行【修改】→【变形】命令，对选择对象进行变形。如图 3-13 所示，可以进行缩放、旋转、倾斜、扭曲等，还可以进行顺时针旋转 90°、逆时针旋转 90°、垂直翻转、水平翻转等。

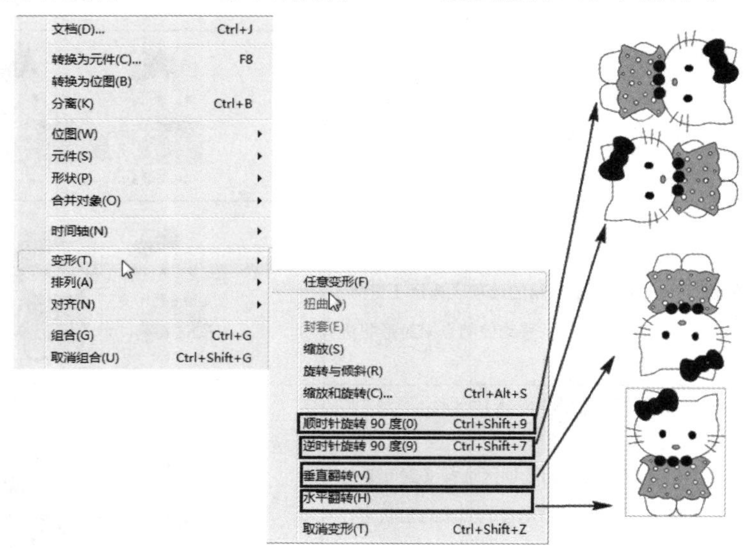

图 3-13 【变形】级联菜单

3.1.8 排列对象

在同一图层中，Flash 是根据对象创建的先后顺序来层叠对象的，新创建的对象放置在最上层，后创建的对象会覆盖先创建的对象。为了达到想要的绘制效果，可以更改对象的层叠顺序。

在同一图层中，绘制的对象元素包括形状、组合、绘制对象、元件实例等，其中形状是放置在最底层的，而其他对象可以执行【修改】菜单下的【排列】命令改变叠放顺序，或者右击对象，在弹出的快捷菜单中执行【排列】命令。如图 3-14 所示，选择最底层的 Hello Kitty 图像，执行【移至顶层】命令，可以将这个对象移动到图层中的最上面。

移至顶层(F) Ctrl+Shift+向上箭头
上移一层(R) Ctrl+向上箭头
下移一层(E) Ctrl+向下箭头
移至底层(B) Ctrl+Shift+向下箭头
锁定(L) Ctrl+Alt+L
解除全部锁定(U) Ctrl+Shift+Alt+L

（a） （b） （c）

图 3-14 执行【移至顶层】命令

排序子菜单中包括【移至顶层】、【上移一层】、【下移一层】和【移至底层】4 个选项。【上移一层】的快捷键为【Ctrl+↑】，【下移一层】的快捷键为【Ctrl+↓】，这两个快捷键在实际操作过程中使用频率比较高，可以方便地调整对象的层级顺序。

3.1.9 对齐对象

在 Flash 软件中可以使用“对齐”面板，对放置在舞台上的多个对象进行排列分布，如图 3-15 所示。

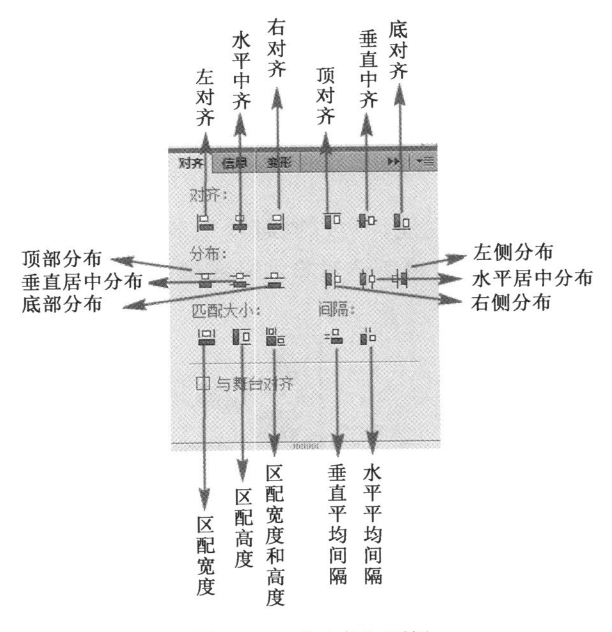

图 3-15 “对齐”面板

1. 对齐对象

对齐对象包括水平方向对齐方式和垂直方向对齐方式。水平方向对齐方式包括【左对齐】、【水平中齐】和【右对齐】，垂直方向对齐方式包括【顶对齐】、【垂直中齐】和【底对齐】。

具体操作：用【选择工具】框选多个需要对齐的对象，然后单击对齐方式即可，如图 3-16 所示。

图 3-16　垂直方向顶对齐效果

2. 分布对象

在场景中选择 3 个或 3 个以上的对象，然后利用“对齐”面板上的分布功能可以方便地将选择的对象进行均匀分布。垂直方向包括【顶部分布】、【垂直居中分布】和【底部分布】，水平方向包括【左侧分布】、【水平居中分布】和【右侧分布】。

具体操作：用【选择工具】框选多个需要分布的对象，然后单击需要设置的分布方式即可。图 3-17 所示的是利用【垂直居中分布】+【水平居中分布】实现对齐及平均分布效果。

图 3-17　平均分布

3. 匹配大小

使用“对齐”面板的匹配大小功能，可以同时调整多个对象的大小，包括【匹配宽度】、【匹配高度】和【匹配宽度和高度】。将所选对象水平或垂直尺寸与所选最大对象的尺寸一致，如图 3-18 所示。

图 3-18　匹配大小

4. 间隔

间隔包括【垂直平均间隔】和【水平平均间隔】，可以调整多个对象的间距。间隔与平均分布类似，不同之处在于平均分布的间距是以多个对象的同一侧均匀分布，而间隔则是将相邻对象的间距调整相同。

5. 与舞台对齐

勾选“与舞台对齐”复选框时，表示在进行对齐、分布、匹配大小、间隔时以舞台为基准。

3.2 对象的修饰

3.2.1 课堂实例 2——绘制彩虹风景

实例综述

本实例主要介绍在绘制矢量图形的过程中，如何使用【扩展填充】、【柔化填充边缘】、【优化】等“形状”修饰选项对绘制的内容进行修饰。在本实例中使用“变形”面板对绘制的内容进行变形，使用【复制和变形】来实现花朵的绘制。实例效果如图 3-19 所示。

图 3-19 彩虹风景绘制效果

实例分析

在制作过程中采用【绘制对象】模式进行矢量图的绘制，使用“颜色”面板对天空、草地、树木和阳光进行颜色填充，使用【渐变变形工具】实现对渐变效果的修改。除了使用【任意变形工具】对绘制的内容进行变形修改外，还可以使用“变形”面板对绘制的内容进行变形修改。“变形”面板中有【复制和变形】按钮，可以利用它绘制花朵、扇子、时钟等图形。

在制作这个实例时，大致需要以下环节。

（1）新建文档，并保存。

（2）绘制天空背景、草地、远处树木的渐变效果。

（3）使用【椭圆工具】绘制白云。

（4）使用【刷子工具】绘制小路，并进行【平滑】或【伸直】处理。

（5）绘制彩虹。

（6）绘制阳光。

（7）绘制向日葵图形元件，并复制多个元件放置在舞台上。

（8）发布影片。

操作步骤 START

1. 新建文档，并保存

新建文档并保存为“彩虹风景绘制.fla”，设置大小为 1000×600 像素，帧频为 24fps。

2. 绘制天空

将“图层 1”重命名为“天空”，绘制一个长方形，大小为 1000×600 像素，X 为 0，Y 为 0。设置填充颜色为“线性填充”，颜色设置如图 3-20 所示，从左到右依次为#007DC5、#7EE7FF 和#FFFFFF，使用【渐变变形工具】将填充效果旋转为从上到下的渐变效果。

3. 绘制草地

新建图层“草地”，右击，在弹出的快捷菜单中执行【锁定其他图层】命令，则除了该图层外的其他图层都不能进行操作，呈现锁定 状态。锁定其他图层可以防止绘制或选择的过程中出现误操作（后面锁定其他图层，都采用这种方式）。

先绘制草地的形状，然后填充渐变颜色。颜色左侧色标为#93C600、右侧色标为# A5D903。填充后，也需要使用【渐变变形工具】将填充效果旋转为从上到下的渐变效果。

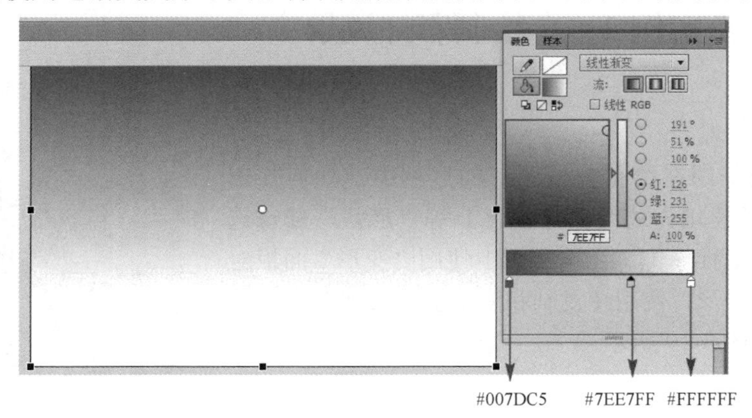

图 3-20　天空绘制

图 3-21　设置草地背景颜色

4. 绘制远处树木

新建图层“树”，将“树”图层移动到“草地”图层下面，将其他图层锁定 。选择该图层第 1 帧，使用【钢笔工具】绘制树的形状，或者使用【椭圆工具】绘制几个圆进行叠加，形成远处树的形状，将其分离，填充渐变颜色。

将绘制好的树按【Ctrl+G】快捷键组合，复制多个，使用【任意变形工具】对树进行排列，放置在草地后面。效果如图 3-22 所示。

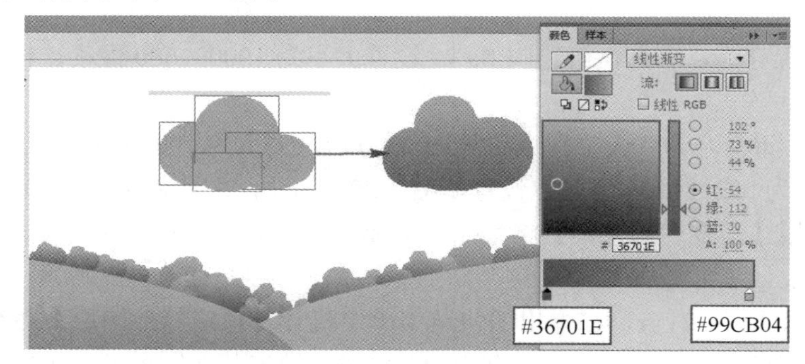

图 3-22　绘制远处树木

5. 绘制白云

新建图层“白云”，锁定其他图层。在前面的实例中介绍了白云的绘制方法，这里就不详细说明。使用【椭圆工具】绘制多个椭圆，组合成白云，组合后方便移动和缩放。

6. 绘制小路

新建图层“小路”，锁定其他图层。使用【刷子工具】，颜料桶颜色为#F7C782，选择圆形笔刷和合适的大小，在舞台上绘制小路，如图 3-23 所示。刷子绘制的小路形状可以根据具体绘制内容进行【伸直】或【平滑】处理。

具体操作：选择绘制好的小路，在工具箱的选项区单击【平滑】 或【伸直】 按钮进行修改。同时可使用【选择工具】调节节点位置和线段曲率。

图 3-23　绘制小路

7. 绘制彩虹

新建图层“彩虹”，锁定其他图层。将“彩虹”图层移到“草地”图层下面。

彩虹的绘制可采用“扩展”填充来实现，具体操作如图 3-24 所示。

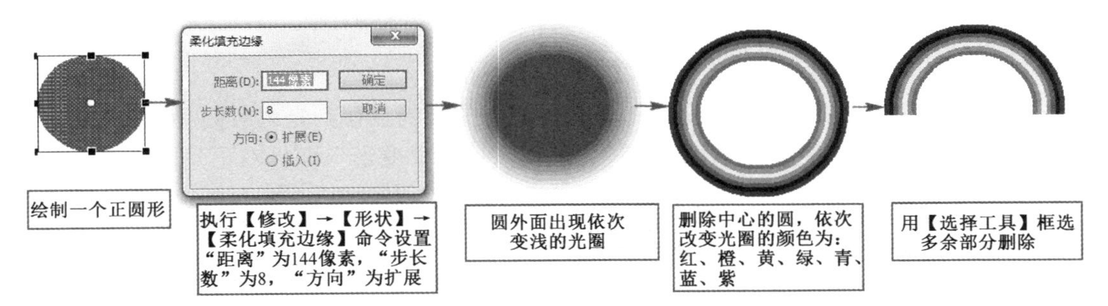

图 3-24　绘制彩虹 1

（1）绘制一个正圆形。

（2）选择正圆形，并执行【修改】→【形状】→【柔化填充边缘】命令，在弹出的对话框中设置“距离”为 144 像素，“步长数”为 8，“方向”为扩展，单击【确定】按钮，就可看见圆外面出现依次变浅的光圈。

（3）删除中心的圆，使用【颜料桶工具】将光圈的颜色依次改成：红、橙、黄、绿、青、蓝、紫。

（4）最后，删除多余部分即为绘制好的彩虹。

另外可以使用【将线条转换为填充】的方法来实现彩虹的绘制。操作步骤如图 3-25 所示。

（1）选择【椭圆工具】，设置填充颜色为无，笔触颜色为红色，线条粗细为 30，绘制圆形。

（2）选择绘制的圆，执行【修改】→【形状】→【将线条转换为填充】命令，然后设置笔触颜色为橙色，使用【墨水瓶工具】对圆的外侧进行“描边”，如图 3-25 所示，重复上面的操作。最后删除多余的部分。

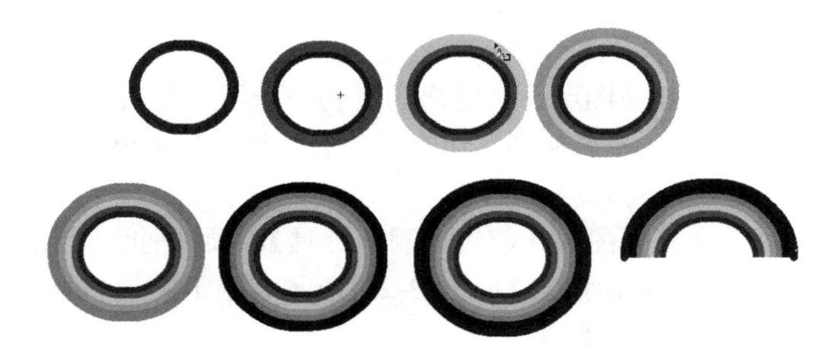

图 3-25　绘制彩虹 2

8. 绘制阳光

新建图层“阳光”，锁定其他图层。使用【矩形工具】来绘制光束，使用【选择工具】拖动节点调整矩形为梯形。设置填充颜色为白色，填充效果为线性渐变，效果如图 3-26 所示。

图 3-26　绘制光束效果

光束绘制完成后，使用【任意变形工具】将变形的控制点移到光束右侧 10 像素左右的位置，选择“变形”面板，将旋转角度设置为-15°，单击“变形”面板右下角的【复制选区和变形】按钮，进行边复制边旋转变化，形成放射性的光束效果。

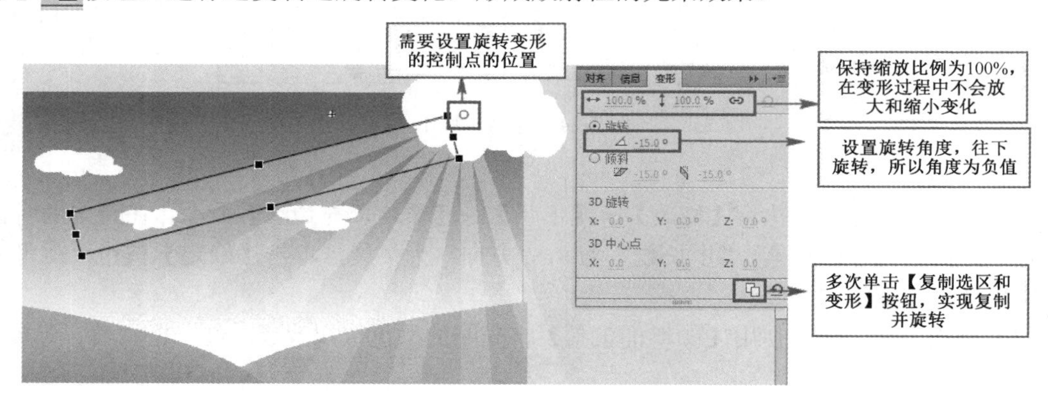

图 3-27　光束旋转效果

9. 绘制花

场景中花有多个，为了减小 Flash 文件的大小，可创建一个图形元件。执行【修改】→【新建元件】命令，创建一个“花”图形元件。

花的绘制主要使用【复制选区和变形】命令来实现，具体操作步骤如表 3-3 所示。

表 3-3　花的绘制步骤

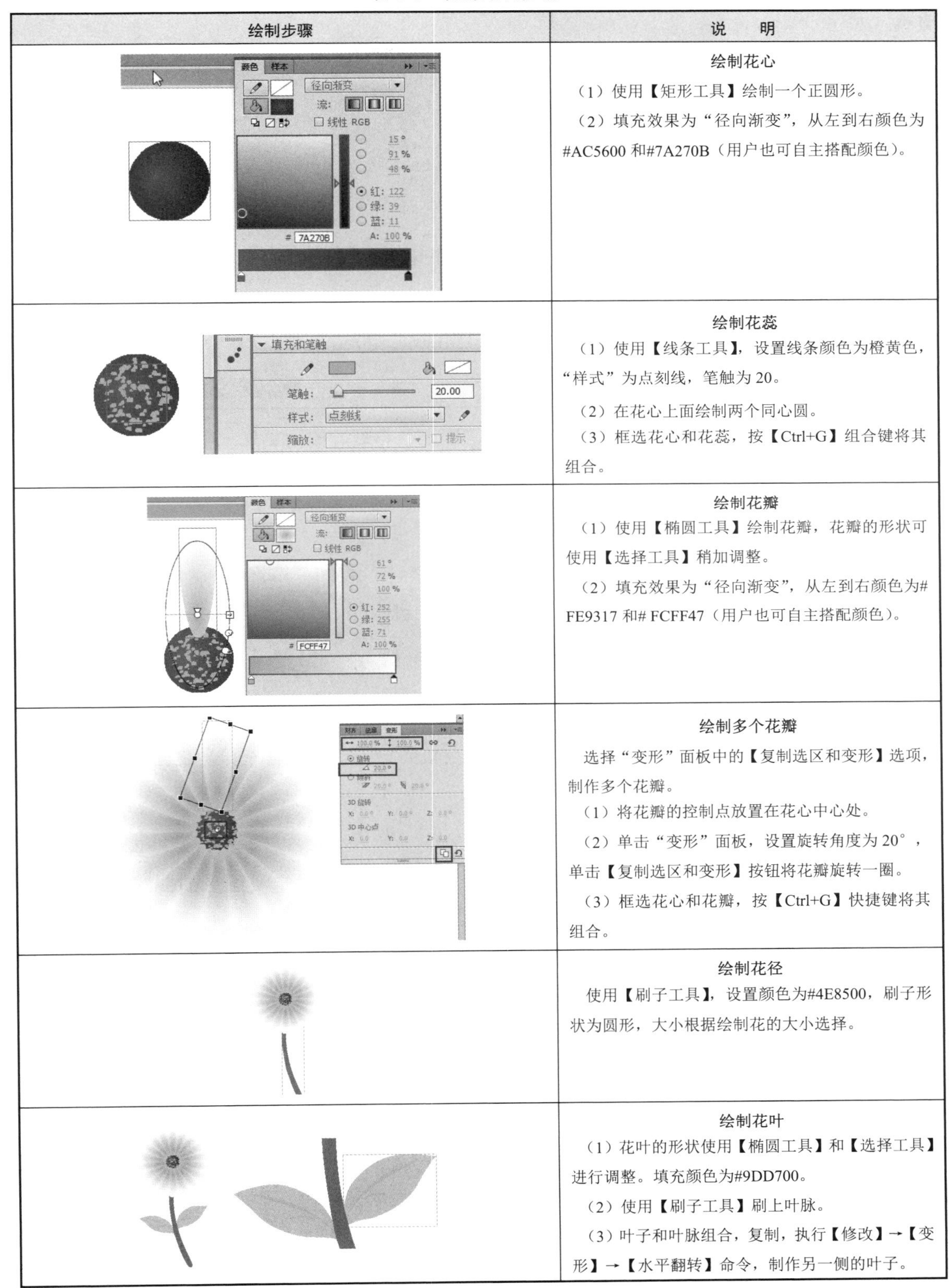

绘制步骤	说　明
	绘制花心 （1）使用【矩形工具】绘制一个正圆形。 （2）填充效果为“径向渐变”，从左到右颜色为#AC5600 和#7A270B（用户也可自主搭配颜色）。
	绘制花蕊 （1）使用【线条工具】，设置线条颜色为橙黄色，“样式”为点刻线，笔触为 20。 （2）在花心上面绘制两个同心圆。 （3）框选花心和花蕊，按【Ctrl+G】组合键将其组合。
	绘制花瓣 （1）使用【椭圆工具】绘制花瓣，花瓣的形状可使用【选择工具】稍加调整。 （2）填充效果为“径向渐变”，从左到右颜色为# FE9317 和# FCFF47（用户也可自主搭配颜色）。
	绘制多个花瓣 选择“变形”面板中的【复制选区和变形】选项，制作多个花瓣。 （1）将花瓣的控制点放置在花心中心处。 （2）单击“变形”面板，设置旋转角度为 20°，单击【复制选区和变形】按钮将花瓣旋转一圈。 （3）框选花心和花瓣，按【Ctrl+G】快捷键将其组合。
	绘制花径 使用【刷子工具】，设置颜色为#4E8500，刷子形状为圆形，大小根据绘制花的大小选择。
	绘制花叶 （1）花叶的形状使用【椭圆工具】和【选择工具】进行调整。填充颜色为#9DD700。 （2）使用【刷子工具】刷上叶脉。 （3）叶子和叶脉组合，复制，执行【修改】→【变形】→【水平翻转】命令，制作另一侧的叶子。

回到主场景中，将“花”的元件拖放到舞台上，复制多个并进行缩放、排列，如图 3-28 所示。

图 3-28　复制、缩放并排列多个花

10. 发布影片

按【Ctrl+Enter】快捷键测试并发布影片。

START

本实例与上面的实例相似，主要包括天空、草地、彩虹、白云、光束等元件的绘制，而同样的内容，在形状、颜色、位置等方面稍加变化，会制作另一种场景效果，如图 3–29 所示。

图 3-29　举一反三实例效果

3.2.2　优化曲线

优化曲线功能能将线条或者填充的轮廓加以改进，减少用于定义图形的曲线数量，减少 Flash 文件的容量。

具体操作：选择需要优化的形状，执行【修改】→【形状】→【优化】命令，在弹出的【优化曲线】对话框中设置优化的强度，范围为 0～100，值越大，优化越好，曲线数会越少，如图 3-30 所示。

3.2.3　将线条转换为填充

在绘制矢量图形时，会发现绘制的线条在进行放大缩小时，它的粗细是不变化的，而执行【将线条转换为填充】命令可以将绘制的矢量线条转换为填充色块。

具体操作：选择需要变化的线条，执行【修改】→【形状】→【将线条转换为填充】命令，即可将线条转换为填充。

如图 3-31 所示，将卡通角色的线条转换为填充后，使用【选择工具】对黑色部分进行调整，呈现手绘风格。

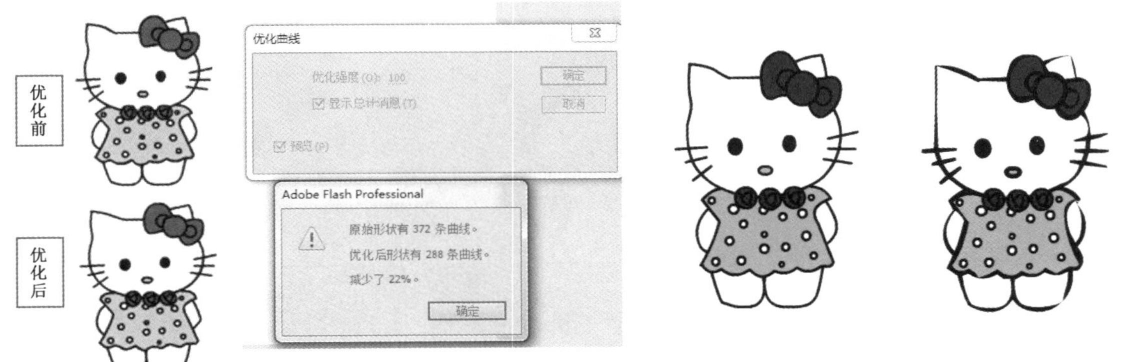

图 3-30　优化曲线　　　　图 3-31　将线条转换为填充

3.2.4　扩展填充

扩展填充的主要功能是将填充颜色向外扩展或向内收缩。执行【修改】→【形状】→【扩展填充】命令，在弹出的对话框中，可以设置扩展的距离和方向，如图 3-32 所示。当花朵的填充区域向外扩展 10 像素时，将覆盖边缘线条，而当向内插入 20 像素时，所呈现的效果为与线条留有一定的空隙。

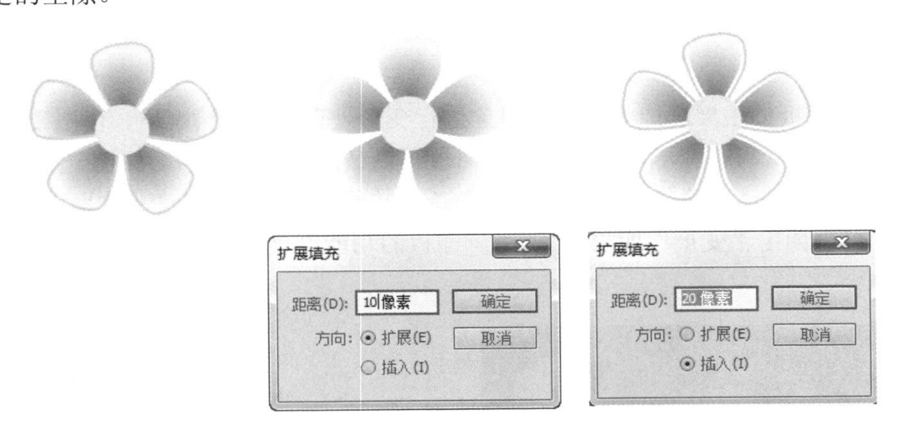

图 3-32　设置扩展填充

3.2.5　柔化填充边缘

柔化填充边缘与扩展填充类似，不同的是柔化填充边缘会在填充方向上产生多个逐渐透明的图形，如上面实例中绘制的彩虹。

执行【修改】→【形状】→【柔化填充边缘】命令，在弹出的【柔化填充边缘】对话框中可以设置“距离”，“距离”以像素为单位，范围为 0～144 像素，值越大，柔化的范围越大。“步长数”表示柔化边缘所产生的层数，数越大，过渡效果越平滑。“方向”包括“扩展”和“插入”。如图 3-33 所示，对比花朵图形“扩展”和“插入”为 20 像素，“步长数”为 4 的效果。

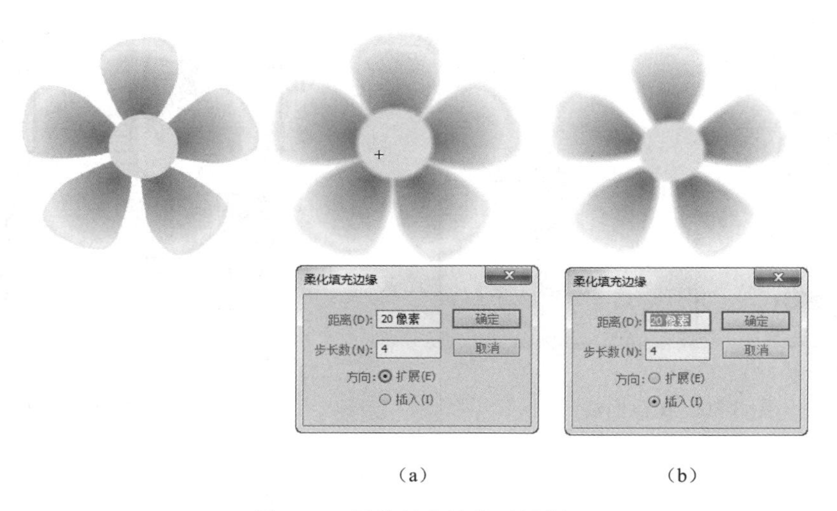

图 3-33　柔化填充边缘对话框

与扩展填充相比较，柔化填充边缘制作的图形效果更加朦胧，可以制作月光、灯光等效果。图 3-34 所示的是夜晚月光效果。月亮柔化填充边缘的方向为“扩展”，星星柔化填充边缘的方向为“插入”。

3.2.6　变形面板

“变形”面板的主要功能是对选择对象进行变形处理。通常情况下，使用【任意变形工具】可对选择对象进行粗略变形，而“变形”面板可以精准地设置变形的比例、旋转角度及 3D 旋转等属性。通过选择浮动面板组的按钮，或者执行【窗口】→【变形】命令，或者按快捷键【Ctrl+T】可以调出“变形”面板。“变形”面板的功能设置如图 3-35 所示。

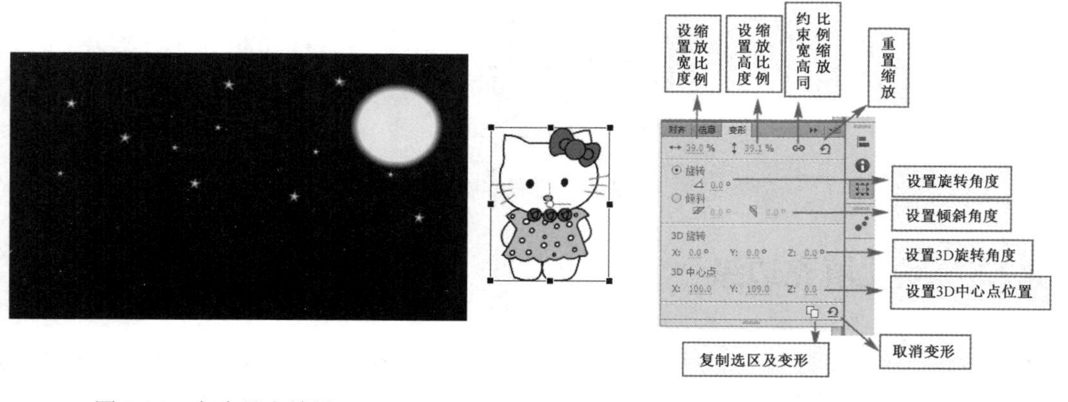

图 3-34　夜晚月光效果

图 3-35　“变形”面板

知识拓展——按照早晚和季节变化选择相应的渐变颜色

自然背景在动画片中处处可见，而随着春、夏、秋、冬四季景物和早晚的变化，天空的表现也各不相同。按照早晚和季节变化选择相应的渐变颜色，如图 3-36 所示。

图 3-36　中午及傍晚天空的色调

夜空背景，可以呈现蓝色到淡紫色的渐变。为了营造傍晚太阳落山的效果，使用的是放射性渐变。如图 3-37 和图 3-38 所示。

晴朗天空，如果下面是陆地，可以设置由蓝色到土黄色渐变。如图 3-39 所示。

图 3-37　夜空背景

图 3-38　傍晚

图 3-39　天空到地面渐变

本章小结与重点回顾

本章主要介绍了对象的编辑工具和修饰工具的使用。通过椰子树的绘制和彩虹风景这两个实例的制作，详细介绍了如何使用【任意变形工具】对绘制的内容进行缩放、倾斜、旋转、扭曲和封套。明确对象绘制模式与基本形状绘制模式的区别和特点，对绘制对象进行联合、打孔、交集、裁切等操作。在绘制过程中对绘制内容进行组合、分离、排序等操作，是经常用到的功能，希望读者能熟练掌握。

对象的修饰功能主要包括优化曲线、扩展填充、柔化填充边缘、将线条转换为填充等修饰功能，明确掌握这几个功能的作用及制作效果。

对象的编辑还包括对“变形”面板的使用，可以利用“变形”面板中的【复制选区和变形】工具绘制花、太阳、光束等边变形边旋转的绘制图形，这部分内容需要读者重点掌握，使用得巧妙可以制作很多动画效果。

课后实训 3

课堂练习——绘制时钟

图 3-40　卡通时钟

本实例主要使用【椭圆工具】、【矩形工具】、【刷子工具】绘制卡通时钟的基本形状，在绘制过程中可以使用组合、合并对象等功能来对图形进行处理。执行“变形”面板的【复制选区及变形】命令对时钟的钟点标记进行旋转并复制变形。注意将变形对象的中心点放置在时钟的中心位置，如图 3-40 所示。

课后习题 3

1．选择题

（1）在工具箱中选择【任意变形工具】，在选项区中哪个按钮为【封套】按钮？（　　）

A.　　B.　　C.　　D.

（2）组合对象的快捷键为（　　）。

A.【Ctrl+G】　B.【Ctrl+B】　C.【Ctrl+C】　D.【Ctrl+V】

（3）分离对象的快捷键为（　　）。

A.【Ctrl+G】　B.【Ctrl+B】　C.【Ctrl+C】　D.【Ctrl+V】

2．填空题

（1）在旋转对象时，如果按住__________键拖动鼠标，则可以以 45°为增量进行旋转。如果按住________键拖动鼠标，则将实现围绕对角的旋转。

（2）在“变形”面板中，在对选择对象进行缩放变形时，如果需要对象的宽度和高度按照相同比例来进行缩放，则可以按下_________按钮。如果要取消对象的变形，应该按下________按钮。

（3）要分离对象，可以执行_____________命令或按__________键，分离是将图形、文本、位图和实例等分离成__________。

3．简答题

（1）绘制对象模式与基本形状绘制的区别是什么？

（2）【任意变形工具】的主要功能包括哪些？

文本的编辑

学习目标

本章主要通过制作诗词页面和网页 banner 来学习 Flash CC 软件的文本输入、编辑和处理功能。

- 熟悉并掌握文本的类型及使用。
- 设置文本属性。
- 设置文本滤镜效果。

重点难点

- 重点掌握输入文本及设置文本格式。
- 制作文字特效。

4.1 文本的类型及使用

4.1.1 课堂实例 1——诗词页面

实例综述

Flash CC 软件使用工具箱中的【文本工具】对输入的文本进行属性设置。本实例为诗词页面的制作，效果如图 4-1 所示。

图 4-1 诗词页面

实例分析

在制作这个实例时，大致需要以下环节。

（1）新建文档，并保存。导入背景图片。

（2）新建图层，输入标题及设置文本属性。

（3）输入诗词文本。

（4）制作淡入动画效果。

（5）发布影片。

（6）在制作过程中采用【文本工具】T输入文本及设置文本格式。

操作步骤 START

1. 新建文档并保存

新建文档并保存为“清明.fla”，设置文档大小为800×400像素，帧频为24fps。

将“图层1”重命名为“背景”，导入“第4章\背景.jpg”图片，将图片放置在舞台上并覆盖整个舞台。

2. 输入标题文本

（1）选择【矩形工具】，笔触颜色为黑色，粗细为1像素，填充颜色为无。绘制一个矩形。

（2）使用【橡皮擦工具】将多余线条擦除，效果如图4-2所示，制作修饰框。

（3）选择【文本工具】，在修饰框内输入文本“清明”，设置文本属性如图4-3所示，设置文本类型为“静态文本”，字符系列为“华文行楷”，大小为60磅。

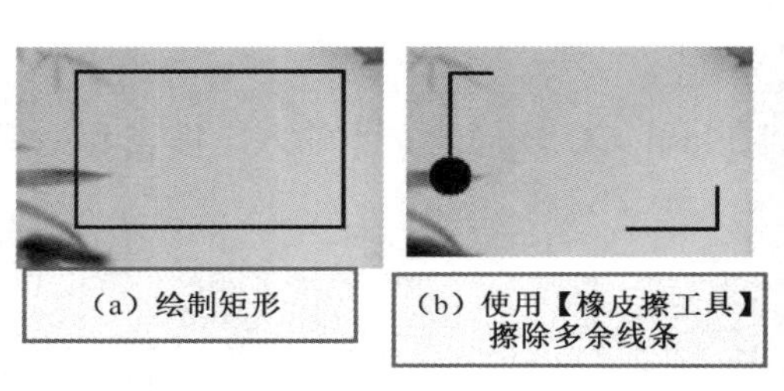

图4-2　绘制修饰边框

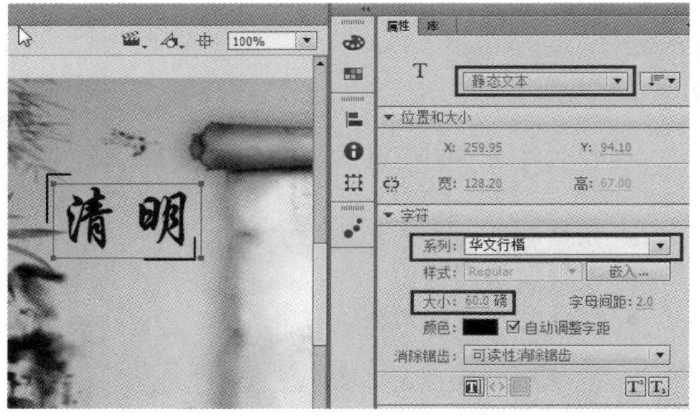

图4-3　设置“清明”文本属性

（4）选择“清明”文本，按快捷键【Ctrl+B】，或右击在弹出的快捷菜单中执行【分离】命令，将两个字体分离为单个字体。使用【任意变形工具】对两个文字进行变形处理，并摆放在相应的位置，如图4-4所示。

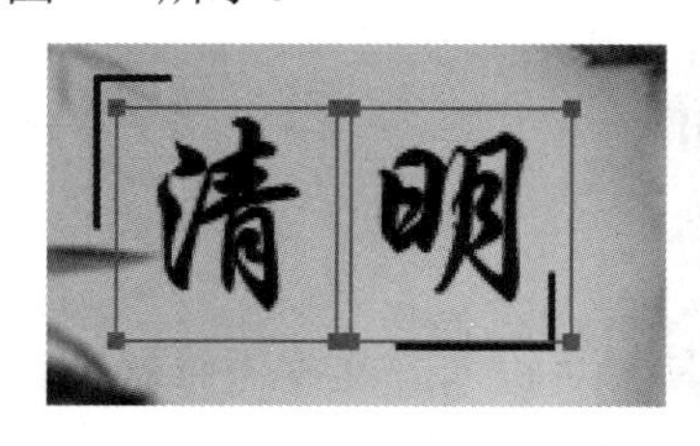

（a）

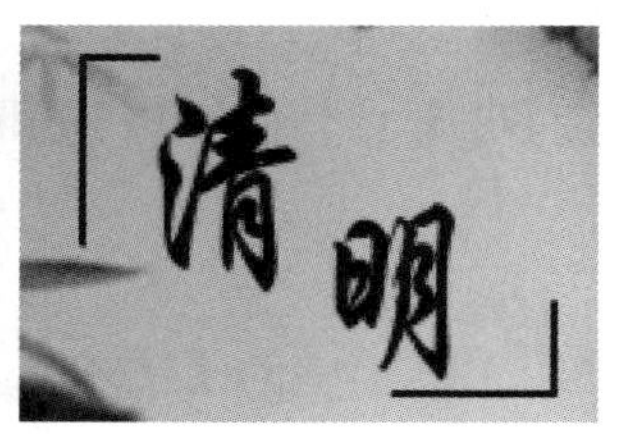

（b）

图4-4　设计标题样式

3. 输入作者文本

选择【文本工具】，设置字符系列为“隶书”，大小为18磅，输入文本“（唐）杜牧”，如图4-5所示。

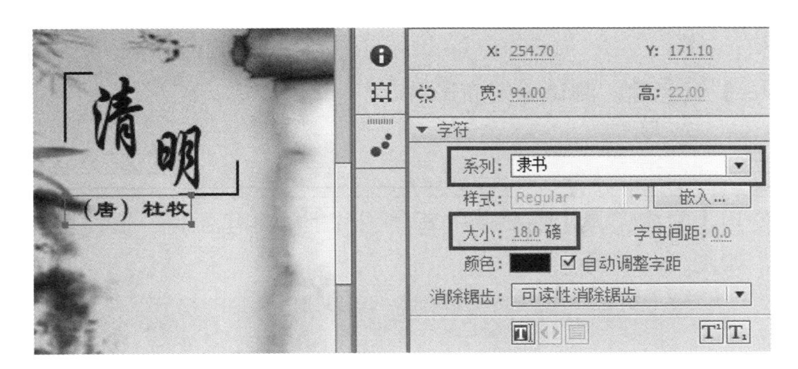

图 4-5　输入作者文本

4. 输入诗词

选择【文本工具】，在“属性”面板中设置文本类型为“静态文本”，字符系列为“华文隶书”，大小为 18 磅，设置字母间距为 4，行间距为 30，输入诗词文本，如图 4-6 所示。

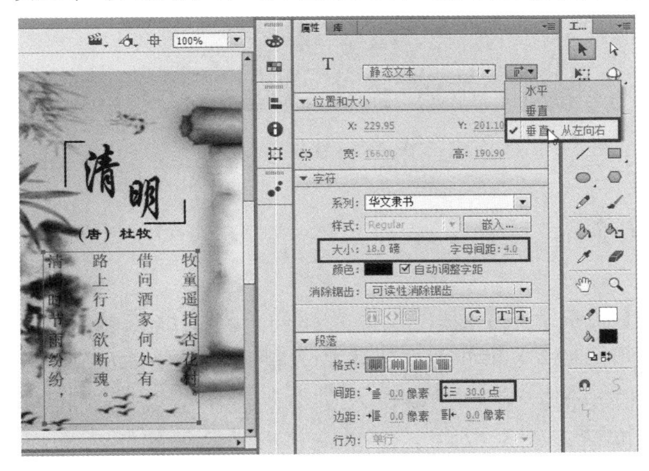

图 4-6　设置诗词文本格式

5. 制作淡入动画效果

单击图层“诗词”的第 1 帧，右击，在弹出的快捷菜单中执行【创建传统补间】命令，在第 30 帧右击，在弹出的快捷菜单中执行【插入关键帧】命令，选择第 1 帧上的诗词，在“属性”面板中将 Alpha 值用鼠标拖动为 0%，如图 4-7 所示。

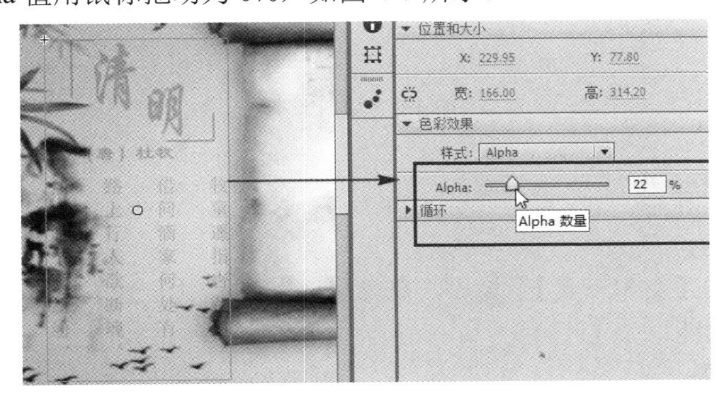

图 4-7　设置动画透明度

6. 发布影片

按【Ctrl+Enter】组合键，测试并发布影片。

举一反三 START

本实例主要使用【文本工具】在日历的背景图片上输入年、月、日，重点是颜色搭配、字体、字号的设置，如图 4-8 所示。

图 4-8 实例效果

4.1.2 创建文本

选择工具箱中的【文本工具】T，鼠标光标会变为形状，在舞台上需要输入文本的地方单击，会出现相应的文本输入框，在文本输入框中输入文本即可。

当文本右上角为圆形时，表示可以输入文本，但不会换行。而当使用鼠标拖曳这个圆形，确定文本框的宽度后，文本框右上角变为方形，输入的文本会根据调整的宽度自动换行，如图 4-9 所示。

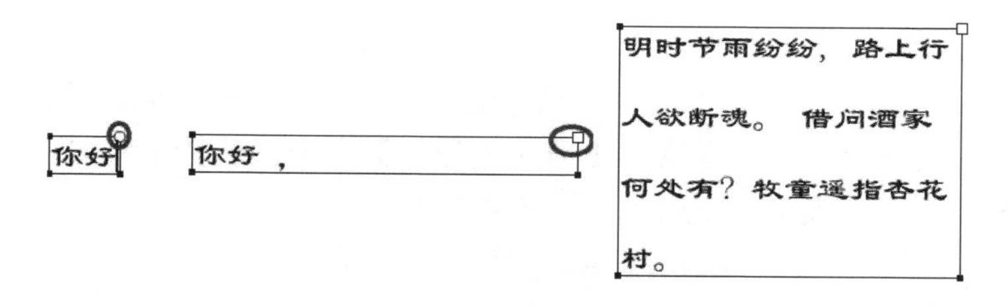

图 4-9 输入文本

4.1.3 文本属性

选择工具箱中的【文本工具】T后，在“属性”面板中出现【文本工具】的属性设置，下面详细介绍具体功能。

1. 选择文本类型

在 Flash 中创建的文本类型包括“静态文本”、“动态文本”、“输入文本”3 种类型，如图 4-10 所示，在“属性”面板中的下拉列表中进行选择。单击下拉列表右侧的按钮，可以选择文本的输入方向，包括“水平”、“垂直”和“垂直，从左向右”3 种设置，效果如图 4-11 所示。

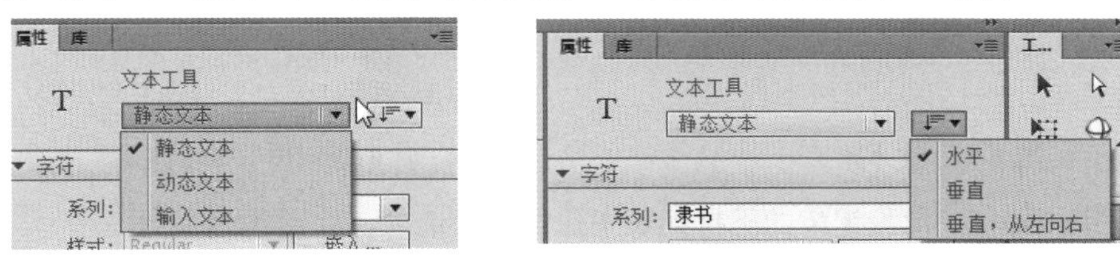

图 4-10 设置文本类型及方向

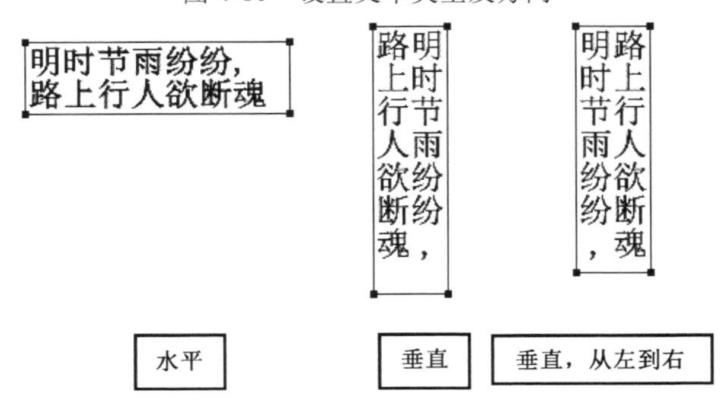

图 4-11 文本方向

2. 设置字符属性

如图 4-12 所示，在文本的“属性”面板中可以设置字符属性。

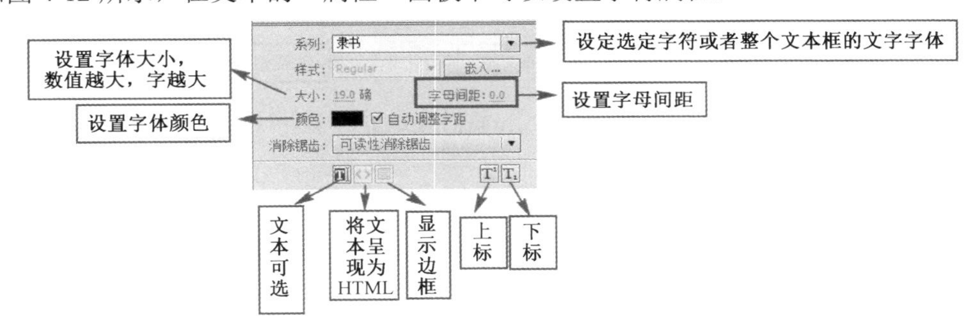

图 4-12 设置字符属性

各选项功能如下。

（1）“系列”：在“系列”下拉列表中可以选择本地系统所安装的字体样式，单击即可选择所需要设置的字体样式。

（2）“大小”：单击鼠标后输入数值，或通过单击鼠标左键，移动鼠标来改变数值。

（3）“颜色”：单击颜色按钮，在弹出的颜色样本中设置颜色。只可以进行纯色设置，不能进行渐变色填充。

（4）“字母间距”：输入数值来控制字符之间的间距位置。

（5）“上标”和“下标”：可设置文本上标和下标效果。

（6）“文本可选”：该选项设置输出的文本，可以通过鼠标进行选择，如图 4-13 所示。

（7）“显示边框”：动态文本或输入文本可以显示文本的边框。

明时节雨纷纷，
路上行人欲断魂

图 4-13　文本可选

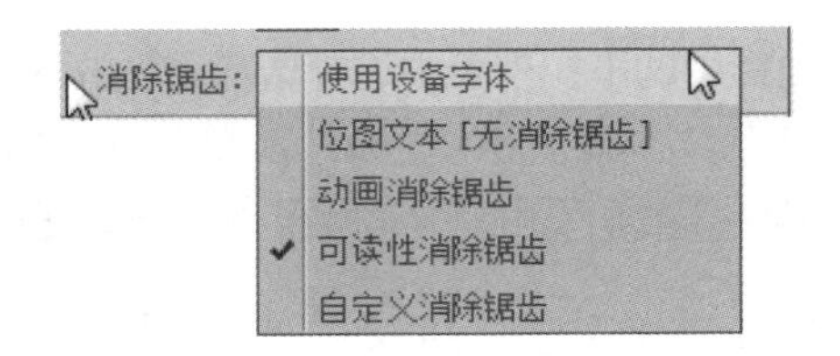

图 4-14　“消除锯齿”下拉列表

（8）“消除锯齿”：消除锯齿的下拉列表中包括 5 个选项，如图 4-14 所示。

- 使用设备字体：使用用户电脑上的字体呈现文本，生成的 Flash 文件较小。
- 位图文本 [无消除锯齿]：没有消除锯齿，生成较明显的文本边缘，Flash 文件较大。
- 动画消除锯齿：创建平滑的字体，当文本小于 10 磅时文本不容易显示清楚。
- 可读性消除锯齿：增加较小文本的可读性。
- 自定义消除锯齿：可以自定义消除锯齿参数。

它们之间的区别如图 4-15 所示，动画消除锯齿的文字边缘更为平滑，而位图文本的锯齿严重一些。

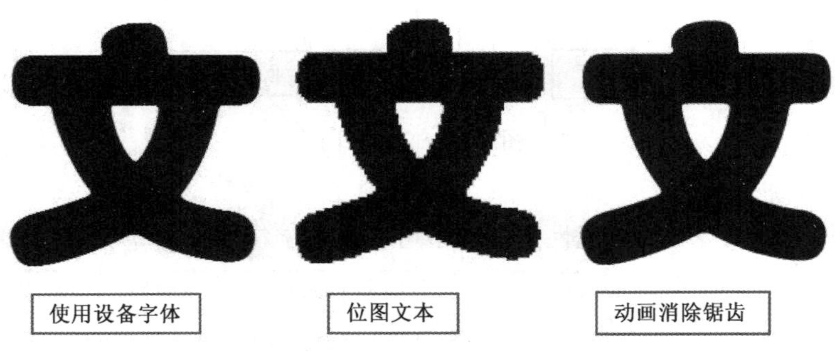

图 4-15　消除锯齿区别

3．段落设置

对于文本段落的设置主要包括文本的对齐方式、间距、行距、左边距、右边距及行为的设置，各选项的作用如图 4-16 所示。

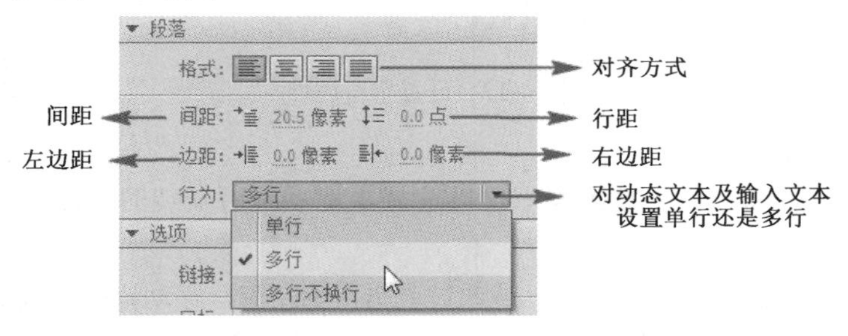

图 4-16　文本段落设置

4．文本超链接

在【文本工具】属性面板中的“链接”文本框中输入链接地址，“目标”下拉列表中选择打开方式，如图 4-17 所示。在“链接”文本框中输入 http://www.sohu.com，在“目标”下拉列表中选择_blank 后搜狐网址在新的浏览器窗口中打开。

“_blank”：链接页面在新的浏览器窗口中打开。

“_parent”：链接页面在框架页面的父框架中打开。

“_self”：在当前框架页面中打开。

“_top”：在顶级框架中打开。

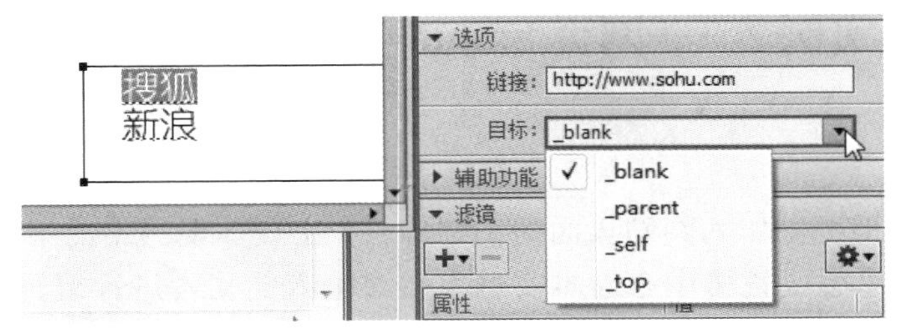

图 4-17　设置超链接

4.1.4　文本类型

在 Flash 中创建的文本类型包括静态文本、动态文本、输入文本 3 种。

1. 静态文本

静态文本在动画运行期间是不可以编辑修改的，它是一种普通文本。一般情况下输入的大部分为静态文本。

静态文本可以设置“可选”选项，输出的 Flash 动画可以对文本进行选择复制。

2. 动态文本

动态文本在动画运行的过程中可以通过 Action Script 脚本进行编辑修改。简单的动态文本变化操作如下。

（1）选择【文本工具】，选择“动态文本”，设置名称为“a”。

（2）执行【窗口】→【动作】命令，打开“动作”面板，在“动作”面板上输入下面代码：a.text="动态文本变化"。显示结果如图 4-18 所示。

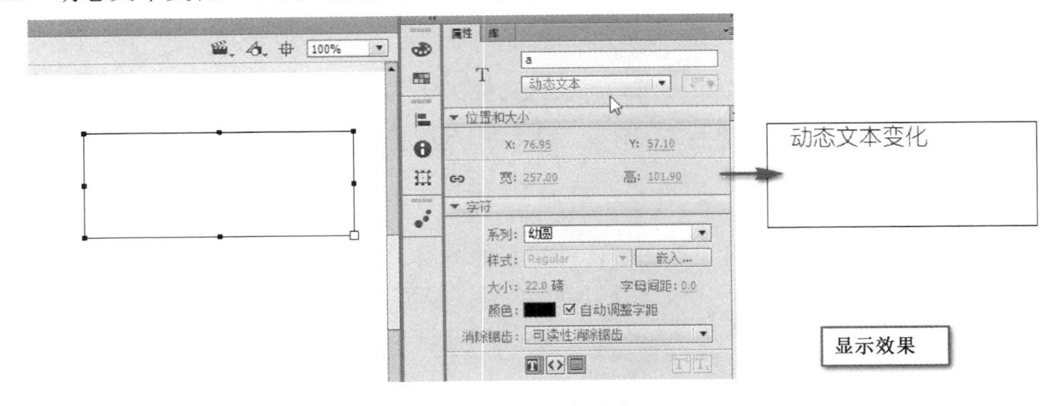

图 4-18　动态文本

3. 输入文本

输入文本类型，则发布的 Flash 动画可以实现输入功能。并在“行为”选项中增加了“密码”选项。

4.2　编辑文本

4.2.1　课堂实例 2——网页 banner

实例综述

网页 banner 是指可以作为网站页面的横幅广告，主要体现网站的中心旨意，形象鲜明，表达最主要的情感思想或宣传中心。本实例主要对输入的文本进行编辑，增加一些滤镜效果，如图 4-19 所示。

图 4-19　网页 banner

实例分析

在制作这个实例时，大致需要以下环节。

（1）新建文档，并保存。导入背景图片。

（2）新建图层，输入宣传标题 1，并创建淡入、淡出效果。

（3）新建图层，输入宣传标题 2，增加滤镜效果，并创建淡入、淡出效果。

（4）发布影片。

本实例主要通过输入文本后，实现对文本分离变形及增加文本滤镜效果等。对文本的变形操作，需要将文本进行分离，分离两次后变为“形状”属性，再对文本进行变形处理。在 Flash 中经常使用这种方法来编辑文本。

操作步骤　START

1. 新建文档并保存

新建文档并保存为“网页 banner.fla”，设置文档大小为 1000×150 像素，帧频为 24fps。

将“图层 1”重命名为“背景”，导入“第 4 章\实例 2 网页 banner\bg.jpg”图片，将图片放置在舞台上并覆盖整个舞台。

2. 输入标语 1

（1）新建一个名为“文字 1”的图层，锁定其他图层。输入“创建源于一草一木”和“和谐始于一言一行”两个文本，设置文本大小为 45 磅，类型为“隶书”，如图 4-20 所示。

图 4-20　设置文本格式

（2）按【Ctrl+B】快捷键分离字体，并选择“创建”、“和谐”4 个文字，将字体大小设置为 55 磅。

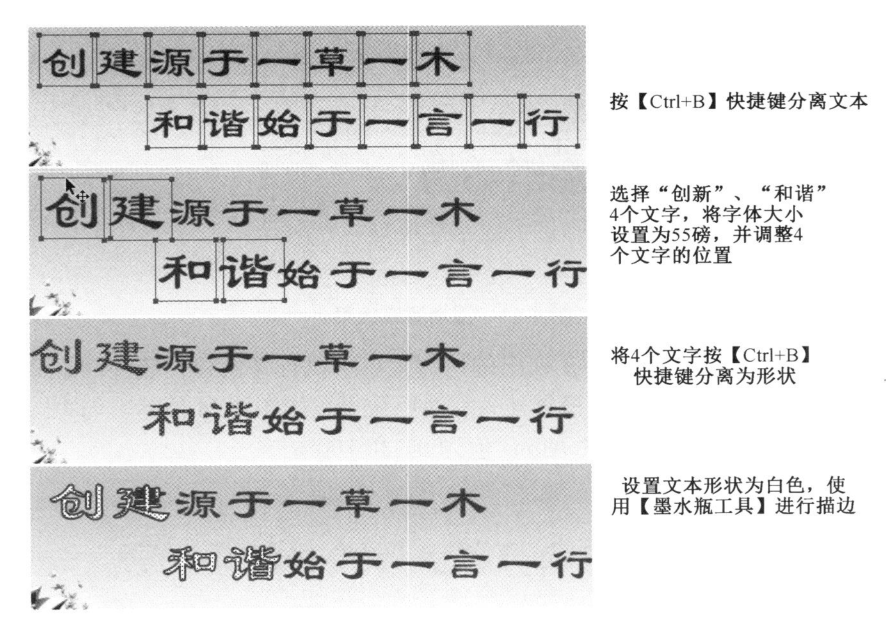

图 4-21　分离文本设置样式

（3）选择图层第 1 帧，右击，在弹出的快捷菜单中执行【创建传统补间动画】命令，并在第 20、40 和 60 帧插入关键帧。插入关键帧的操作可以在选择该帧后按快捷键【F6】，如图 4-22 所示。

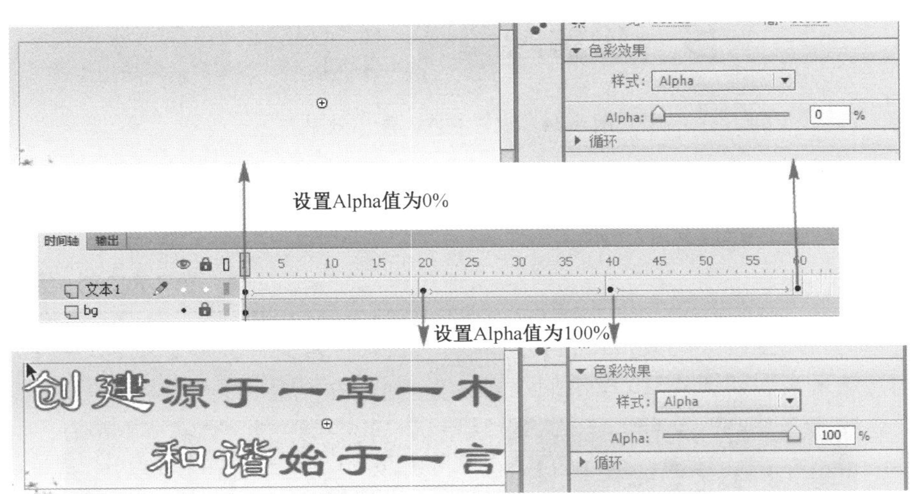

图 4-22　创建补间动画

3. 输入标语 2

（1）新建一个"文字 21"的图层，锁定其他图层。选择第 60 帧，按【F6】快捷键插入关键帧。

（2）选择第 60 帧的关键帧，在舞台上输入"少一份环境污染"和"多一份生态和谐"两个文本，设置文本大小为 45 磅，类型为"华文琥珀"。

（3）选择文本，在"属性"面板中添加【斜角】滤镜效果，如图 4-23 所示。可以改变"阴影"和"加亮显示"的颜色及斜角的"角度"。

图 4-23　添加滤镜效果

（4）选择图层第 60 帧，右击，在弹出的快捷菜单中执行【创建传统补间】命令，并在第 80、100 和 120 帧插入关键帧。同样设置淡入、淡出效果，如图 4-24 所示。与上一个标语的动作效果一样，设置开始帧和结束帧的 Alpha 值为 0%和 100%。

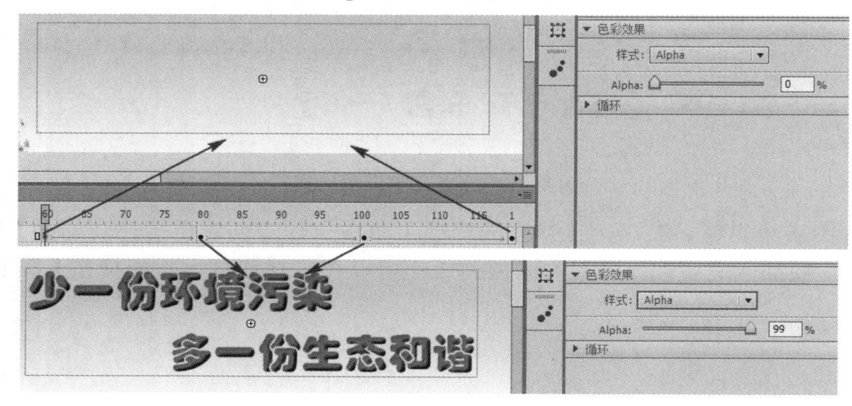

图 4-24　设置淡入、淡出效果

4. 发布影片

按【Ctrl+Enter】快捷键，测试并发布影片。

下面的实例为淘宝网页的宣传广告，页面效果主要为文字。使用【文本工具】进行设计，利用上面的方法来实现如图 4-25 所示的效果。

图 4-25　网页广告效果

4.2.2　变形文本

在 Flash 软件中输入文本后，对文本进行变形处理时，需要将“文本”转换为“形状”。具体操作需要对文本进行两次分离，第 1 次分离（快捷键为【Ctrl+B】）将一个文本框中的多个文字分离为多个文本框，每个文本框中只有一个文字。第 2 次分离（快捷键为【Ctrl+B】）将，每个文字再变成“形状”，如图 4-26 所示。

第1次分离　　第2次分离

图 4-26　文字分离

对于分离的文字形状，可以使用【选择工具】和【任意变形工具】对其进行变形处理，如图 4-27 所示。

图 4-27　文字变形

分离的方法包括按快捷键【Ctrl+B】，或选择需要分离的对象右击，在弹出的快捷菜单中执行【分离】命令。

4.2.3　填充文本

在 Flash 中输入文本，能设置文本的颜色，但不能对文本进行渐变填充、径向填充和位图填充。所以如果对文本进行渐变、径向和位图填充，需要将文本转换为“形状”。

具体操作：按两次【Ctrl+B】快捷键，对文本进行分离。

选择需要分离后的文本形状，单击“颜色”面板进行填充即可，如图 4-28 所示。

（a）　　（b）

图 4-28　填充文本

4.2.4　镂空文本

在 Flash 中制作镂空文字效果，显示文本的边框，首先也需要将文本进行两次分离，转换为“形状”，然后选择【墨水瓶工具】进行描边，最后删除填充区域即可实现镂空文字效果。

具体操作如图 4-29 所示。

FLASH FLASH FLASH

文字两次分离　　使用【墨水瓶工具】描边　　将填充区域删除，或将填充区域的颜色设置为无

图 4-29　镂空文字制作过程

4.2.5　文本滤镜

Flash 软件可以对文本、影片剪辑元件、按钮元件添加滤镜效果。

1. 添加滤镜

添加滤镜的具体操作步骤如下。

（1）在舞台上输入文本。

（2）选择文本，在“属性”面板上添加“滤镜”，选择“+”可以添加滤镜效果。滤镜效果包括投影、模糊、发光、斜角、渐变发光、渐变斜角和调整颜色，如图 4-30 所示。

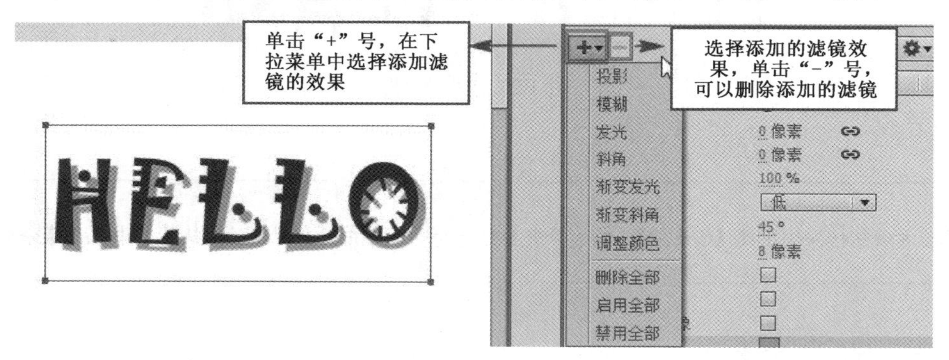

图 4-30　添加滤镜

2. 滤镜类型

（1）投影滤镜

“投影”滤镜可以为文字设置投影，其各项参数的含义如下。

- “模糊 X”和“模糊 Y”：可对 X 轴和 Y 轴两个方向设定模糊值，取值范围为 0～100 像素。
- “强度”：设置阴影的暗度。数值越大，阴影就越暗，取值范围为 0～1000%。
- “品质”：设定投影的品质高低。品质越高，投影越清晰。
- “角度”：设置阴影 的角度，取值范围为 0～360° 。
- “距离”：设置阴影与对象之间的距离。
- “挖空”：将投影作为背景的基础上，挖空对象的显示。
- “内阴影”：阴影的生成方向指向对象内侧。
- “隐藏对象”：只显示投影而不显示原来的对象。
- “颜色”：设定投影的颜色。

具体效果如图 4-31 所示。

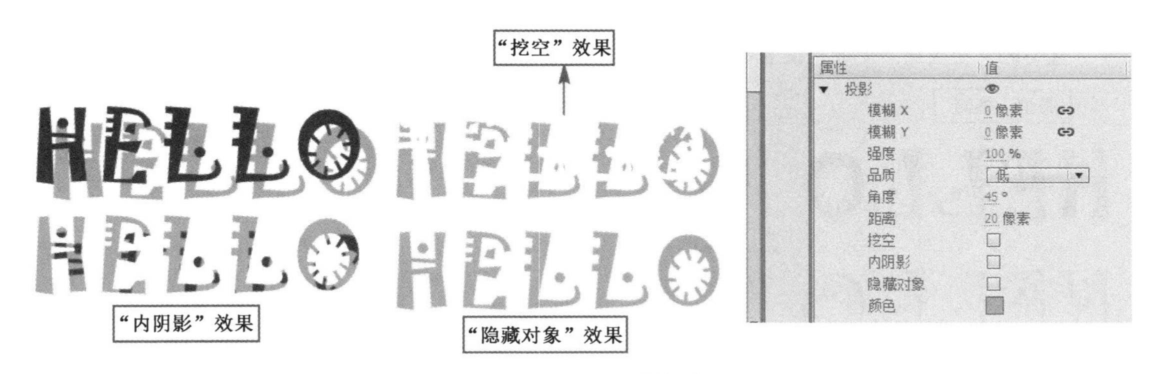

图 4-31　“投影”滤镜效果

（2）模糊滤镜

“模糊”滤镜效果可以对选择的对象进行模糊处理，主要设置 X、Y 的模糊值，如图 4-32 所示。

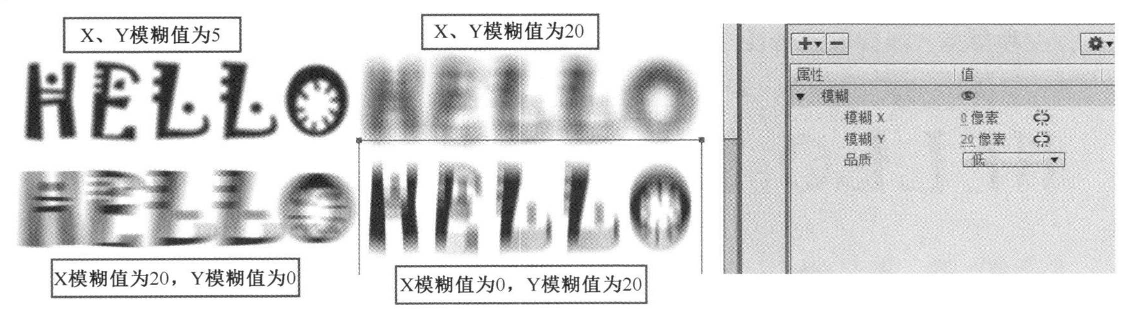

图 4-32　“模糊”滤镜效果

（3）发光滤镜

“发光”滤镜可以使添加该滤镜的对象周围出现另一种颜色的边框。参数设置与投影滤镜类似，这里就不详细说明了，具体的应用效果如图 4-33 所示，设置挖空与内发光选项。

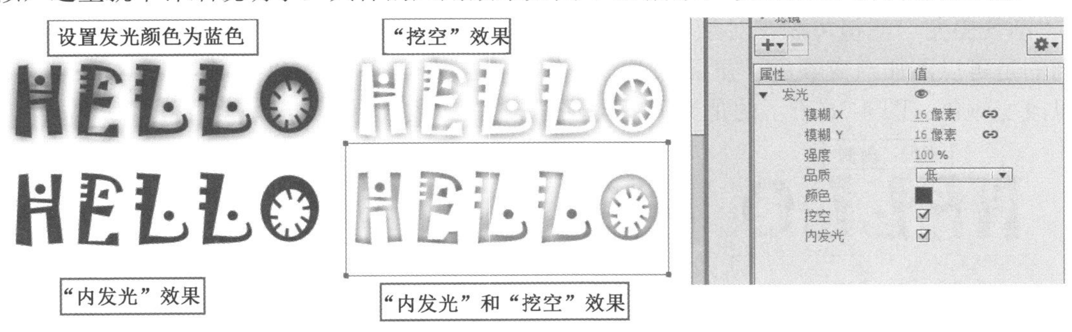

图 4-33　“发光”滤镜效果

（4）渐变发光

“渐变发光”滤镜可以在发光表面产生带渐变颜色的发光效果，效果如图 4-34 所示，分别设置不同的发光类型。

“渐变发光”中不同的属性设置包括“类型”和“渐变”的设置。

- “类型”：包括内侧、外侧和全部。即向内发光、向外发光或同时向内向外发光。
- 渐变：指定发光的渐变颜色。渐变开始的颜色 Alpha 值为 0，不可以改变，但可以改变颜色。其他设置与颜色面板的渐变颜色设置一样，可以添加颜色控制点和删除颜色控制点。

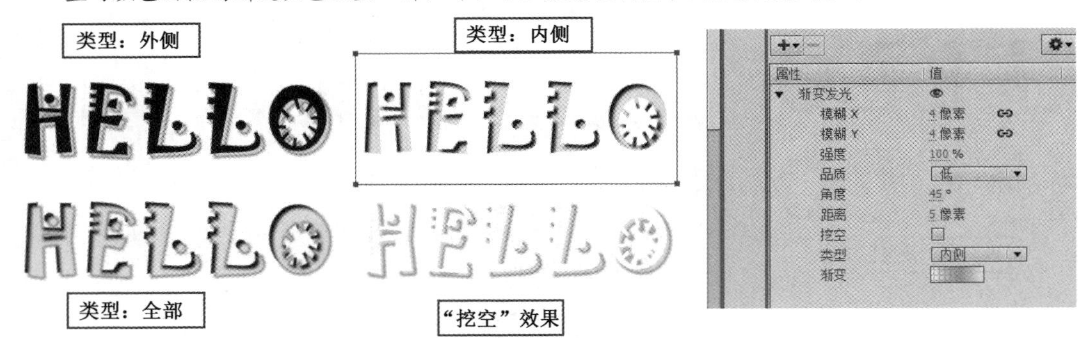

图 4-34　“渐变发光”滤镜效果

（5）斜角

“斜角”滤镜的属性设置包括模糊 X、模糊 Y、强度、品质、阴影、加亮显示、角度、距离、挖空和类型。属性设置与其他滤镜类似，如图 4-35 所示，显示不同的斜角类型效果。

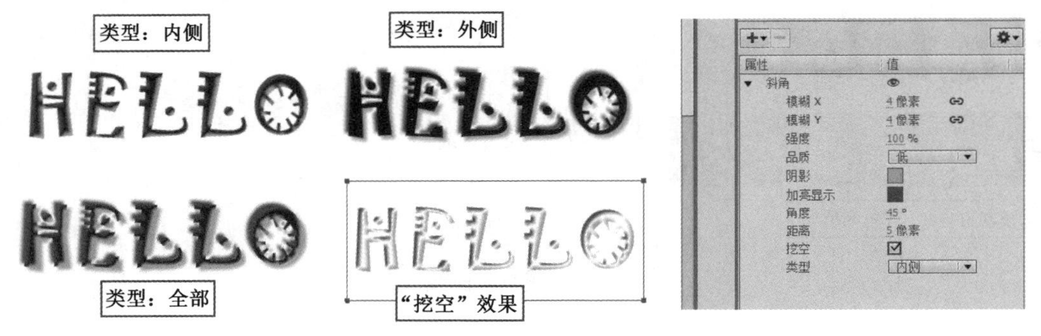

图 4-35　“斜角”滤镜效果

（6）渐变斜角

“渐变斜角”滤镜可以在对象表面添加渐变颜色的斜角变化。与“斜角”属性设置类似，不同的是可以添加渐变颜色，并且渐变颜色为 3 个控制点，中间颜色控制点的 Alpha 值为 0，可以改变颜色。图 4-36 所示的是显示不同渐变斜角的类型效果。

图 4-36　渐变斜角效果

（7）调整颜色

该滤镜主要通过调整亮度（范围：-100～100）、对比度（范围：-100～100）、饱和度（范围：-100～100）和色相（范围：-180～180）调整字体颜色，如图 4-37 所示。

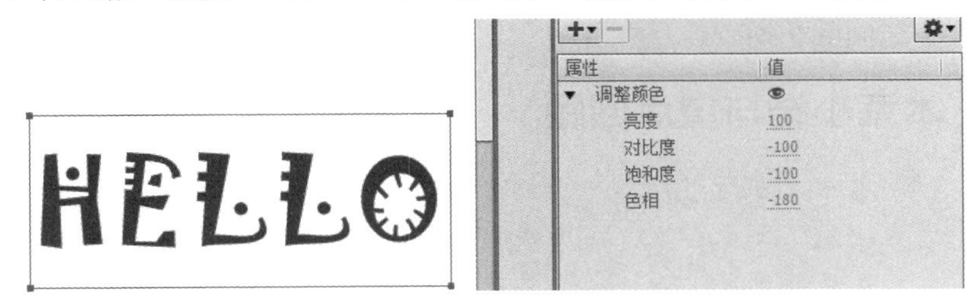

图 4-37 调整颜色

知识拓展——解决缺少字体问题

当打开一个 Flash 作品时，若其中的字体在计算机中没有安装，Flash 会出现替换窗口，列出需替代的字体，如图 4-38 所示。

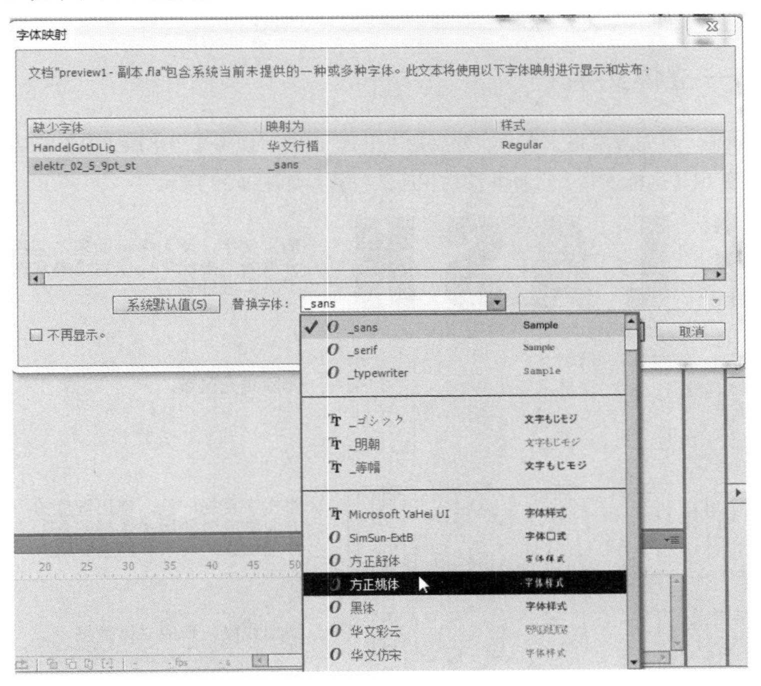

图 4-38 缺失字体

选择需要替换的字体，在下方“替换字体”下拉列表中选择需要替换的字体类型，单击【确定】按钮，则 Flash 文档中的字体会以替换的字体格式显示，原来设置的字体样式都会发生一些变化，如字体大小、行距、字距微调等可能需要调整，也会影响最后的动画效果。

在“字体映射”对话框中可以看到缺失的字体，可以下载缺失字体的安装文件，安装到系统中。重新启动 Flash 软件并打开该作品时，就不会弹出缺失字体提示对话框，而是以安装的设计字体的样式进行显示。

通常情况下，为了避免因缺少字体而影响动画作品的效果，对于 Flash 文档中所使用的静态文本，一般会经过“分离”操作，变为“形状”图形，与原来的字体类型脱离关系，这样就不会影响动画的最后效果。转换为形状的字体，会增大 Flash 文件的容量，读者可以根据需要权衡效果与大小之间的平衡。

本章小结与重点回顾

本章主要通过制作“诗词页面”和“网页 banner”来学习 Flash CC 软件的文本输入、文本类型、文本属性的设置、文本滤镜及文本特效的制作。

文本“属性”面板的设置是本章的重点内容，主要包括文本的大小、类型、字符间距、段落属性及如何设置超链接、文本滤镜等属性，其中文本滤镜的设置主要包括投影、发光、斜角、渐变发光、渐变斜角、调整颜色等滤镜属性，这些属性的设置同样也可以应用到影片剪辑、按钮元件中。需要设置符合作品立意的文字效果是 Flash 文本设计的重点和难点。

课后实训 4

课堂练习——立体文字

制作立体文字效果，首先需要将文字两次分离为“形状”，然后使用【墨水瓶工具】描边，删除填充区域。将镂空文字复制一份，使用【选择工具】选择并移动相应的位置，如图 4-39 所示。

图 4-39　立体文字的制作过程

课后习题 4

1. 选择题

（1）将文本转换为“形状”属性，需要经过几次分离？（　　）

A．1　　B．2　　C．3　　D．4

（2）没有消除锯齿，生成较明显的文本边缘，是哪种文本消除锯齿方式？（　　）

A．位图文本　　B．设备字体　　C．动画消除锯齿　　D．可读性消除锯齿

（3）（　　）在动画中是不能被用户或程序改变的。

A．静态文本　　B．动态文本　　C．输入文本　　D．输出文本

2. 填空题

（1）文本的类型主要包括__________、________和____________。

（2）可以添加滤镜效果的对象包括__________、________、____________。

（3）文本滤镜包括__________、____________、____________、________、渐变发光、渐变斜角和调整颜色。

3. 简答题

简单说明镂空字体的制作过程。

元件和库

学习目标

在 Flash 动画制作过程中，将动画制作中需要反复使用的素材保存为元件，不仅可以减少操作步骤，而且还可以缩小文件的大小。新建的元件保存到库中，可以反复使用。本章的内容主要是如何新建元件、创建不同类型的元件及对元件的应用与管理。

- 创建元件。
- 库面板的管理。
- 图形元件的创建与实例制作。
- 影片剪辑元件的创建与实例制作。
- 按钮元件的创建与实例制作。

重点难点

- 影片剪辑元件与图形元件的区别。
- 图形元件循环播放设置。
- 按钮元件 4 个关键帧的状态。
- 元件与实例的关系。

5.1　元件与库面板

5.1.1　课堂实例 1——花草绘制

实例综述

本实例效果如图 5-1 所示，场景中多次出现花和草，可以将花草等素材转换为元件后，对元件实例属性进行设置。图中的蝴蝶主要使用影片剪辑元件来绘制蝴蝶扇动翅膀的过程。通过本实例的学习，不仅要熟悉并掌握绘制工具的综合应用，而且也要掌握如何创建元件，以及创建元件实例、编辑元件、管理元件等元件的基本操作。

图 5-1　绘制花草效果

实例分析

在制作这个实例时，大致需要以下环节。

（1）新建文档，并保存。

（2）打开外部库，导入背景元件。

（3）新建草的图形元件并绘制。

（4）新建花的图形元件并绘制。

（5）新建蝴蝶的图形元件并绘制。

（6）新建蝴蝶动的影片剪辑元件并绘制。

（7）将绘制好的花和草的元件放置在场景中。

（8）将蝴蝶动的影片剪辑放到场景中，制作蝴蝶飞的动画效果。

（9）测试并发布影片。

本实例在制作过程中使用了图形元件和影片剪辑元件，重点掌握如何创建元件，设置元件属性及元件和实例的关系。

操作步骤　START

1. 新建文档并保存

新建 ActionScript 3.0 文档，并将文档保存为“花草绘制.fla”。设置舞台大小为 800×400 像素。执行【文件】→【导入】→【打开外部库】命令，选择“背景.fla”文件。单击【打开】按钮，在界面上会出现“库-背景.fla”的浮动窗口，将“背景”元件拖放到舞台上，并覆盖整个舞台，如图 5-2 所示。

图 5-2　导入外部图片

2. 新建草元件

（1）新建元件

执行【插入】→【新建元件】命令，在弹出的“创建新元件”对话框中，选择“类型”为

“图形”元件，“名称”为“草”，如图 5-3 所示。

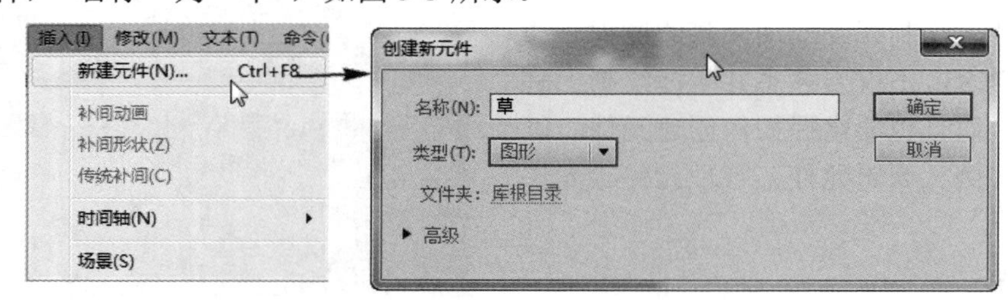

图 5-3　新建元件

（2）绘制草

在草的编辑窗口绘制“草”图形元件。

方法一：使用【刷子工具】绘制

选择填充颜色为#669900，选择如图 5-4 所示的刷子大小和刷子形状，绘制一些弯曲的填充区域，然后使用【选择工具】，进行平滑处理，使其出现草的基本形状。

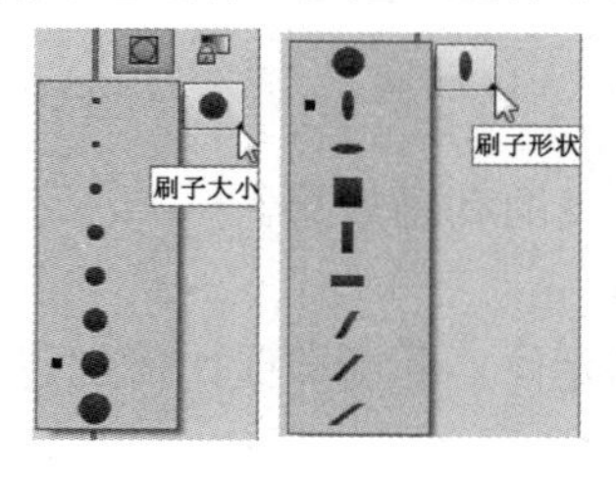

使用【刷子工具】绘制　　多次平滑后的效果

图 5-4　绘制草

方法二：使用【矩形工具】绘制

选择【矩形工具】，设置笔触颜色为无，填充颜色为#669900，先绘制矩形，然后通过【选择工具】进行变形，绘制草的基本形状，如图 5-5 所示。

图 5-5　草的绘制过程

3．绘制花

（1）新建元件

执行【插入】→【新建元件】命令，在弹出的“创建新元件”对话框中，选择“类型”为“图形” ，“名称”为“花”。

（2）绘制花

进入“花”图形元件的绘制窗口，进行花的绘制。

首先，使用【椭圆工具】绘制花瓣。设置【椭圆工具】的笔触颜色为无，填充颜色为“线性渐变”，渐变颜色可以根据自己的喜好来选择，本例中是从橙色到黄色的渐变，如图 5-6 所示。然后使用【渐变变形工具】对渐变方向进行变化，变为从上到下的渐变过程。

使用【任意变形工具】将变形控制点放置在“花瓣”下方，效果如图 5-7 所示。打开“变形”面板，将“旋转”角度设置为 72° ，单击【复制选区及变形】按钮，复制 5 个花瓣。

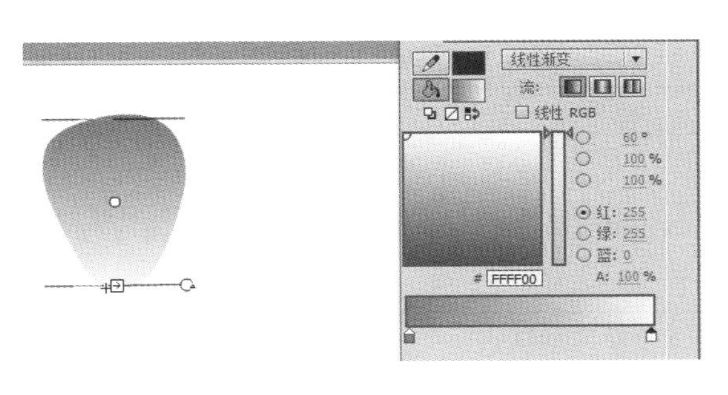

图 5-6 绘制花瓣

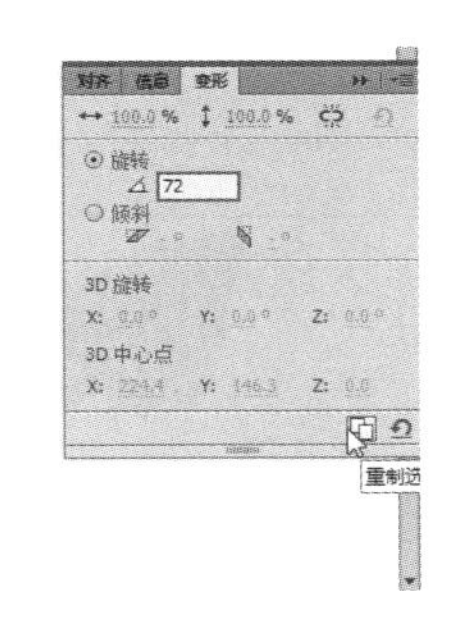

图 5-7 复制 5 个花瓣

最后绘制花心。选择【椭圆工具】绘制一个正圆形，填充颜色为#CC9900，笔触颜色为#669900，将线条“样式”设置为“点刻线”，“笔触”设置为 11.5，如图 5-8 所示。

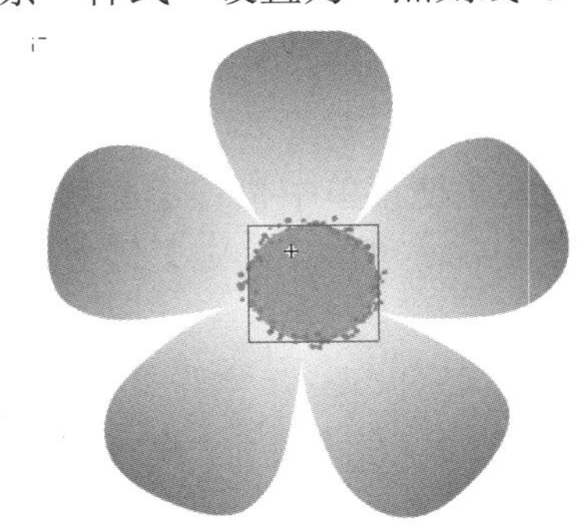

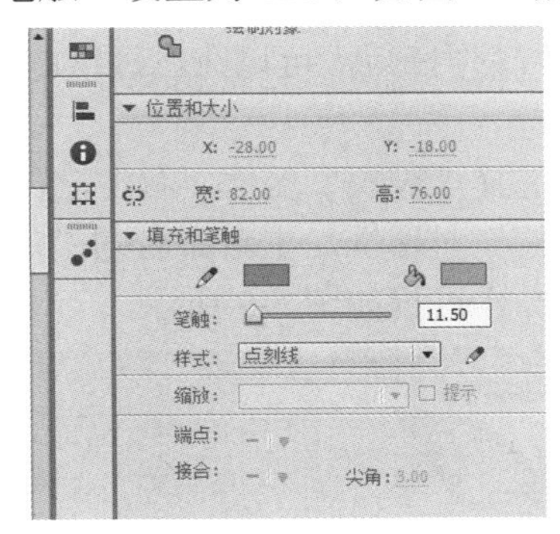

图 5-8 绘制花心

4. 绘制蝴蝶图形元件

执行【插入】→【新建元件】命令，在弹出的“创建新元件”对话框中，选择“类型”为“图形”，“名称”为“蝴蝶”。在绘制蝴蝶过程中，采用【绘制对象】模式。绘制过程如表 5-1 所示。

表 5-1 “蝴蝶”图形元件绘制步骤

绘制步骤	说　明
	（1）使用【椭圆工具】，设置笔触颜色为无，填充颜色为#433D09。 （2）使用【绘制对象】模式。绘制一个椭圆形和小圆形表示蝴蝶的身体和头。
	使用【铅笔工具】或【钢笔工具】绘制蝴蝶上面翅膀的形状，并填充颜色。
	将已经绘制完成的翅膀复制一个，双击进入绘制对象的编辑模式。使用【铅笔工具】分割形状，将绘制的线条分离后，实现将图像分割的效果。然后使用【渐变变形工具】填充。蝴蝶的色彩多样，用户可以自行设计。
	回到“蝴蝶”元件的编辑窗口，将上面的两个翅膀层叠组合在一起。

续表

绘制步骤	说　明
	利用同样的方法绘制下面翅膀的形状。
	将上下翅膀组合后复制一个，与蝴蝶的身体组合为一个整体。

5. 制作另一个蝴蝶元件

“蝴蝶”元件制作好后，可以在已经绘制好的“蝴蝶”元件的基础上修改颜色，得到另一只蝴蝶元件。

具体操作：选择“蝴蝶”元件，右击，在弹出的快捷菜单中执行【直接复制】命令，会弹出“直接复制元件”对话框，重新命名为“蝴蝶 2”后，单击【确定】即可进入“蝴蝶 2”元件的编辑窗口。操作过程如图 5-9 所示。

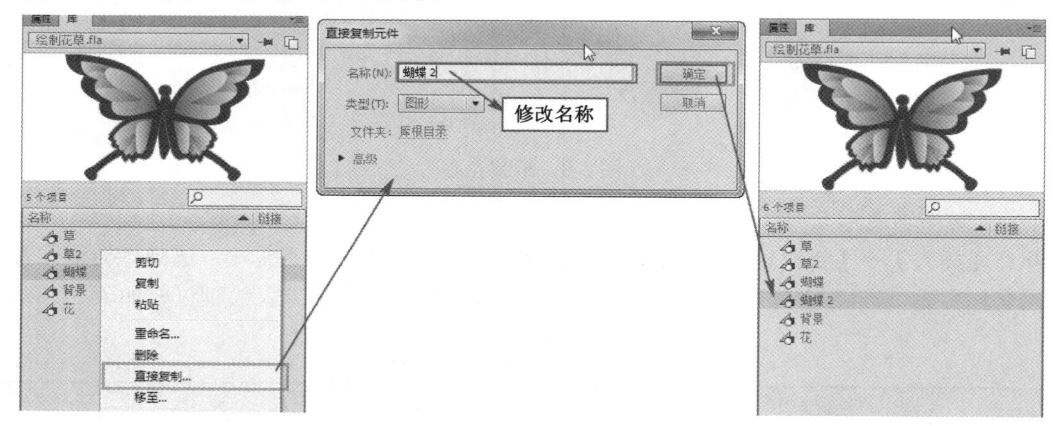

图 5-9　直接复制元件

双击“蝴蝶 2”元件，在蝴蝶 2 的编辑窗口，将蝴蝶图案的颜色从蓝色修改成粉色，如图 5-10 所示。

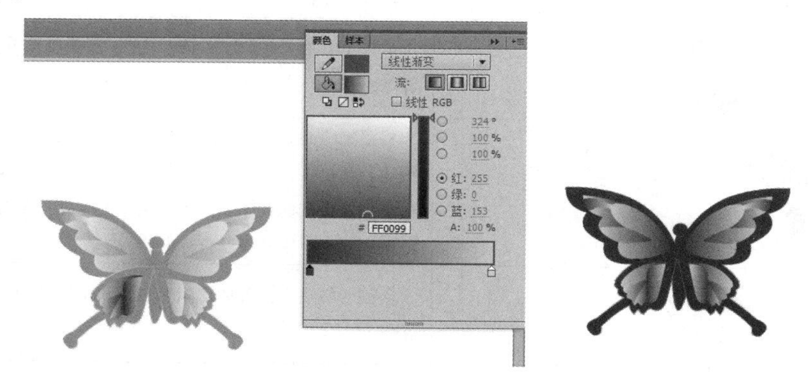

图 5-10　修改蝴蝶颜色

6. 蝴蝶飞影片剪辑元件制作

执行【插入】→【新建元件】命令，在弹出的“创建新元件”对话框中，选择“类型”为“影片剪辑”，名称为“蝴蝶飞”。在“蝴蝶飞”的编辑窗口中，将“蝴蝶”元件放在舞台上进行编辑，如图 5-11 所示。

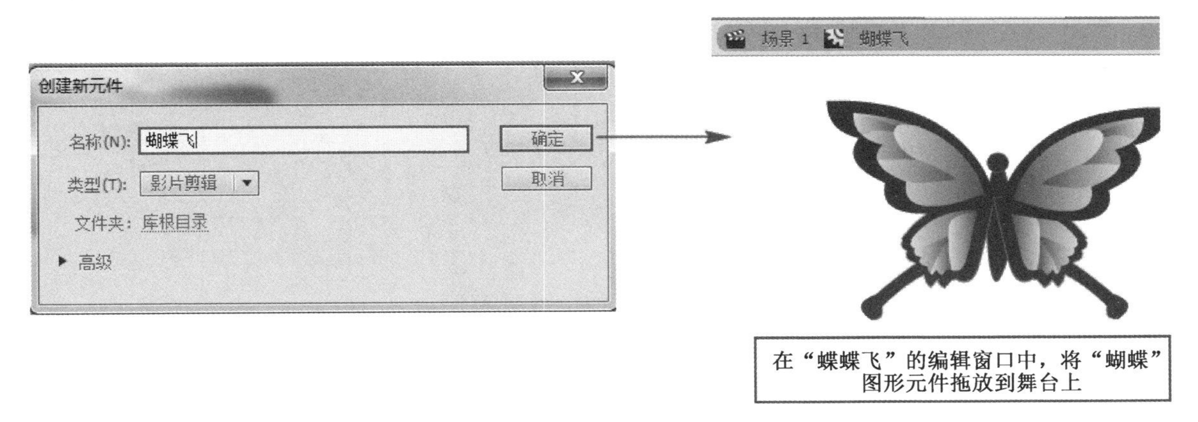

图 5-11 创建“蝴蝶飞”影片剪辑

目前舞台上的蝴蝶是图形元件“蝴蝶”的一个实例，如果需要对这个实例翅膀的角度进行变化，需要将它与元件脱离关系，所以选择舞台上的“蝴蝶”实例，按【Ctrl+B】快捷键进行分离，这样就和原来的图形元件脱离关系，不会出现修改舞台上的实例，元件也一同变化的现象。

然后使用【任意变形工具】对舞台上的“蝴蝶”形状进行修改变形，效果如图 5-12 所示。“蝴蝶飞”动画效果包括两个关键帧，第 1 帧为翅膀向上，第 5 帧翅膀向下，并在第 10 帧处插入帧，使第 5 帧的关键帧状态延续到第 10 帧。

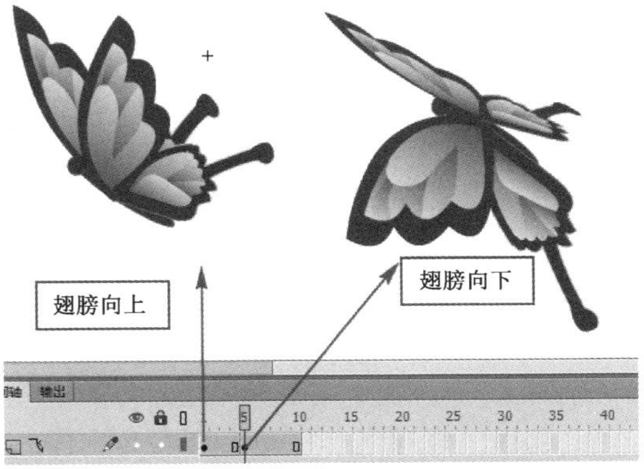

图 5-12 “蝴蝶”变形设置

用同样的方法制作“蝴蝶飞 2”的影片剪辑。

7. 布置舞台

新建图层，重命名为“花草”，将图形元件“草”，拖放多个元件实例到舞台上进行布局，并使用【任意变形工具】对“草”元件实例进行变形，同时移动到合适的位置，如图 5-13 所示。

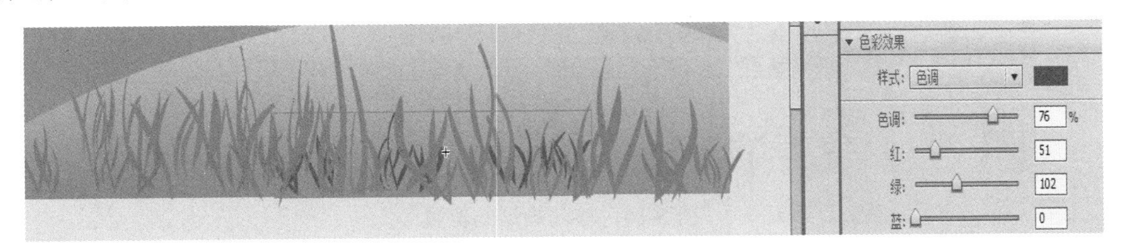

图 5-13 “草”元件的设置

对“草”实例的颜色进行修改，可选择某个草的实例，在“属性”面板中的“样式”下拉列表中选择“色调”，在颜色选择框中选择需要变换的颜色，形成草地错落有致的效果。

将图形元件“花”拖放到舞台上，使用【任意变形工具】对“花朵”进行放大或缩小，错落有致地放在舞台上。同时可执行【修改】菜单下的【排列】命令，来改变花朵与草之间的层级关系，让整体构图更加协调，如图 5-14 所示。选择几个“花”的实例，在“属性”面板中，在“样式”下拉列表中选择“色调”，改变花的颜色。

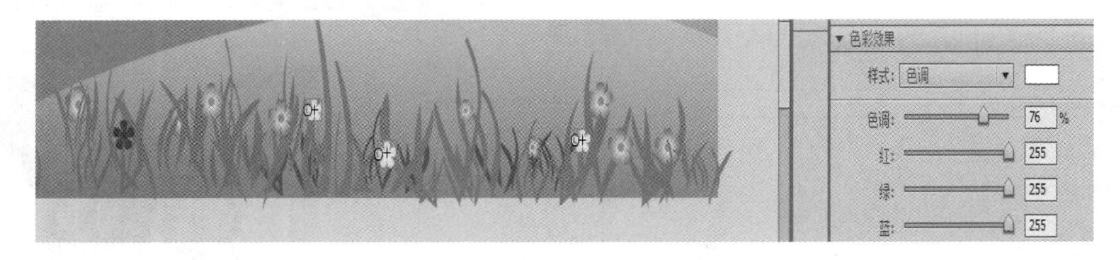

图 5-14　设置多个花的属性

8. 制作“蝴蝶飞”动画效果

新建一个图层，重命名为“蝴蝶飞 1”，将“蝴蝶飞”的影片剪辑放置在舞台上。使用【任意变形工具】调整蝴蝶到合适的大小，如图 5-15 所示。在“时间轴”上所有图层的第 70 帧插入帧。

图 5-15　添加“蝴蝶飞”元件

选择“蝴蝶飞 1”图层的第 1 帧右击，在弹出的快捷菜单中执行【创建补间动画】命令，选择第 70 帧，将蝴蝶从舞台右侧移动到舞台左侧，如图 5-16 所示。

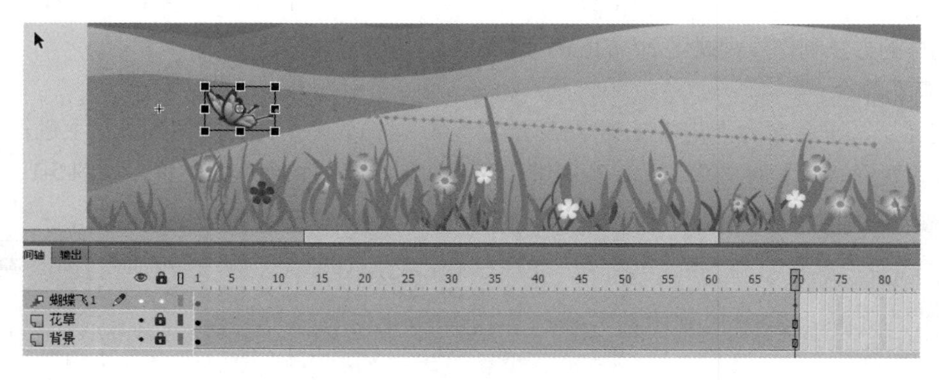

图 5-16　移动蝴蝶的位置

这时可以在舞台上看到一条蝴蝶运动路径的虚线，使用【选择工具】，将直线改为曲线。可以选择第 35 帧，改变蝴蝶的位置，使蝴蝶按照曲线运动轨迹运动，如图 5-17 所示。

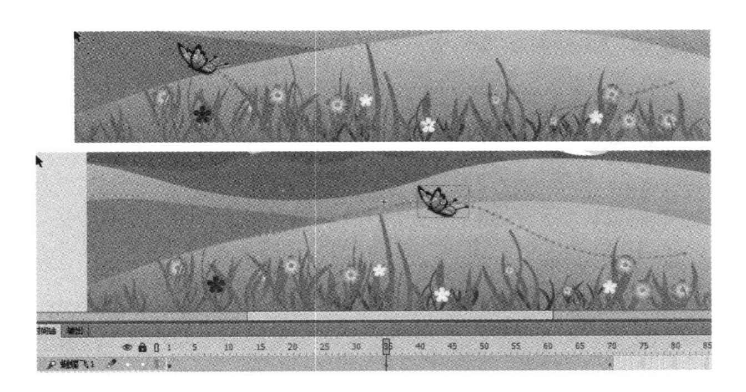

图 5-17　蝴蝶曲线运动截图

用同样的方法制作另一只蝴蝶的运动曲线。

9. 发布影片

按【Ctrl+Enter】快捷键，测试并发布影片。

举一反三　START

打开“绘制椰子树”实例，制作椰子树随风飘动的效果，如图 5-18 所示。

本实例中需要创建“椰子树”、“树叶动 1”、“树叶动 2”影片剪辑和“树叶 1”、“树叶 2”图形元件，如图 5-19 所示。

图 5-18　风吹椰子树效果截图

图 5-19　“库”面板

操作提示

（1）将绘制的树叶转换为“树叶”图形元件。并在“树叶动”的影片剪辑中将“树叶 1”放在舞台上。创建传统补间动画，制作树叶被风吹动的效果，如图 5-20 所示。第 1 帧和第 90 帧树叶位置一致，而在第 45 帧进行小角度的旋转。

注意

旋转的控制点要放置在树叶与树干相连的顶角处。

（2）用同样的方法制作“树叶动 2”影片剪辑动画。

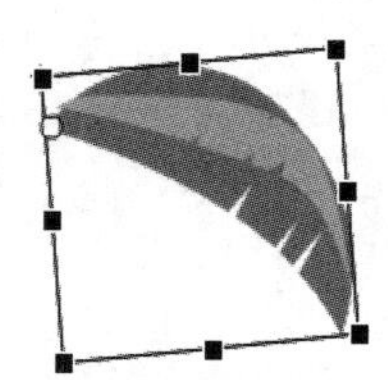

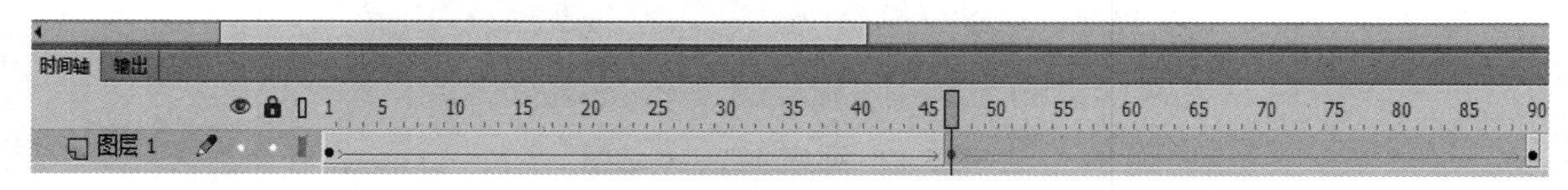

图 5-20　绘制树叶动动画

（3）在“椰子树”的影片剪辑中，将树干图形放置在舞台上，将“树叶动 1”、“树叶动 2”复制多个并组合为椰子树的形状。将“椰子树”的影片剪辑实例放在舞台上。按【Ctrl+Enter】快捷键，测试并发布影片。

5.1.2　元件的类型

元件是制作动画最基本的元素，包括图形、按钮、影片剪辑 3 类。在整个文档或其他文档中重复使用元件，使用元件可以简化影片的编辑，缩小文件大小。

创建元件时需要选择元件类型，主要包括以下 3 种类型。

（1）图形元件。可用于静态图像和简单动画，并可用来创建链接到主时间轴的、可重复使用的动画片段。图形元件与主时间轴同步运行，交互式控件和声音在图形元件的动画序列中不起作用。由于依附于主时间轴，图形元件在“.fla”文件中的数据量小于按钮元件和影片剪辑元件。

（2）按钮元件。可以创建用于响应鼠标单击、滑过或其他动作的交互式按钮。可以定义与各种按钮状态关联的图形，然后将动作指定给按钮实例。

（3）影片剪辑元件。可以创建可重复使用的动画片段，影片剪辑拥有独立于主时间轴的“多帧时间轴”，即使主时间轴上的帧数只有 1 帧，影片剪辑仍可以播放完整的动画效果。可以将“多帧时间轴”看作是嵌套在主时间轴内的时间轴。影片剪辑元件可以包含交互式控件、声音甚至其他影片剪辑实例，也可以将影片剪辑实例放在按钮元件的时间轴内，以创建动画按钮。

5.1.3　创建元件

可以通过舞台上选定的对象来转换元件，也可以创建一个空元件。创建完元件后，可以在元件编辑模式下绘制图形、制作动画或导入内容。创建元件的方法如下。

方法一：创建元件的方法主要通过执行【插入】→【新建元件】命令，在弹出的“创建新元件”对话框中可以修改元件名称及类型，如图 5-21 所示。

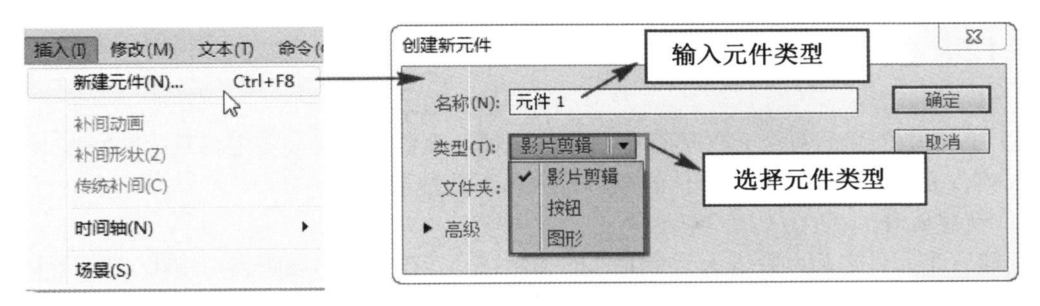

图 5-21　“创建新元件”对话框

方法二：按快捷键【Ctrl+F8】，可以直接弹出“创建新元件”对话框创建元件。

方法三：单击“库”面板左下角的【新建元件】按钮，可以弹出“创建新元件”对话框创建元件，如图 5-22 所示。

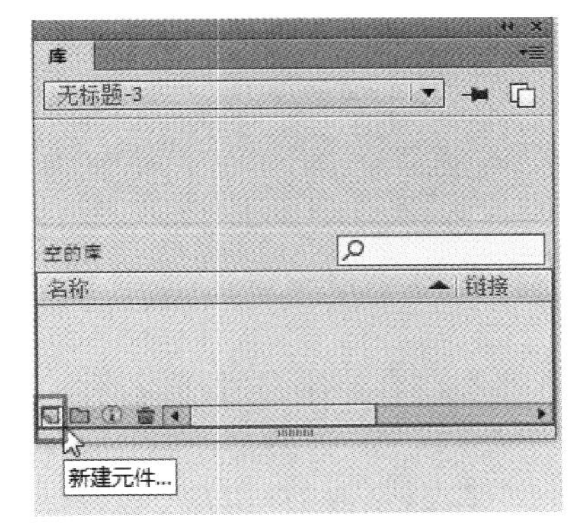

图 5-22　“库”面板

5.1.4　转换元件

对于已经在舞台上绘制好的元素对象，可以将其转换为元件，具体操作如下。

方法一：在舞台上选择一个或多个元素。执行【修改】→【转换为元件】命令，如图 5-23 所示。

方法二：在舞台上选择一个或多个元素，右击，在弹出的快捷菜单中执行【转换为元件】命令。

方法三：在舞台上选择一个或多个元素，按快捷键【F8】即可弹出“转换为元件”对话框。

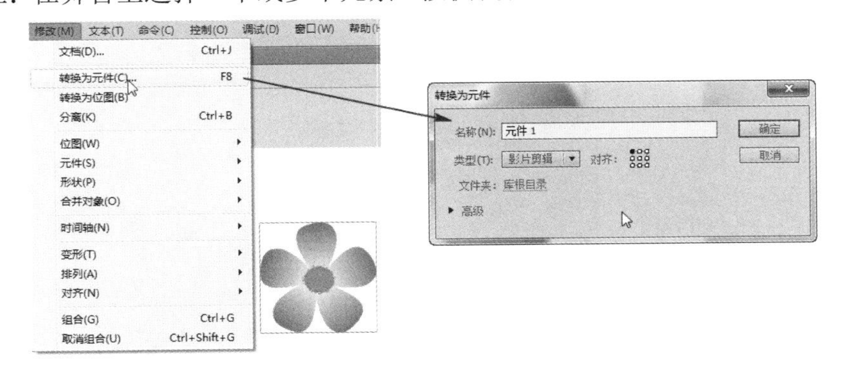

图 5-23　转换为元件

在“转换为元件”对话框中，可输入元件“名称”和选择“类型”。

5.1.5 编辑元件

在 Flash 中创建的每个元件都有自己的时间轴、舞台及图层，与主场景中的操作一样，可以插入帧、关键帧和图层。对元件的编辑分为以下几种情况。

1. 新建元件

新建一个元件之后，会进入一个元件的编辑窗口，在元件的编辑窗口中可以对元件进行编辑，如图 5-24 所示。元件编辑窗口的布局说明如下。

- 在元件的编辑窗口中可以单击窗口导航上的按钮切换到父一级编辑窗口中。
- 编辑窗口中（0，0）坐标的位置在舞台中间，而主场景中（0，0）坐标的位置在左上角。
- 在舞台右侧按钮的下拉菜单中，可以切换元件的编辑窗口。
- 影片剪辑或者图像元件的时间轴、图层与主场景中的操作一致。

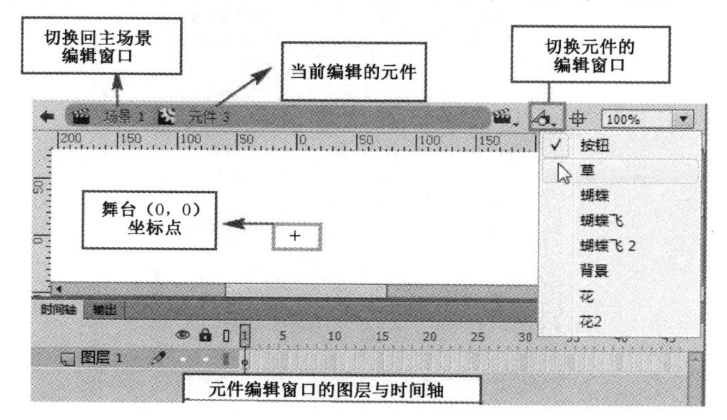

图 5-24　元件编辑窗口

2. 库中元件的编辑

对于库中的元件，可以双击进入元件编辑窗口，或者选择某个元件右击，在弹出的快捷菜单中选择【编辑】选项，即进入元件的编辑窗口。编辑窗口的背景颜色为舞台设置的颜色，如图 5-25 所示。

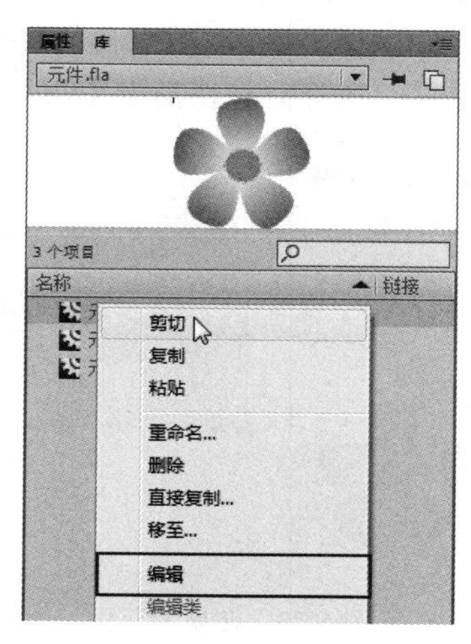

图 5-25　编辑库中的元件

3. 舞台上已有元件的编辑

对于舞台上存在的元件，可以双击进入元件编辑窗口，这时会发现舞台上的背景以虚影的形式存在，方便以舞台为背景参考进行元件设计，如图 5-26 所示。

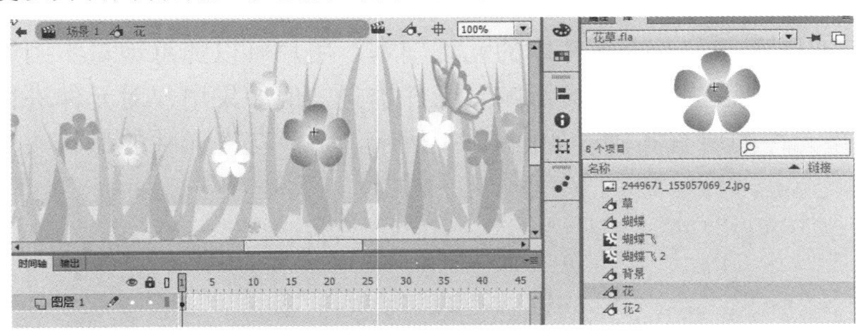

图 5-26　舞台上已有元件的编辑

5.1.6　库面板的操作

新建的元件都保存在库中，通过库的操作可以实现对元件的创建、删除、编辑等操作，如图 5-27 所示，“库”面板的主要功能有以下几点。

（1）库中的对象主要包括创建的图形元件、按钮元件、影片剪辑元件，以及导入的素材，如位图文件、声音文件、视频文件和文档嵌入的字体元件 A。

（2）库中元件素材比较多时，可以通过文件夹来分类管理。

（3）在“库”面板最上方的下拉列表中，可以在同时打开的 Flash 库中进行切换，方便资源共享。

（4）在“库”面板资源列表下方，右击空白区域，在弹出的快捷菜单中可以进行【新建元件】、【新建文件夹】、【新建字型】、【新建视频】、【展开/折叠所有文件夹】等操作。

（5）右击某个元件，会弹出相应的快捷菜单，包括常用的编辑命令，如【复制】、【剪切】、【粘贴】、【重命名】、【删除】、【直接复制】、【编辑】等命令。

（6）在“库”面板左下角有比较快捷的【新建元件】、【新建文件夹】、【元件属性】和【删除元件】按钮。

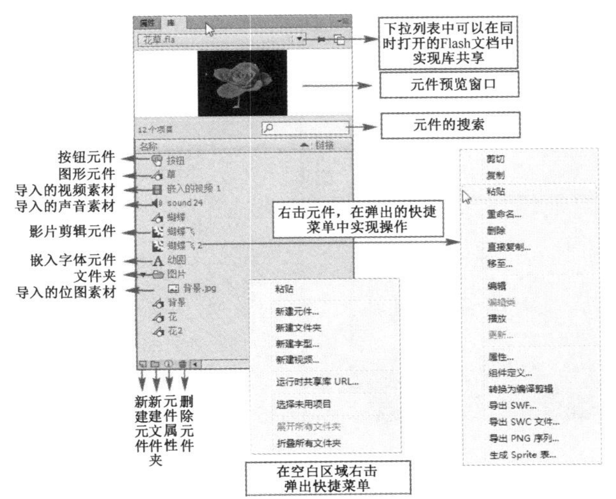

图 5-27　“库”面板

5.1.7 元件与实例的关系

元件是制作 Flash 动画的最基本的元素，可在整个文档或其他文档中重复使用。而实例是指位于舞台上或嵌套在另一个元件内的元件副本。用户可以随意地对实例进行改变大小、颜色等操作，对实例的这些操作不会影响到元件本身，但如果用户对元件进行了修改，那么 Flash 就会更新该元件的所有实例。如图 5-28 所示，将“花”元件的形状改变后，所有的花都发生变化。

图 5-28　修改元件，实例变化

在“花草绘制”中，将很多“花”的元件拖到舞台上，就创建了多个元件实例。可以对花的实例进行变化大小，改变颜色等设置，每个实例在原来“花”元件的基础上进行改变。这种对单独某个实例属性的变化不会影响到其他实例，而如果对元件进行编辑则会影响到所有实例。

按【Ctrl+B】快捷键对实例进行分离可实现实例与原来的元件脱离关系。

5.1.8 改变实例类型

不同的元件类型在“属性”面板中会呈现不同的属性。如果需要改变实例的元件类型，可以在“属性”面板“实例行为”下拉列表中进行“影片剪辑”、“图形”和“按钮”3 种元件类型的切换，如图 5-29 所示。修改实例类型后，相应的属性设置也会随之发生变化。

图 5-29　改变实例类型

5.2 图形元件的应用

5.2.1 课堂实例 2——制作下雪动画效果

实例综述

本实例制作下雪动画效果，是 Flash 动画特效中使用频率比较高的动画效果。实例制作主要通过创建补间动画制作雪花飘落的不规则曲线运动，并将其保存为图形元件。通过图形元件的“循环”属性，设置开始播放帧来实现一串雪花的效果。最后再将一串雪花组合为一片雪花下落的效果，如图 5-30 所示。

图 3-30 雪花下落效果截图

实例分析

在制作这个实例时，大致需要以下环节。

（1）新建文档，并保存。导入背景元件。

（2）创建“雪花”图形元件，绘制雪花。

（3）创建“一片雪花飘落”图形元件，利用补间动画制作一片雪花飘落的动画。

（4）创建“一组雪花飘落”图形元件，制作一组雪花飘落的动画。

（5）创建“下雪”图形元件，分别制作前层大雪花，中层中雪花，后层小雪花，加强远近透视的纵深感，形成错落有致的效果。

（6）测试并发布影片。

本例中使用了元件的嵌套，即在“下雪 ”元件中包含“一组雪花飘落”元件，在“一组雪花飘落”元件中包含“一片雪花飘落”元件，一层层套起来。图层元件没有自己的时间轴，依附于主时间轴，所以在元件的嵌套过程中不要忘记将时间轴进行延续。

操作步骤 START

1. 新建文档，并保存

新建 ActionScript 3.0 文档，并将文档保存为“下雪特效.fla”。设置舞台大小为 550×400 像素。执行【文件】→【导入】→【导入到舞台】命令，选择“下雪背景 jpg”文件。调整图

片大小及位置属性，使其覆盖整个文档，如图 5-31 所示。因为雪花是白色的，为了后面编辑方便，可将舞台颜色设置为蓝色或黑色等其他颜色。

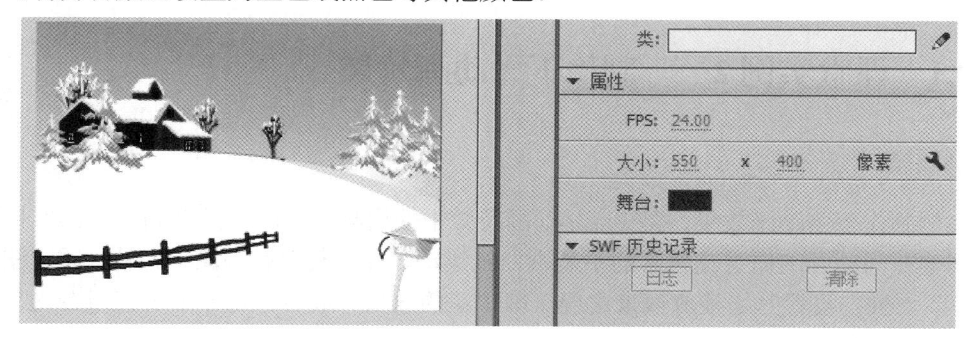

图 5-31　导入背景图片

2. 新建元件“雪花”

执行【插入】→【新建元件】命令，在弹出的“创建新元件”对话框中，选择“类型”为“图形”，“名称”为“雪花”。雪花绘制最简单的方法就是使用【刷子工具】，在舞台上点一个点，然后执行【修改】→【形状】→【柔化填充边缘】命令，效果为。

3. 创建雪花下落动画

新建图形元件“雪花下落”。在编辑窗口中，从“库”面板中将“雪花”元件拖放到舞台上。在图层的第 1 帧，右击，在弹出的快捷菜单中选择【创建补间动画】选项。与制作蝴蝶飞的动画效果类似，制作雪花下落的曲线运动。制作过程如图 5-32 所示。

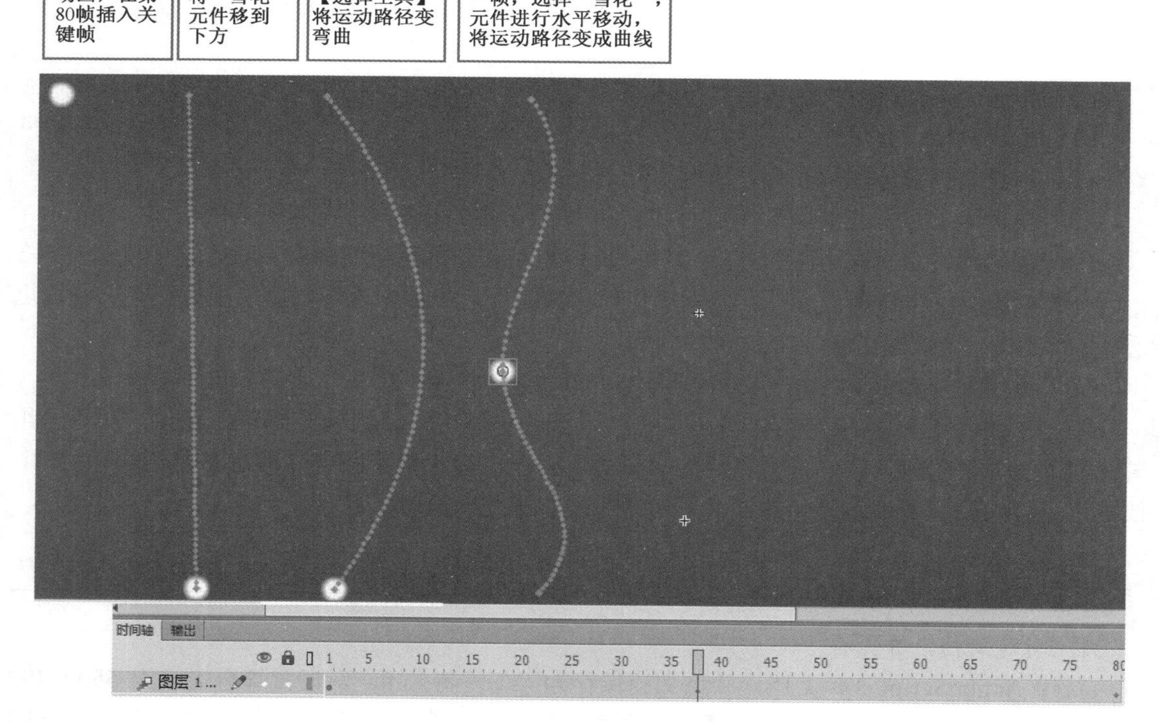

图 5-32　制作雪花下落动画

4. 制作一串雪花下落效果

新建图形元件“一串雪花”。将 4 个“雪花下落”图形元件实例放置在舞台上的同一位置。依次选择“雪花下落”实例，依次将元件实例在“属性”面板中的“循环”属性的“第一帧”设置为 1、20、40 和 60，效果如图 5-33 所示。注意设置“循环”属性之前，一定要将所有的“雪花”元件实例放置在同一位置上，属性置好之后，在时间轴第 80 帧处插入帧，延续时间轴。

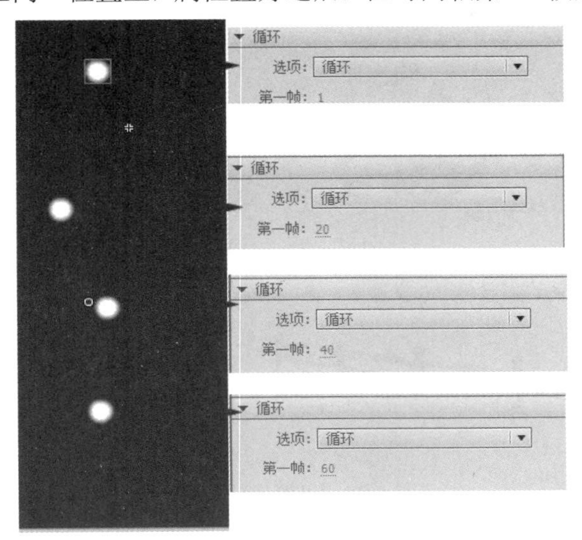

图 5-33 一串雪花下落设置

5. 制作一片雪花下落效果

新建图形元件“一片雪花”。将 5 个“一串雪花”图形元件放置在舞台上，依次选择“一串雪花”实例，在“属性”面板中设置“循环”中“第一帧”为 37、22、1、30 和 70，起始帧用户可以自己设定。

全选并复制 5 个实例元件，将 5 个实例使用【任意变形工具】进行水平翻转，增加雪花数量和运动效果，效果如图 5-34 所示。同样设置好之后，在时间轴第 80 帧处插入帧，延续时间轴。

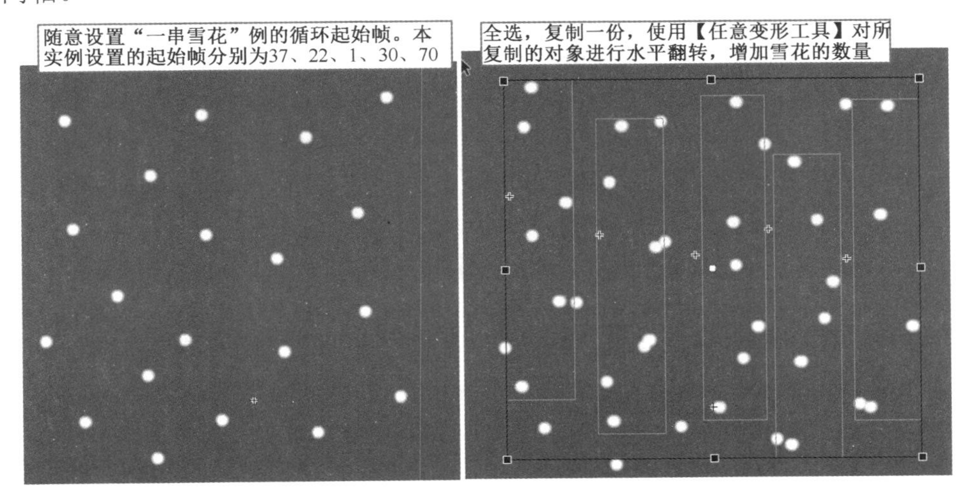

图 5-34 一片雪花下落效果截图

6. 制作舞台场景动画

将 4 或 5 个“一片雪花”元件实例放置在舞台上。按近大远小原则，改变两个实例，制作出远处雪花的效果。同样在制作时，为了使下落的状态错落有致，可以将这几个“一片雪花”的“循环”属性的“第一帧”设置为不同的数值，如图 5-35 所示。

图 5-35 设置雪花下落

7. 发布影片

按【Ctrl+Enter】快捷键，测试并发布影片。

举一反三　START

利用此方法也可以制作下雨的动画效果，相对于下雪，下雨的运动路径为直线，只需要制作一串下雨的动画，然后将实例元件分布画面即可，如图 5-36 所示。

图 5-36 下雨效果截图

5.2.2 图形元件属性面板

图形元件用于制作可重复使用的静态图像，以及依附于主影片时间轴的可重复使用的动画片段。将已经创建并绘制好的图形元件拖放到舞台上或者另一个元件内后，选择图形元件实例，在“属性”面板中即出现图形元件的“属性”面板，主要功能如图 5-37 所示。

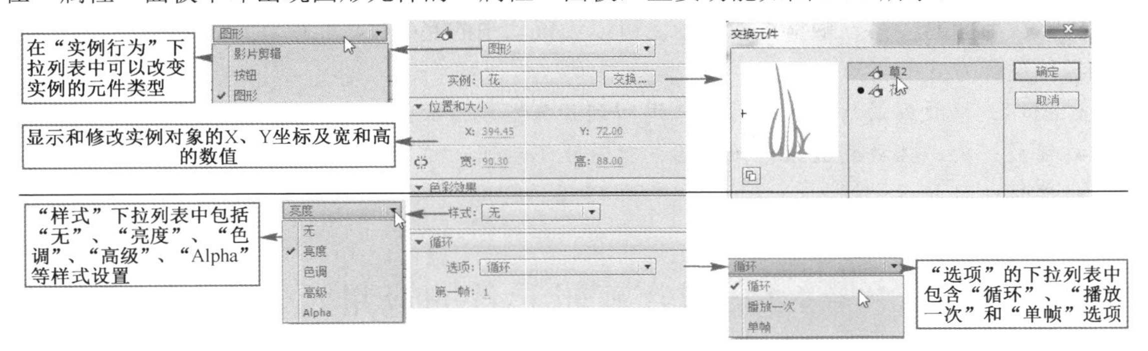

图 5-37　图形元件“属性”面板

图形元件“属性”面板功能如下。

（1）改变实例元件类型：在“实例行为”下拉列表中可以改变元件实例的元件类型，修改后“属性”面板也相应地变化。

（2）交换实例：单击【交换】按钮，会弹出“交换元件”对话框，选择需要交换的元件，单击【确定】按钮后即可完成实例交换。

（3）样式：在“样式”下拉列表中可以对元件的色彩效果进行调整化，包括亮度、色调、高级和 Alpha 值的设置，效果如表 5-2 所示。

表 5-2　图形文件“样式”下拉列表功能

功　能	说　明	图　解
亮度	亮度调节范围为-100%～100%，0 为原来状态，而亮度为-100%时，为全黑状态，100%为全白状态。	
色调	色调设置中可以在原来实例的颜色基础上叠加另一颜色。叠加的颜色可以从右侧的颜色列表中选择，也可通过下方的红、绿、蓝的比例进行调整。	
高级	高级色彩效果可以单独调整元件实例的 Alpha、红、绿和蓝值。可以调整整个动画场景或某个元件的颜色。	
Alpha	设置元件实例的透明度	

（4）循环播放

选择图形元件之后，可以在“属性”面板中设置图形元件的循环方式，共有 3 种循环方式供选择。在后面的“第一帧”文本框中，可以设置动画的起始帧。

各种循环方式的特点。

- 循环：播放到最后一帧之后，又返回到开头继续播放。
- 播放一次：播放到最后一帧之后，就静止不动了。
- 单帧：只显示一帧。

5.3　影片剪辑元件的应用

5.3.1　课堂实例 3——制作角色表情动画

实例综述

在绘制花草的实例中，绘制的花、草是采用图形元件来完成的，而蝴蝶的翅膀扇动是采用影片剪辑元件来制作的，在主场景中，蝴蝶会一边移动位置一边扇动翅膀。影片剪辑元件是独立于主影片时间轴的动画片段，所以即使主时间轴只有 1 帧，也可以完整地播放影片剪辑中的动画。所以在 Flash 动画中，规律性比较强，循环运动的动画片段适合用影片剪辑来制作，如马跑步、鸟飞行、蝴蝶飞、人走等。

本实例主要完成卡通角色的表情动画，如图 5-38 所示。

图 5-38　卡通角色表情变化

实例分析

在制作这个实例时，大致需要以下环节。

（1）新建文档，并保存。导入角色身体和头部的元件，将角色身体与头部元件拖到舞台上。

（2）创建“嘴”影片剪辑元件，绘制嘴动的效果动画。

（3）创建“眼泪”影片剪辑元件，逐帧绘制流眼泪的动画效果。

（4）制作“张嘴”的影片剪辑。

（5）创建表情动画效果。

（6）测试并发布影片。

本例中使用了影片剪辑元件制作了哭状态时嘴的动画效果和眼泪的动画效果，影片剪辑有自己的时间轴，适合循环播放的动画效果。

操作步骤　START

1. 新建文档，并保存

新建 ActionScript 3.0 文档，并将文档保存为“角色表情.fla”。设置舞台默认大小。执行【文件】→【导入】→【打开外部库】命令，打开“素材.fla”文件，选择“身体”、“头”

和“睁眼睛”元件放置在舞台上，如图 5-39 所示。

2. 创建“嘴动”影片剪辑元件

执行【插入】→【新建元件】命令，在弹出的“创建新元件”对话框中，选择“类型”为“影片剪辑”，“名称”为“嘴动”。在编辑窗口选择【铅笔工具】，填充颜色设置为深灰色，线条粗细为 2 像素，在舞台上绘制欲哭时嘴抽动的表情，如图 5-40 所示。分别在第 1 和第 3 帧绘制表示嘴动的线条，线条图形不同，循环播放成嘴抽动的效果。

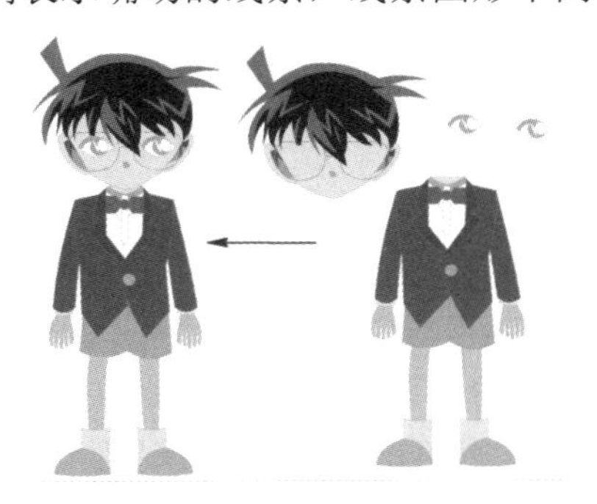

图 5-39 组合角色

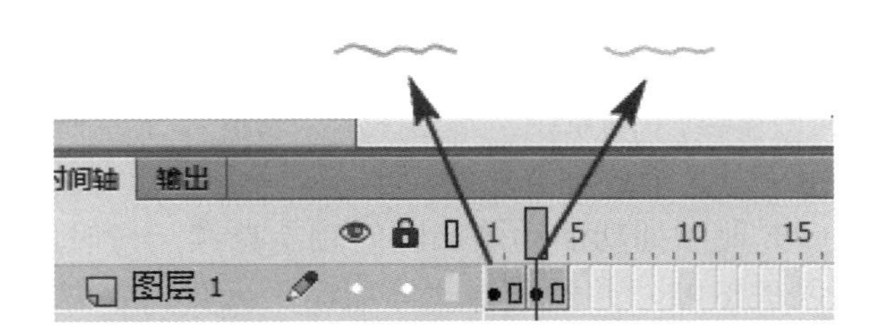

图 5-40 嘴抽动动画设置

3. 创建“眼泪”影片剪辑元件

新建“眼泪”影片剪辑。在编辑窗口绘制眼泪的形状，并填充颜色。新建一个图层，使用【刷子工具】绘制眼泪的高光部分，绘制过程如图 5-41 所示。

4. 创建“张嘴”的影片剪辑元件

新建“张嘴”的影片剪辑元件，在图形元件的编辑窗口绘制张嘴的形状并填充颜色即可，如图 5-42 所示。

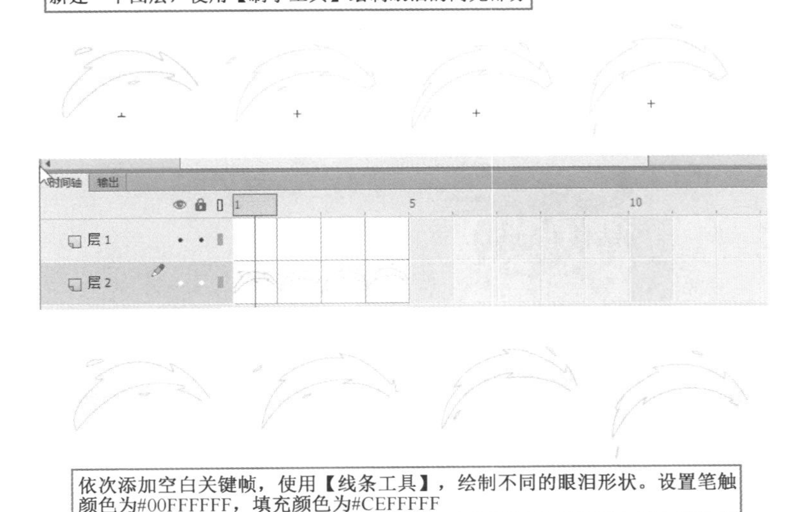

图 5-41 绘制眼泪形状

图 5-42 “张嘴”影片剪辑元件

5. 绘制“闭眼睛”图形元件

新建“闭眼睛”的图形元件，在元件的编辑窗口绘制闭眼睛的形状即可。可使用【刷子工具】和【选择工具】调整形状，最后进行平滑处理，如图 5-43 所示。

图 5-43　绘制“闭眼睛”形状

6. 组合动画

操作步骤如下。

（1）回到主场景中，新建图层“表情”，把“嘴动”的影片剪辑拖动到舞台中，并使用【任意变形工具】缩放到合适的大小。

（2）使嘴抽动的动画在时间轴上持续一段时间，在“表情”和“身体”的图层的第 40 帧插入关键帧，并且选择“睁眼睛”元件，在“属性”面板中单击【交换】按钮，交换为“闭眼睛”元件，如图 5-44 所示，交换后再对“闭眼睛”实例进行变形调整。用同样的方法将“嘴动”元件与“张嘴”元件交换。

（3）把“眼泪”元件放在眼角处，使用【任意变形工具】进行调整，如图 5-45 所示。

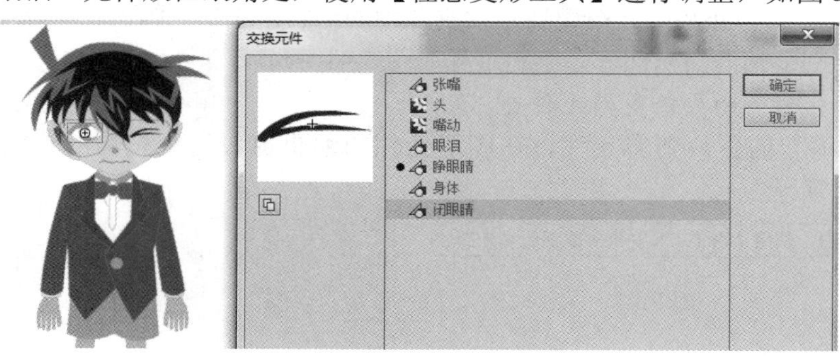

图 5-44　交换“眼睛”元件

图 5-45　放置“眼泪”元件

（4）将图层的时间轴动画延续到第 100 帧。

7. 发布影片

按【Ctrl+Enter】快捷键，测试并发布影片。

举一反三　START

通过上面的制作过程，可以制作其他的表情动画，如微笑、大笑、发怒、惊讶等表情，如图 5-46 所示。

图 5-46　表情动画

5.3.2　影片剪辑属性面板

影片剪辑元件用来制作可重复使用的、独立于主时间轴的动画片段。由于影片剪辑具有独立的时间轴，无法在编辑窗口上预览影片剪辑实例内的动画效果，在舞台上看到的只是影片剪辑第 1 帧的画面。如果要欣赏影片剪辑内的完整动画，必须按快捷键【Ctrl+Enter】测试影片才行。

将已经创建并绘制好的影片剪辑元件拖放到舞台上或者另一个元件内后，选择影片剪辑元件实例，在“属性”面板中即出现影片剪辑的“属性”面板，主要功能如图 5-47 所示。

影片剪辑元件实例比图形元件实例的属性选项要多，主要表现在以下几项。

（1）实例名称：赋予影片剪辑元件实例名称，在交互式编程方面使用得比较多。

（2）“3D 定位和视图”：可以对影片剪辑元件实例在三维空间中进行调整，主要结合 3D 平移和 3D 旋转工具一起使用。这部分内容会在第 8 章中详细介绍。

（3）“显示”：当前影片剪辑元件实例与其下面的对象合成在一起的混合模式。主要包括以下选项。

- “一般”：正常应用颜色，不与基准颜色有相互关系。
- “图层”：可以层叠各个影片剪辑，而不影响其颜色。
- “变暗”：只替换比混合颜色亮的区域，比混合颜色暗的区域不变。
- “正片叠底”：将基准颜色与混合颜色复合，从而产生较暗的颜色。
- “变亮”：只替换比混合颜色暗的区域，比混合颜色亮的区域不变。
- “滤色”：将混合颜色的反色复合为基准颜色，从而产生漂白效果。
- “叠加”：进行色彩增值或滤色，具体情况取决于基准颜色。
- “强光”：进行色彩增值或滤色，具体情况取决于混合模式颜色，效果类似于用点光源照射对象。
- “差值”：从基准颜色减去混合颜色，或者从混合颜色减去基准颜色，具体情况取决于哪个的亮度值较大，该效果类似于彩色底片。
- “反相”：取基准颜色的反色。

- “Alpha”：应用 Alpha 遮罩层。
- “擦除”：删除所有基准颜色像素，包括背景图像中的基准颜色像素。

（4）“辅助功能”：可以对 Flash 对象或者 Flash 应用呈现设置辅助功能选项，例如，设置“使对象可供访问”和“使子对象可供访问”复选框，可以指定访问对象的“名称”、“描述”、“快捷键”、“Tab 键索引”等。

（5）“滤镜”：功能实现与效果与文字添加的滤镜效果相似，这里就不重复说明了，请参考“4.2.5 文本滤镜”内容。

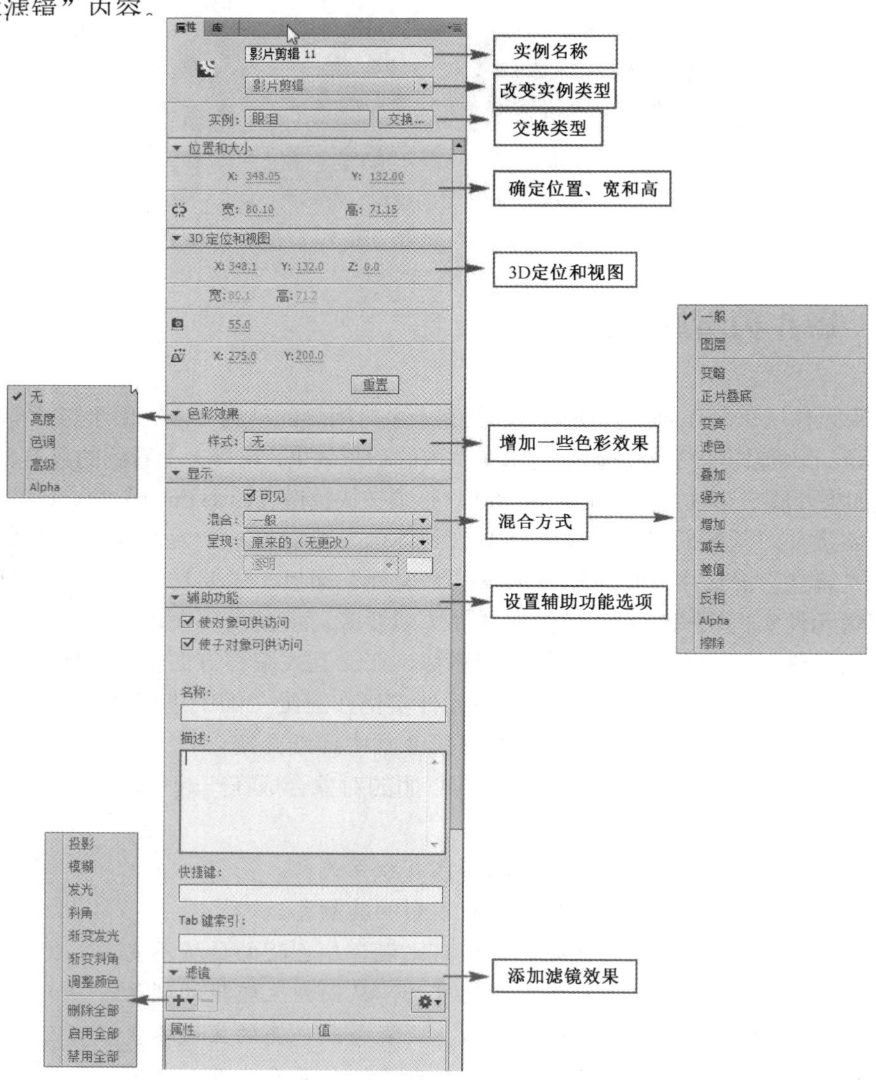

图 5-47　影片剪辑“属性”面板

5.3.3　影片剪辑元件与图形元件的区别

在 Flash 软件中可以创建影片剪辑元件和图形元件，两者在实际应用中有很多相似之处，都可以保存静态图片和动画片段，但也有各自的特点，需要用户在学习过程中选择合适的元件。

表 5-3 详细说明了各自的特点及区别。

表 5-3　影片剪辑元件与图形元件的区别

特点 \ 元件	图形元件	影片剪辑
独立的时间轴	无独立的时间轴，依附于主时间轴	独立的时间轴，可自动循环播放。即使主场景中只有一个帧，也不会影响影片剪辑的播放
添加声音	不可以，图形元件中即使包含了声音，也不会发声	可以
动作脚本	不可以添加动作脚本	可以进行动画编程
添加滤镜效果	不可以	可以
设置循环的播放方法	可以	不可以
3D 平移及 3D 旋转	不可以	可以
导出.GIF 图像动画	可以看到动画效果	只导出第 1 帧
设置实例名称	不可以	可以
设置混合模式	不可以	可以

5.4　按钮元件的应用

5.4.1　课堂实例 4——制作水晶按钮

实例综述

在第 2 章的课后实训中制作了水晶按钮，本实例是在其绘制的基础上增加按钮的交互响应效果，当鼠标经过时变成文字，当鼠标单击时文字变大，效果如图 5-48 所示。

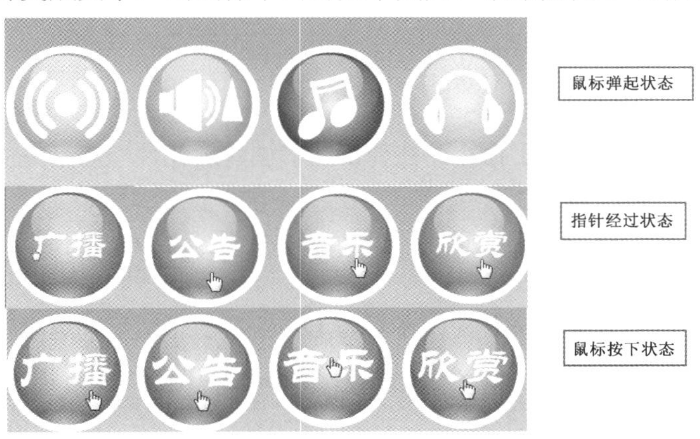

图 5-48　水晶按钮效果截图

实例分析

在制作这个实例时，大致需要以下环节。

（1）新建文档，并保存。绘制动画的背景颜色。

（2）创建“按钮 1”图形元件，绘制鼠标弹起状态图形。

（3）创建“按钮 1”图形元件，绘制指针经过状态图形。

（4）创建“按钮 1”图形元件，绘制鼠标按下状态图形。

（5）直接复制“按钮 1”为“按钮 2”，修改“按钮 2”的各个帧的状态。用同样的方法制作“按钮 3”和“按钮 4”。

（6）测试并发布影片。

本例中使用了按钮元件，按钮元件包括 4 个关键帧，第 1 帧为鼠标弹起状态，第 2 帧为鼠标经过按钮状态，第 3 帧为鼠标单击按钮状态，第 4 帧为鼠标的感应区域，每个关键帧表示鼠标的不同状态，这是本实例重点掌握的内容。

操作步骤 START

1. 新建文档，并保存

新建 ActionScript 3.0 文档，并将文档保存为“水晶按钮.fla”。设置舞台默认大小。

执行【文件】→【导入】→【打开外部库】命令，打开“按钮.fla”文件，选择“背景”图形元件，放置在舞台上，并设置背景元件的位置和大小，将其覆盖整个舞台，如图 5-49 所示。

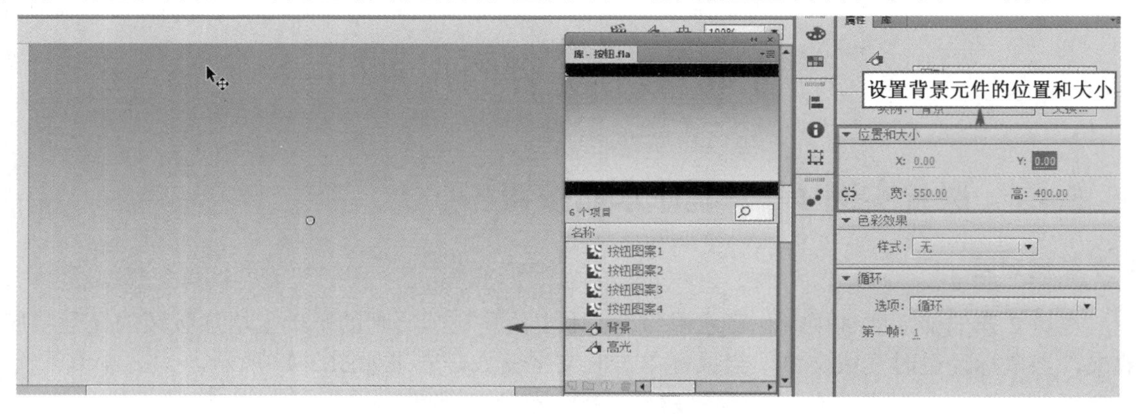

图 5-49　背景设置

2. “按钮 1”鼠标弹起状态图形

执行【插入】→【新建元件】命令，在弹出的“创建新元件”对话框中，选择“类型”为“按钮”元件，“名称”为“按钮 1”。

将“图层 1”重命名为“背景”，再新建两个图层，重命名为“图形”和“高光”。绘制效果如图 5-50 所示。

在“背景”第 1 帧上，绘制一个宽和高都为 120 像素的正圆形，笔触颜色为白色，线条粗细为 8 像素，中间填充区域为径向渐变。颜色用户可以自行设计，本例中是从橙色到黄色的渐变效果。

在“图形”图层第 1 帧上，将外部库中的“按钮图案 1”放置在舞台上。在“高光”图层第 1 帧上，将外部库中的“高光”图形元件放置在舞台上。

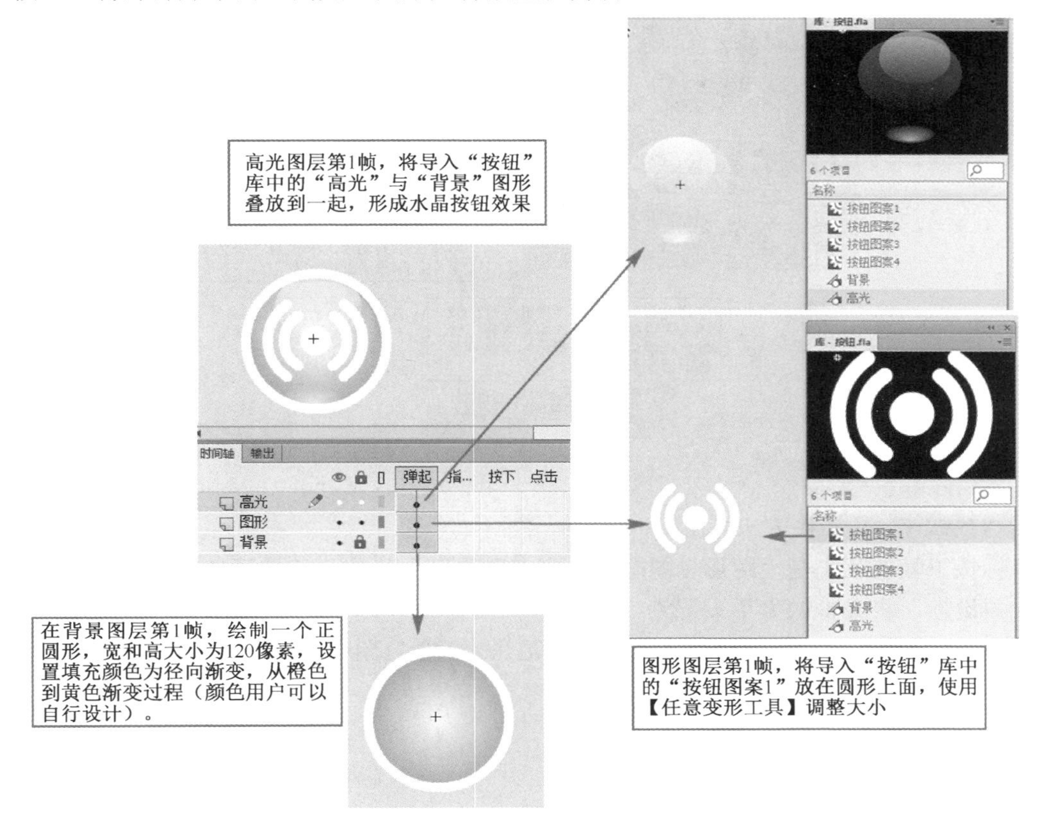

图 5-50　绘制按钮第 1 帧效果

在打开外部库时，只能对库里的元件进行拖曳，而不能实现该文档元件与外部库元件之间的交换等操作。通常情况下，打开外部库后，将所需要的元件都拖放到舞台上，然后按【Delete】键删除，这样库里就会出现所需要的元件。

3. “按钮 1”指针经过状态图形

“指针经过”帧的制作过程如图 5-51 所示。

在按钮的这 3 个图层中，“高光”图层的内容是不变的，所以在“高光”图层的“点击”关键帧上插入帧，将“高光”图形状态延续。

在“图形”图层中的图案需要修改为文字，所以这个图层在“指针经过”帧处按快捷键【F7】，插入空白关键帧，选择该帧，输入按钮文字“广播”，字体大小为 40 磅，样式为“华文隶书”，颜色为白色。

当指针经过时，按钮的背景发生变化，出现从黄色到紫色的渐变，所以在“背景”图层的“指针经过”帧处按快捷键【F6】，插入关键帧。选择背景渐变色，设置为从黄色到紫色的径向渐变（颜色用户可自行设计）。

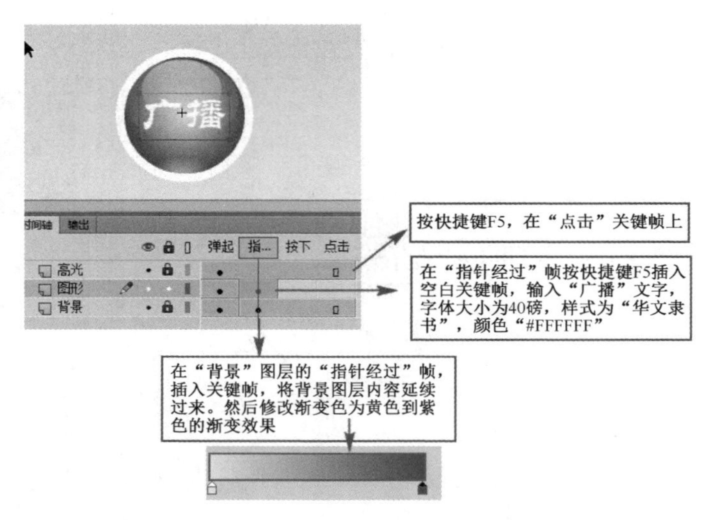

图 5-51　指针经过帧效果

4. “按钮 1”鼠标按下状态图形

鼠标按下帧的状态是“图形”图层上的文字发生变大变化，按快捷键【F6】在“按下”帧上插入关键帧，将文本的大小设置为 50，效果如图 5-52 所示。

其他图层不发生变化，所以按【F5】快捷键在“背景”图层的“点击”帧上插入帧。

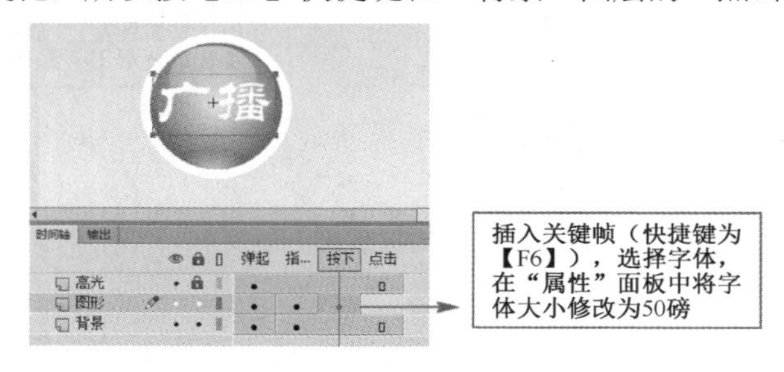

图 5-52　“按下”帧效果

5. 复制元件

其余 3 个按钮与“按钮 1”的制作过程类似，需要进行部分修改，所以可以在“库”面板选择“按钮 1”元件右击，在弹出的快捷菜单中执行【直接复制】命令，重命名为“按钮 2”，如图 5-53 所示。

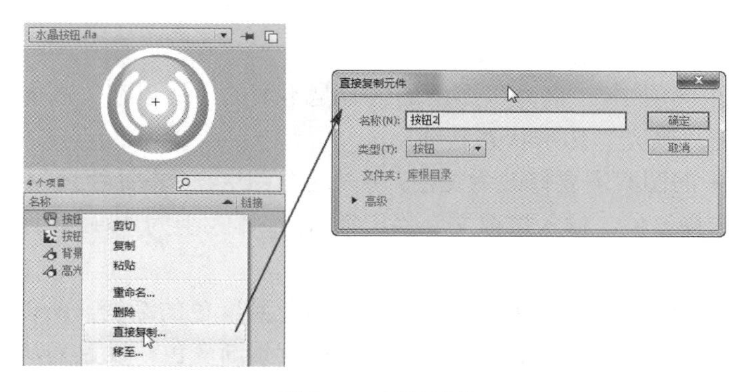

图 5-53　复制元件

双击“按钮 2”进入其编辑窗口，选择“背景”图层“弹起”帧，选择背景填充，修改填充颜色为绿色的径向渐变。

选择“图形”图层“弹起”帧，选择“按钮图案 1”，在“属性”面板中单击【交换】按钮，在弹出的“交换元件”对话框中，交换为“按钮图案 2”（如果没有该元件，则需要从外部库中拖曳进来，然后再进行操作）。

选择“图形”图层“指针经过”帧和“按下”帧，双击进入文本编辑框，将文本修改为“公告”，其余字体的大小、样式都不变，如图 5-54 所示。

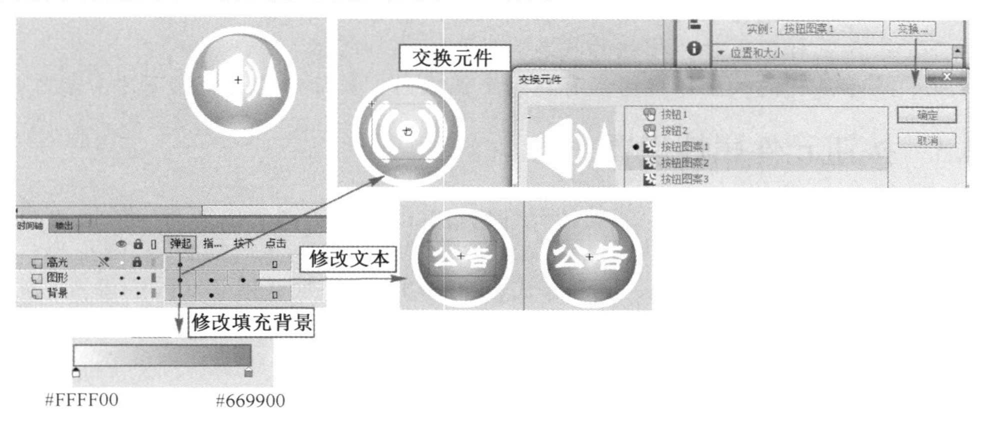

图 5-54 修改元件

6. 制作其他元件

使用这种方法制作其他两个按钮。将制作好的按钮放置在舞台上，测试并发布影片。

START

根据上面的操作步骤可以制作更多的按钮元件，将鼠标弹起、指针经过、按下、点击 4 个关键帧设置为不同的样式，按钮就会根据鼠标不同的事件，显示相应帧的内容。图 5-55 所示的是制作的淘宝促销按钮。

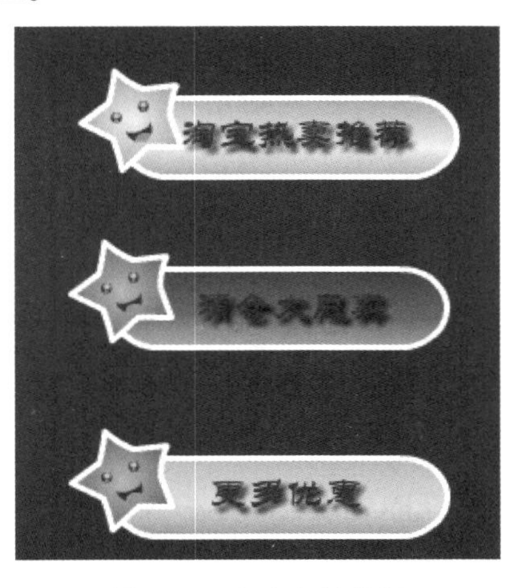

图 5-55 淘宝促销按钮

5.4.2　按钮元件关键帧设置

用来创建按钮元件的对象可以是图形元件实例、影片剪辑实例、位图、组合、文本、分散的矢量图形等。在按钮元件内部可以添加声音但不能在帧上添加动作脚本。

创建按钮元件后，进入按钮的编辑页面。在时间轴上可以观察到按钮元件包括 4 个帧，内容介绍如下。

- 弹起：表示按钮的正常显示状态。
- 指针经过：表示鼠标经过按钮的响应区域时，按钮的状态。
- 按下：表示鼠标按下时，按钮的状态。
- 点击：表示鼠标的响应区域，只有在这个区域内，鼠标的滑过、按下才会起作用。

5.4.3　按钮元件属性设置

将制作好的按钮放置在舞台上或其他元件内，单击按钮实例会出现对应的按钮的“属性”面板，按钮“属性”面板的设置与影片剪辑相似，包括按钮实例名称、实例行为、交换实例、实例的位置及大小、色彩效果、混合方式、辅助功能及添加滤镜等功能的设置，如图 5-56 所示。

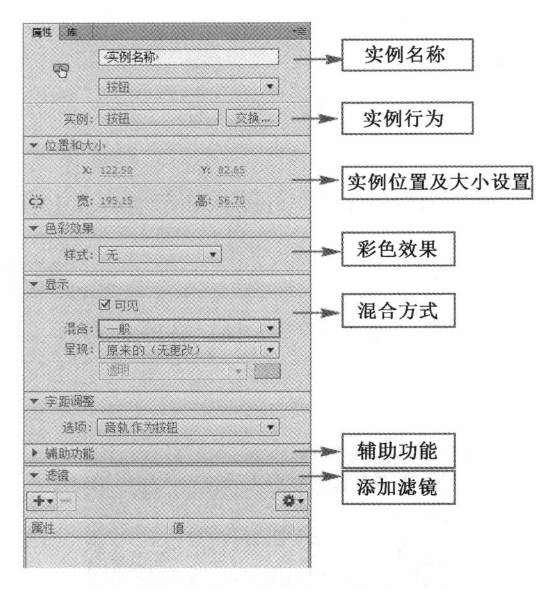

图 5-56　按钮“属性”面板

知识拓展——下雪动画运动规律

雪是动画片中常用的一种自然现象。它能有效果地营造出一种特殊的气氛，用以烘托主题。下雪动画特点如下。

（1）雪的下落过程缓慢，因雪花的分量轻、体积大，会随风飘舞，所以运动线路呈不规则的曲线状。

（2）为了表现远近透视的纵深感，可分成三层来画：前层画大雪花；中层画中雪花；后层画小雪花，如图 5-57 所示。

（3）画出雪花飘落的运动线，运动线呈不规则的“S”形曲线。雪花总的运动趋势是向下飘落，但无固定方向，在飘落过程中，会出现向上扬起，然后再往下飘的动作。

（4）前层大雪花之间的运动距离大一些，速度稍快；中层次之；后层距离小，速度慢，但总的飘落速度都不宜太快。

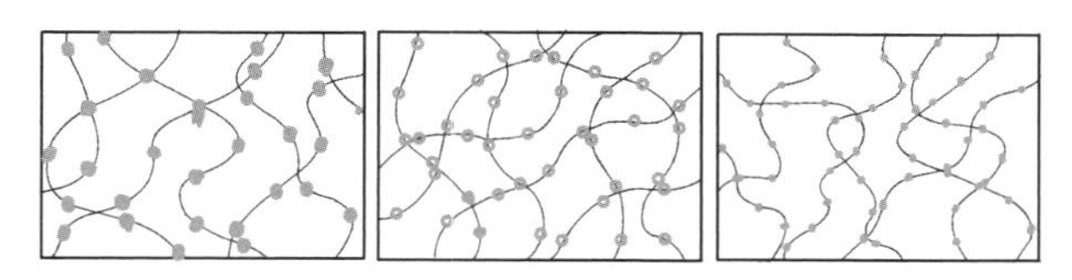

图 5-57　透视下雪效果图

本章小结与重点回顾

本章主要通过四个实例对 Flash 中的元件和库进行说明。通过实例 1 花草绘制制作，熟悉并掌握如何创建元件、编辑元件和复制元件并了解库面板的操作、元件与实例的关系等元件和库最基本的知识要点。然后针对图形元件、影片剪辑元件、按钮元件分别通过不同的实例制作熟悉 3 种元件类型的特点及制作方法。

影片剪辑元件与图形元件在实际动画制作过程中有很多相似之处，用户要明确两者之间的区别，针对不同的动画类型选择合适的元件类型。

图形元件实例依附于主时间轴，可以设置循环播放。在制作动画短片、MTV、广告等动画时可以采用图形元件保存场景动画，方便观看影片的制作效果，与时间轴同步。

按钮元件包括弹起、指针经过、按下、点击 4 个帧，按钮根据不同的鼠标响应事件显示相应帧的图形内容，呈现按钮的交互效果。

课后实训 5

课堂练习——十二生肖

本实例呈现的效果为当鼠标经过某个生肖时，该生肖会变大，同时在时钟中间位置出现该生肖对应时辰的文字解释，如图 5-58 所示。

图 5-58　生肖时钟

将每个生肖的图形转换为按钮元件，设置如图 5-59 所示，在按钮元件的“弹起”帧放置静态图形，“指针经过”帧放置相应的文字解释。

子鼠：子时，夜半，又名子夜、中夜，23时至1时。此时正是老鼠趁夜深人静，频繁活动之时，故称“子鼠”。

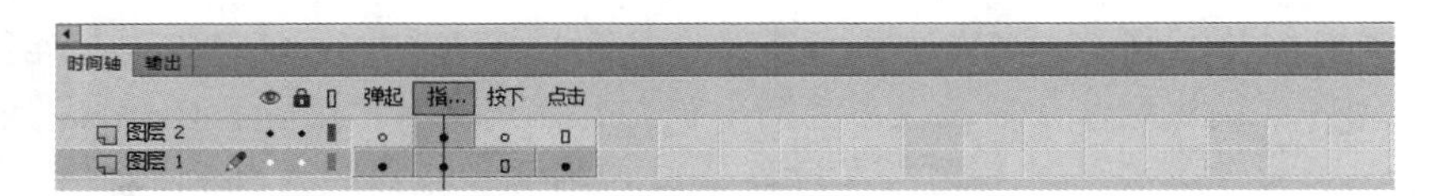

图 5-59　鼠标经过生肖按钮元件时的状态

课后习题 5

1．选择题

（1）能够实现 3D 平移和 3D 旋转的元件类型为（　　）。

A．图形元件　　B．按钮元件

C．影片剪辑元件　　D．字体元件

（2）不可以添加滤镜的元素为（　　）。

A．文字　　B．图形元件

C．影片剪辑元件　　D．按钮元件

（3）可以设置“循环”的元件类型为（　　）。

A．图形元件　　B．按钮元件

C．影片剪辑元件　　D．字体元件

（4）改变元件透明度的属性为（　　）。

A．色调　　B．高级

C．Alpha　　D．亮度

（5）下列关于元件的正确解释是（　　）。

A．元件与实例是同一个概念　　B．一个元件可以在动画文档中多次使用

C．元件不能在多个文档中使用　　D．上面三种解释都正确

2．填空题

（1）元件类型主要包括__________、________、___________。

（2）可以添加滤镜效果的对象包括__________、________、___________。

3．简答题

（1）元件类型主要包括哪三种类型？

（2）按钮元件的 4 个帧分别表示什么内容？

（3）影片剪辑与图形元件的区别是什么？

基本动画的制作

学习目标

本章主要内容为基本的动画制作方法，使用 Flash 软件制作逐帧动画、动作补间动画、传统补间动画、形状补间动画。

- 熟悉并掌握时间轴的基本操作。
- 如何插入帧、删除帧、插入关键帧、删除关键帧等操作。
- 动作补间动画、传统补间动画的制作步骤。
- 形状补间动画的制作过程。

重点难点

- 帧、关键帧、空白关键帧的区别。
- 动作补间动画与传统补间动画的区别和各自的特点。
- 形状补间动画的特点。
- 使用【绘制纸外观】的操作添加中间画。
- 动画预设的制作与应用。

6.1 逐帧动画

6.1.1 课堂实例 1——制作钟摆动画

实例综述

本实例利用逐帧动画，通过在时间轴上添加关键帧逐帧绘制钟摆摆动的效果。钟摆摆动是从慢到快再到慢的过程，所以每帧之间移动的距离不同。本实例通过时间轴上的【绘制纸外观】

按钮来实现添加中间画，如图 6-1 所示。

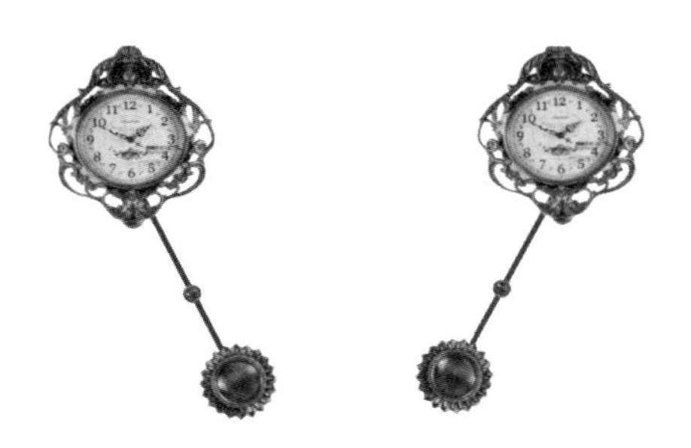

图 6-1 钟摆效果

实例分析

在制作这个实例时，大致需要以下环节。

（1）新建文档，并保存。

（2）打开外部库，导入钟和钟摆的元件，分别放在两个不同的图层上。

（3）设置钟摆摆动的第 1 帧和第 11 帧的动画。

（4）使用【绘制纸外观】添加其他关键帧的中间画。

（5）测试并发布影片。

本实例在制作过程中要熟悉如何使用“时间轴”面板，如何插入帧、插入关键帧等操作，熟悉并掌握制作简单动画的一些基本操作。

操作步骤 START

1. 新建文档，并保存

新建 ActionScript 3.0 文档，并将文档保存为“钟.fla”。执行【文件】→【导入】→【打开外部库】命令，选择“钟.fla”文件。将“钟”和“钟摆”元件拖放到舞台上，并分层显示，如图 6-2 所示。

2. 改变变形控制点

钟摆在旋转摆动的过程中，是以钟摆的上端为中心点来进行旋转的，所以在制作动画前，使用【任意变形工具】，将变形控制点移动到钟摆上端，如图 6-3 所示。

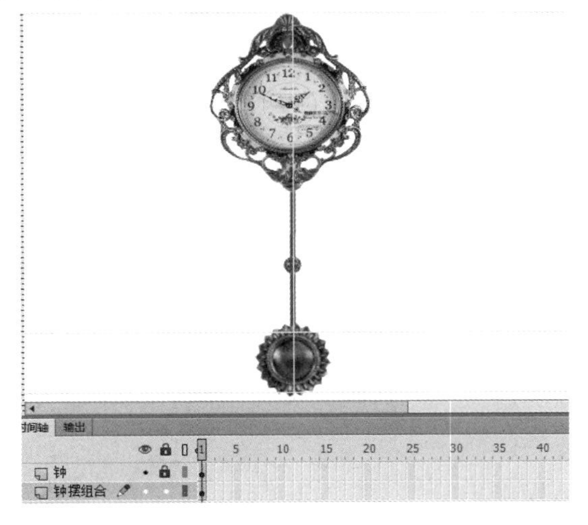

图 6-2 导入元件

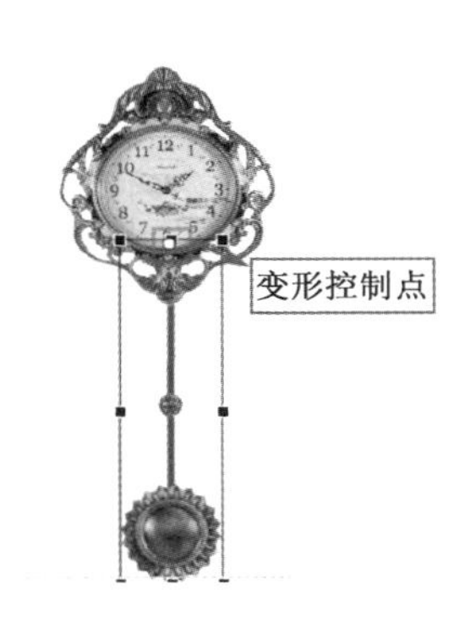

图 6-3 改变变形控制点

3. 设置起始关键帧状态

在“钟摆组合”图层的第 1、6 和 11 帧处插入关键帧。

插入关键帧的具体操作：选择相应帧后，右击，在弹出的快捷菜单中选择“插入关键帧”选项，或者按快捷键【F6】，实现插入关键帧。

插入关键帧后，将第 1 帧的钟摆元件旋转 30°，将第 11 帧的钟摆元件旋转-30°。如果需要设置准确的旋转角度，可以使用“变形”面板进行设置，效果如图 6-4 所示。

4. 设置其他关键帧

单击时间轴下方的【绘制纸外观】按钮，将所选范围的关键帧的状态以虚影的形式显示出来。在第 5 帧和第 7 帧处插入关键帧，使用【任意变形工具】将“钟摆”旋转到两个帧中间的位置，如图 6-5 所示。

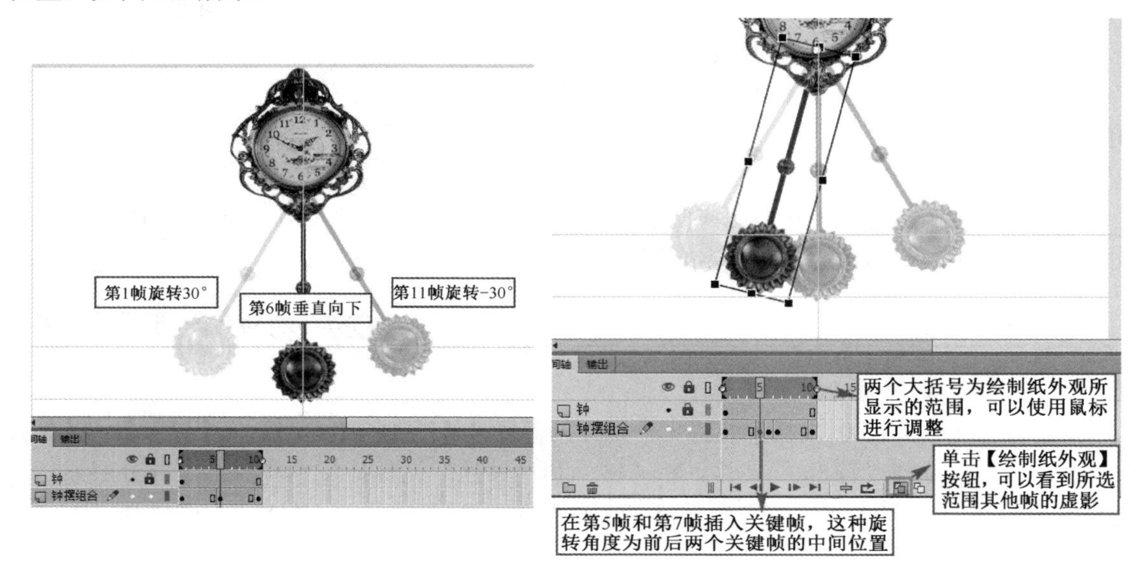

图 6-4　设置起始关键帧的位置

图 6-5　【绘制纸外观】模式

依照上面的操作过程，绘制其他关键帧，如图 6-6 所示。

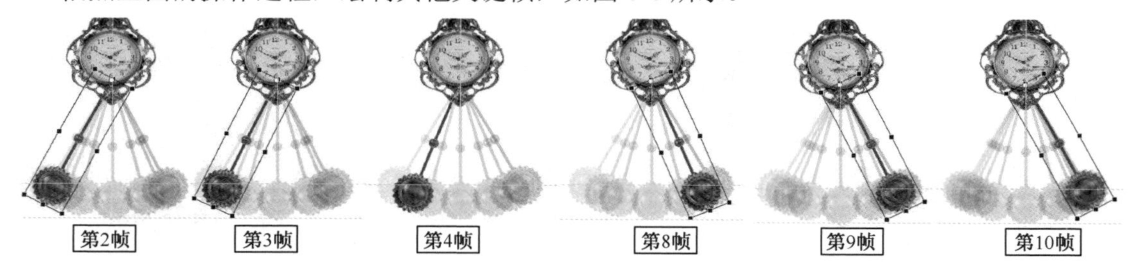

图 6-6　绘制钟摆其他关键帧

5. 复制帧并翻转帧

上面的操作步骤完成了钟摆从左侧到右侧的摆动过程，而从右到左的摆动过程与其相反，所以可以通过复制帧并翻转帧来实现。具体操作如下。

（1）按住【Shift】键，单击钟摆图层的第 1 帧和第 11 帧，将所有帧选择。在选择帧处右击，在弹出的快捷菜单中选择执行【复制帧】命令。

（2）单击“钟摆组合”图层的第 12 帧，右击，在弹出的快捷菜单中选择执行【粘贴帧】命

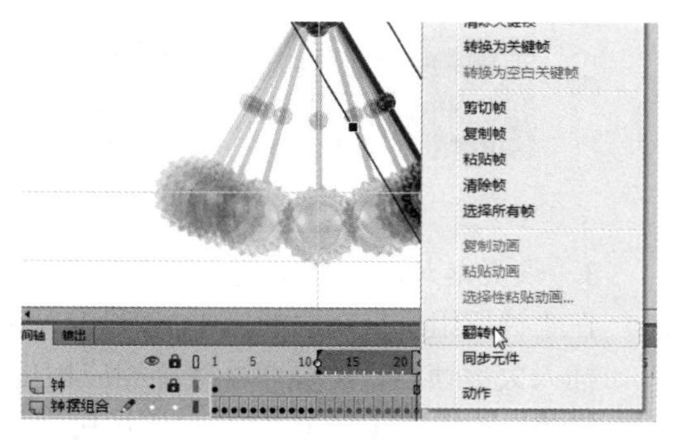

图 6-7　翻转帧

令，时间轴的第 12～22 帧为前面的重复帧。

（3）选择钟摆图层的第 12～22 帧，右击，在弹出的快捷菜单中选择执行【翻转帧】命令，如图 6-7 所示。实现钟摆相反方向摆动的过程。

6. 测试并发布影片

举一反三　START

翻书动画采用逐帧动画来完成的，制作过程主要是通过在时间轴上添加关键帧，绘制书翻动过程实现的。主要分为两部分，一部分为硬纸书页的翻动过程，书页整个过程都保持原来的直线状态，没有发生弯曲。第二部分为软纸书页内容，在翻动的过程中书会出现弯曲现象，如图 6-8 所示。

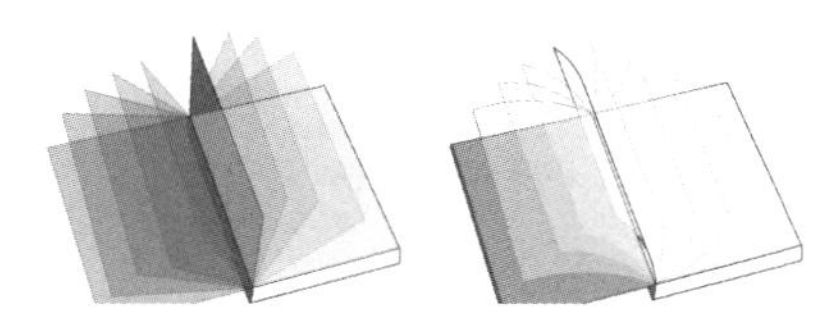

图 6-8　翻书动画截图

6.1.2　逐帧动画

逐帧动画的制作方法与传统的动画相似，即在时间轴上逐帧绘制不同的内容，使其连续播放形成动画。由于其中的每一帧都是关键帧，所以生成的影片相对较大。

逐帧动画具有非常大的灵活性，适合于表演细腻的动画。例如，人物或动物走路、说话及一些表情动画等，都比较适合采用逐帧动画来完成。

在时间轴上表现为连续出现的关键帧，如图 6-9 所示。

图 6-9　逐帧动画

创建逐帧动画主要通过在每一帧上绘制不同的内容来实现连续播放的动画效果，也可以导入序列图片来创建逐帧动画，如前面的“马跑”实例效果。

6.1.3　时间轴面板

“时间轴”面板主要包括帧和图层两部分，右侧时间轴的每一个小格子表示一帧，红色的小方块表示播放头，“时间轴”面板如图 6-10 所示，说明如下。

（1）播放头：时间轴上红色的小方块加一条红色的指示线为播放头，播放头指示当前在舞台中显示的帧，播放头在哪一帧，舞台上就显示哪一帧的图像。用户要编辑哪一帧时，播放头移动到该帧处即可。

（2）帧标记：时间轴上的小竖线，一个刻度表示一帧。

（3）帧标号：每 5 帧显示一个编号。

（4）播放控制按钮：包括转到第 1 帧、后退 1 帧、播放、前进 1 帧、转到最后一帧，对时间轴上的帧播放进行控制。

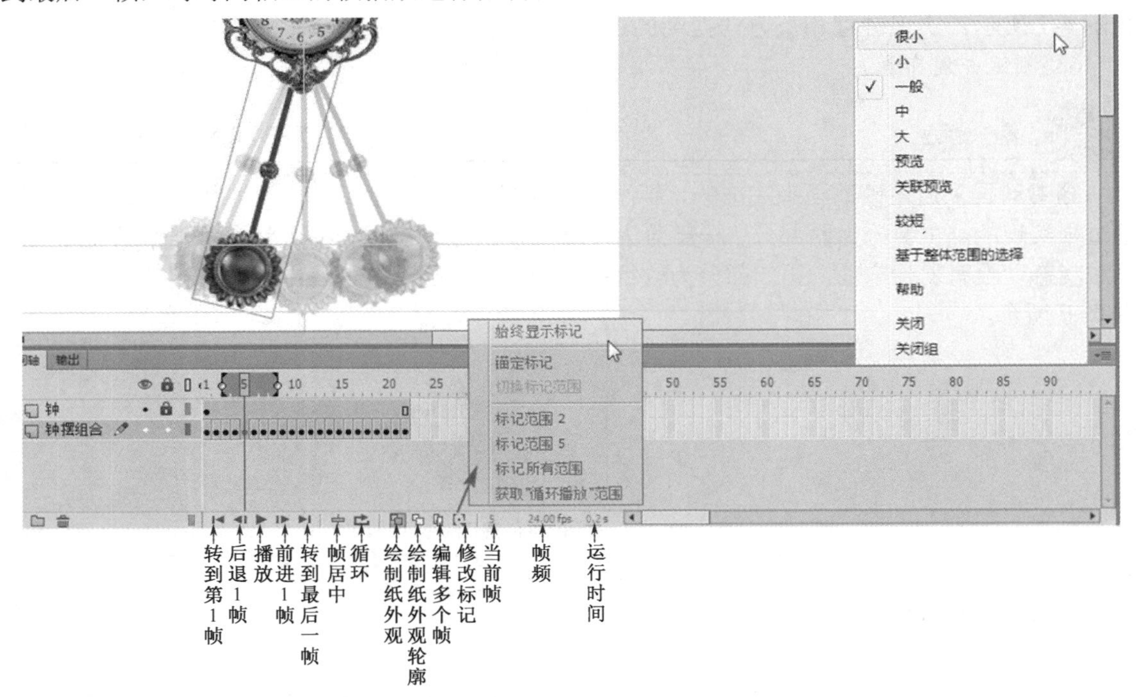

图 6-10 “时间轴”面板

（5）【帧居中】：单击该按钮可以使当前帧位于时间轴可视区域的中间位置，在图层较多的情况下效果明显。

（6）【循环】：重复循环播放选定范围内的动画。

（7）【绘制纸外观】：单击此按钮后，在时间帧的上方出现绘图纸外观范围的标记。拉动标记的两端，可以扩大或缩小显示范围。以播放头所在帧为中心，对其他帧进行虚化显示。这种模式可以以其他帧为参考对中间帧进行编辑。

（8）【绘制纸外观轮廓】：单击此按钮后，场景中显示各帧内容的轮廓线，填充色消失，特别适合观察对象的轮廓。

（9）【编辑多个帧】：单击该按钮，可以在一帧上同时编辑选定范围内的所有帧。

【绘制纸外观】、【绘制纸外观轮廓】和【编辑多个帧】的效果如图 6-11 所示。

（10）【修改标记】：单击该按钮可以弹出如图 6-10 所示的菜单，包括下列选项。

- 始终显示标记：时间轴上总是显示表示标记范围的大括号。
- 锚定标记：无论播放头如何变化，标记范围始终不变。
- 标记范围 2：标记范围为播放头前后各 2 帧。
- 标记范围 5：标记范围为播放头前后各 5 帧。
- 标记所有范围：标记范围为所有帧。
- 获取“循环播放”范围：用于设定循环播放的范围。

（11）当前帧：表示播放头所在帧的位置。

（12）帧频，显示当前影片的帧频，可以在此处进行修改。

（13）运行时间：表示从第 1 帧到播放头所在位置的播放时间。

（14）帧浏览选项：单击“时间轴”面板右上角按钮，在弹出的菜单中可以选择时间轴的显示方式。包括很小、小、一般、中、大、预览、关联预览、较短等选项，如图 6-12 所示。

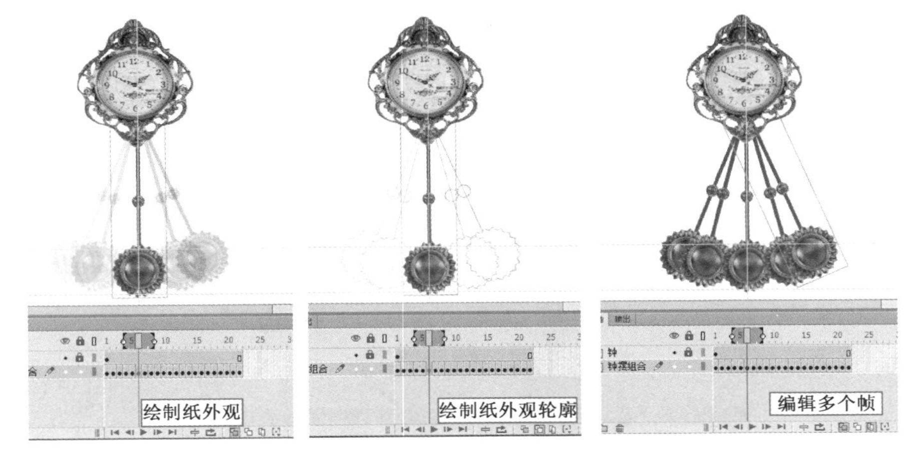

图 6-11　3 种模式对比

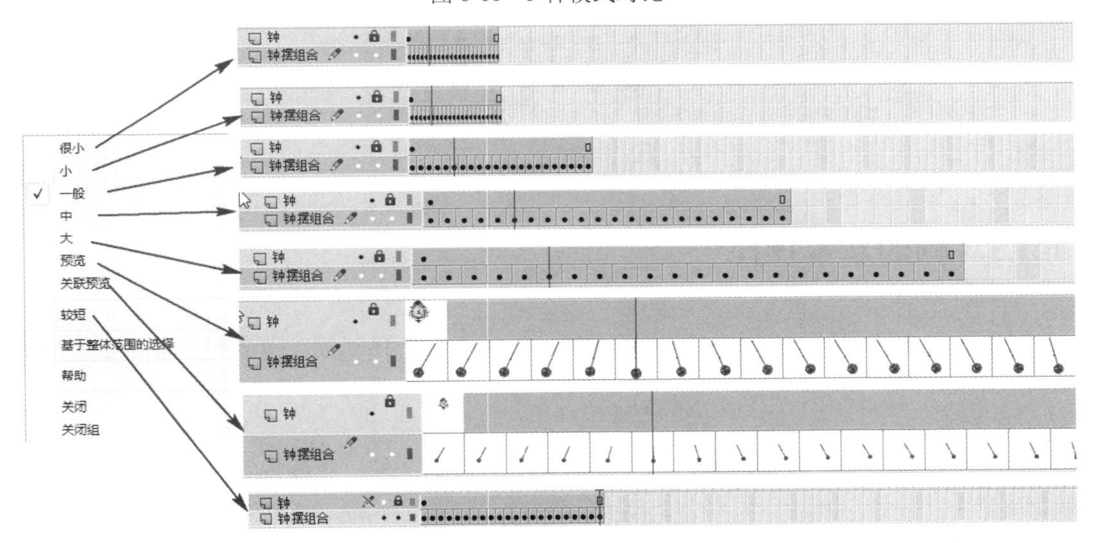

图 6-12　时间轴显示方式不同效果

6.1.4　帧与关键帧

帧是构成动画的基本单位，对动画操作实质上是对帧的操作。帧有 3 种类型：关键帧、空白关键帧和普通帧。

1. 关键帧

动画在制作过程中描述动画中关键性动作的帧。在时间轴上以黑色实心圆点来表示，每个关键帧中的内容都不同于前一个关键帧。

2. 空白关键帧

空白关键帧指没有内容的关键帧，以空心圆圈来表示，如果在其中加入内容，它将转变为黑心的关键帧。

3. 普通帧

普通帧指处于两个关键帧之间的帧，以灰色方格来表示。用户可以在动画中增加一些普通帧来延长动画的播放时间。例如，第 1 帧后面的普通帧延续第 1 关键帧的矩形内容，而第 8 帧后面普通帧延续第 8 关键帧的内容。第 15 帧为空白关键帧，后面的帧延续第 15 帧的内容为空。

帧在时间轴上的显示如图 6-13 所示。

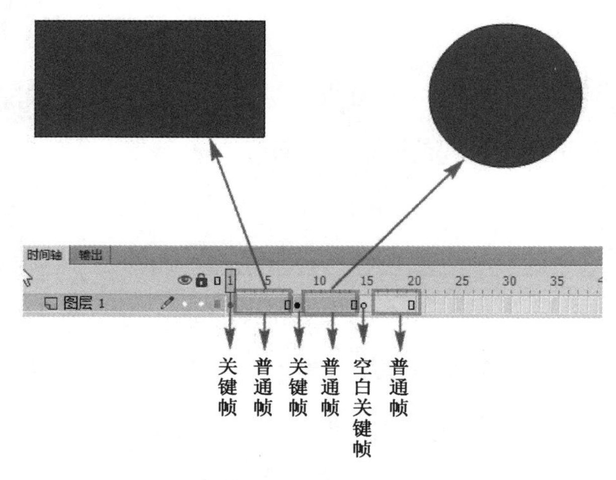

图 6-13　帧的类型

6.1.5　帧的基本操作

在制作过程中，对帧的操作主要包括选择帧、插入帧、移动帧、复制帧、删除关键帧、删除帧、清除帧等。

1. 选择帧

对帧进行编辑之前，需要选择帧。选择帧包括选择单个帧、连续帧、不连续的多个帧和所有帧。

（1）选择单个帧：直接在时间轴中单击该帧所在的位置即可。

（2）选取连续帧：选取单个帧之后，在按住【Shift】键的同时单击另外一个帧，则会选取多个帧。可以是同一图层上的多个连续帧，也可以是多个图层上的连续帧。

（3）选取不连续的多个帧：可以在选取单个帧之后，在按住【Ctrl】键的同时单击其他帧。

（4）选择所有帧：可以在选取单个帧之后，右击，在弹出的快捷菜单中进行【选择所有帧】命令。

2. 复制帧

选择单个帧或者多个帧后，复制帧。操作方法如下。

（1）选择帧后，执行【编辑】→【时间轴】→【复制帧】命令，实现帧的复制。

（2）选择帧后，按快捷键【Ctrl+C】复制。

（3）选择帧后右击，在弹出的快捷菜单中执行【复制帧】命令。

3. 粘贴帧

复制帧后，选择目标帧后可以实现粘贴帧命令，操作方法如下。

（1）执行【编辑】→【时间轴】→【粘贴帧】命令。

（2）按快捷键【Ctrl+V】粘贴。

（3）在目标处右击，在弹出的快捷菜单中执行【粘贴帧】命令。

（4）选择帧后，按住【Alt】键，使用鼠标拖曳帧到目标位置，即可实现复制、粘贴操作。

4. 插入帧

插入帧包括插入帧、插入关键帧和插入空白关键帧命令。操作方法主要包括以下几种。

（1）鼠标选择需要插入帧的位置，然后执行【插入】→【时间轴】→【帧/关键帧/空白关键帧】命令。

（2）鼠标选择需要插入帧的位置，右击，在弹出的快捷菜单中执行【插入帧/插入关键帧/插入空白关键帧】命令，如图 6-14 所示。

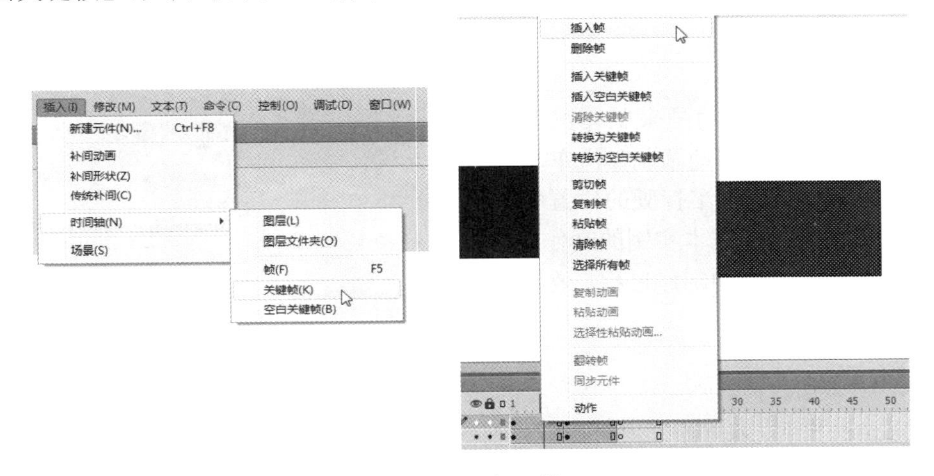

图 6-14 插入帧

（3）鼠标选择需要插入帧的位置，按【F5】键插入普通帧；按【F6】键插入关键帧；按【F7】键插入空白关键帧，这也是最常用、最快捷的方法。

5. 删除帧

（1）选取要删除的帧，执行【编辑】→【时间轴】→【删除帧】命令，将选取的帧删除，后面的帧将同时自动左移。

（2）鼠标选择需要插入帧的位置，右击，在弹出的快捷菜单中执行【删除帧】命令。

（3）按【Shift+F5】快捷键删除帧。

6. 移动帧

将制作好的帧移动到其他位置，操作步骤如下。

选取要移动的帧，将鼠标指针置于选取的帧上，按住鼠标左键并拖动，当移动到目标位置时，放开鼠标即可。

7. 清除关键帧

对于关键帧的删除，不能使用【删除帧】命令。即使在关键帧上选择【删除帧】命令，也是删除关键帧后面的普通帧，除非关键帧后面没有普通帧，则可以实现删除关键帧的操作。

通常对于关键帧的删除，使用【清除关键帧】命令。

（1）选择关键帧后，右击，在弹出的快捷菜单中执行【清除关键帧】命令。

（2）按快捷键【Shift+F6】来清除关键帧。

8. 翻转帧

翻转帧的操作效果是将动画过程进行翻转。操作方法如下。

选择需要翻转的动画过程帧，右击，在弹出的快捷菜单中执行【翻转帧】命令，即实现翻转效果。

6.2 传统动作补间动画

6.2.1 课堂实例 2——行驶的汽车

实例综述

本实例利用传统补间动画来制作汽车行驶的过程，利用传统补间动画制作汽车车轮滚动的旋转动画，制作汽车行驶的位置和背景移动的位移动画。通过本实例的制作，熟悉并掌握传统补间动画的制作过程，效果如图 6-15 所示。

图 6-15 行驶的汽车动画截图

实例分析

在制作这个实例时，大致需要以下环节。

（1）新建文档，并保存，初始设置。

（2）制作背景。

（3）导入背景素材。

（4）新建车轮转动动画效果。

（5）组合汽车。

（6）组合汽车运动及背景运动的动画效果。

（7）测试并发布影片。

本实例在制作过程中要熟悉如何创建传统补间动画，以及修改起始关键帧和结束关键帧动画元件的属性。

操作步骤 START

1. 新建文档，并保存，初始设置

新建 ActionScript 3.0 文档，并将文档保存为“行驶的汽车.fla”。设置舞台大小为 800×400 像素。

2. 制作背景

执行【插入】→【新建元件】命令，在弹出的“创建新元件”对话框中，选择“类型”为

“影片剪辑”，“名称”为“背景”，单击【确定】按钮即可。

选择【矩形工具】，绘制一个矩形，大小为 1600×400 像素，线性渐变，渐变颜色为从蓝色#0066FF 到白色#FFFFFF 渐变，笔触颜色为无。使用【渐变变形工具】调整矩形渐变的方向。选择【矩形工具】绘制地面，效果如图 6-16 所示。

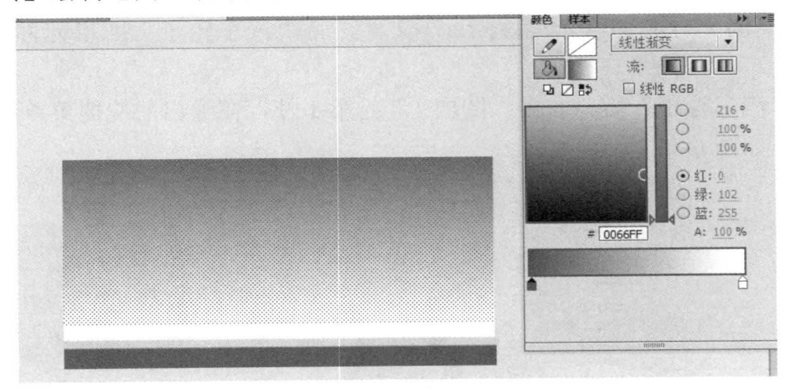

图 6-16　绘制背景

3. 导入背景素材

（1）在“背景”影片剪辑编辑窗口中，创建两个图层，命名为“云”和“树”。

（2）选择“云”图层，执行【文件】→【导入】→【打开外部库】命令，打开“第 6 章/实例 2 行驶的汽车/素材.fla”文件，将“云”图形元件拖放到舞台上。

（3）在“树”的图层上，把“树”元件放置在舞台上，组合循环背景，如图 6-17 所示。

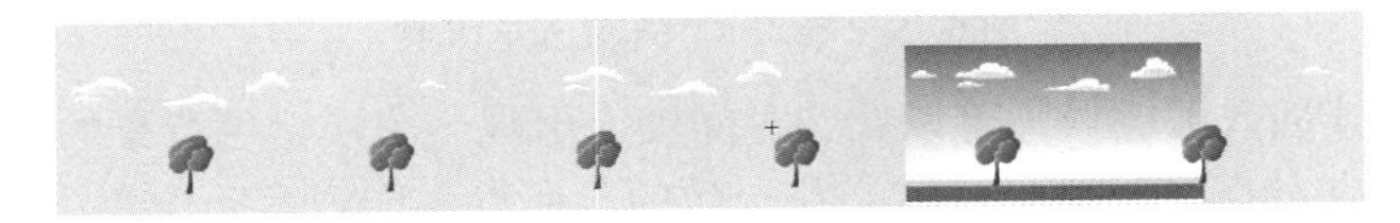

图 6-17　导入背景素材

（4）选择“云”图层，右击，在弹出的快捷菜单中执行【创建传统补间】命令，在第 60 帧按【F6】快捷键插入关键帧，将白云水平移动位置。

（5）选择“树”图层，右击，在弹出的快捷菜单中执行【创建传统补间】命令，在第 60 帧按【F6】快捷键插入关键帧，将树水平移动位置。

传统补间动画的起始关键帧为第 1 帧，效果如图 6-17 所示，结束关键帧如图 6-18 所示，将白云及树整体向右侧移动一段距离。按照近大远小的透视原理，树的位置移动距离要大一些，而白云的移动距离要小一些。

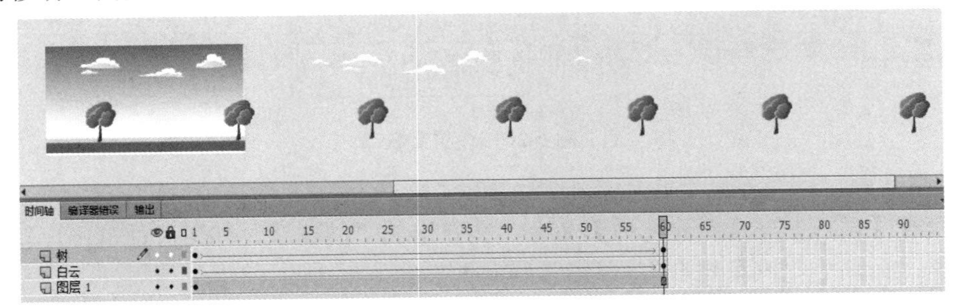

图 6-18　创建传统补间

4. 新建车轮转动动画效果

（1）执行【插入】→【新建元件】命令，在弹出的“创建新元件”对话框中，新建一个“影片剪辑”元件，命名为“轮子转动”，单击【确定】按钮。

（2）在“轮子转动”的编辑窗口中，执行【文件】→【导入】→【打开外部库】命令，打开“第 6 章/实例 2 行驶的汽车/素材.fla”文件，将“汽车轮子”图形元件拖放到舞台上，如图 6-19 所示。

（3）导入“汽车轮子”后，右击“图层 1”的第 1 帧，在弹出的快捷菜单中执行【创建传统补间】命令，如图 6-19 所示。

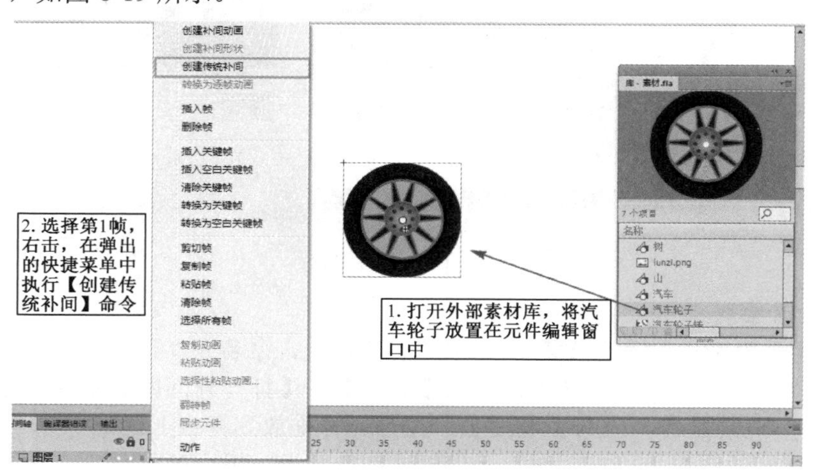

图 6-19 导入“汽车轮子”元件

（4）在第 30 帧插入关键帧，可以看到时间轴上出现一个淡紫色背景的直线，表示创建了传统补间动画。但起始帧和结束帧的状态是一致的，所以不能观察动作变化。

（5）选择补间动画中的任意一帧，在“属性”面板的“补间”属性中，设置旋转为“逆时针”，旋转的周数为 2 周，如图 6-20 所示。

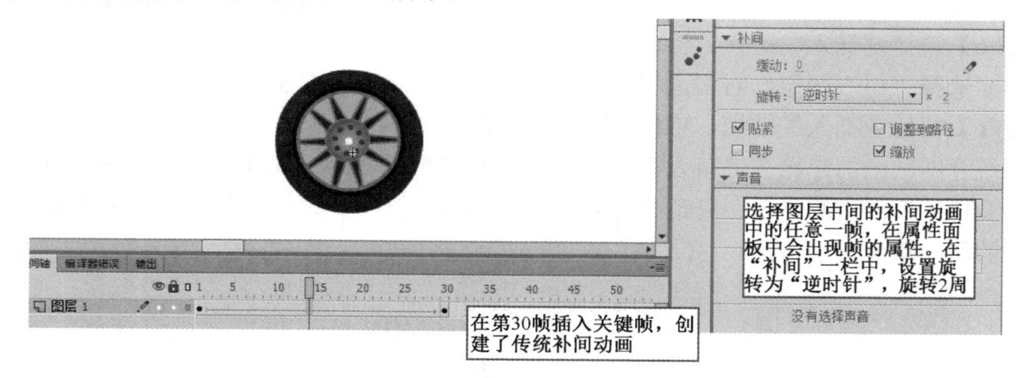

图 6-20 设置旋转

5. 组合汽车

（1）执行【插入】→【新建元件】命令，在弹出的“创建新元件”对话框中，新建“影片剪辑”元件，命名为“汽车组合”，单击【确定】按钮。

（2）在“汽车组合”的编辑窗口中，在打开素材库中，将“汽车”图形元件拖放到舞台上，并从本地库中将两个轮子放置在汽车上，如图 6-21 所示。

6. 制作汽车运动及背景运动的动画效果

回到主场景的舞台编辑窗口，将“库”面板中的背景及汽车组合元件拖放到舞台上，测试并发布影片，即完成行驶汽车的动画效果。

START

在行驶的汽车实例中，创建传统补间动画制作汽车的行驶。在此基础上，可以将第 2 章中绘制的公共汽车实例稍加改动，实现如图 6-22 所示的动画效果。

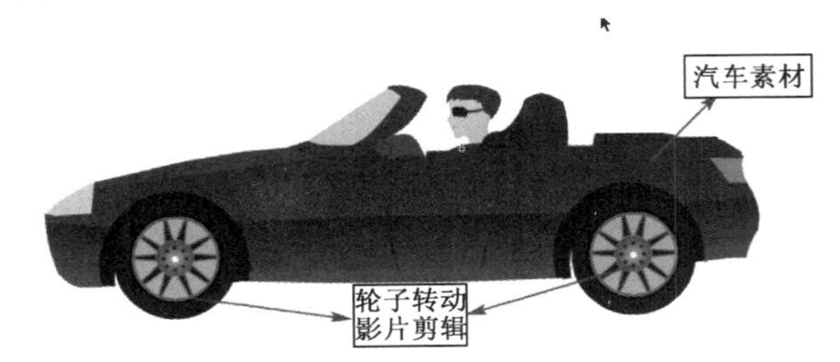

图 6-21 组合汽车

图 6-22 公共汽车行驶动画截图

操作提示

（1）将“公共汽车”元件中的汽车轮子替换为“轮子转动”元件。同理，小汽车的轮子也替换为“轮子转动”元件。

（2）将修改好的“公共汽车”元件放置在舞台上的新建图层上，创建传统补间动画，实现位置从右向左移动。

（3）新建一个图层，放置“小汽车”元件实现小汽车从左向右运动。

整个动画制作中主要应用传统补间动画来制作位置移动动画效果和旋转动画效果。

6.2.2 创建传统补间动画

在传统的动画制作流程中，需要将每一帧的动画效果进行逐帧绘制，工作量很大。而 Flash 中可以制作补间动画，只要建立起始和结束的画面，中间部分由软件自动生成，省去了中间动画制作的复杂过程。Flash CS4 以上版本引入了补间动画的概念，与传统补间动画各有特点，后面再详细说明。下面介绍传统补间动画的制作及特点。

在制作传统补间动画时，需要设置起始关键帧和结束关键帧的动画内容，但两个关键帧上的对象必须为同一元件实例。

制作传统补间动画过程如下。

（1）在时间轴上的一个空白关键帧上，放置已经绘制好的元件实例，或者将需要制作动画的对象转换为元件。

（2）在帧上右击，在弹出的快捷菜单中执行【创建传统补间】命令，如图 6-23 所示。

（3）根据动画的时间，在时间轴上后面的某一帧上插入关键帧，看到两个关键帧之间形成一个黑箭头和浅蓝背景，表示创建了传统补间动画。

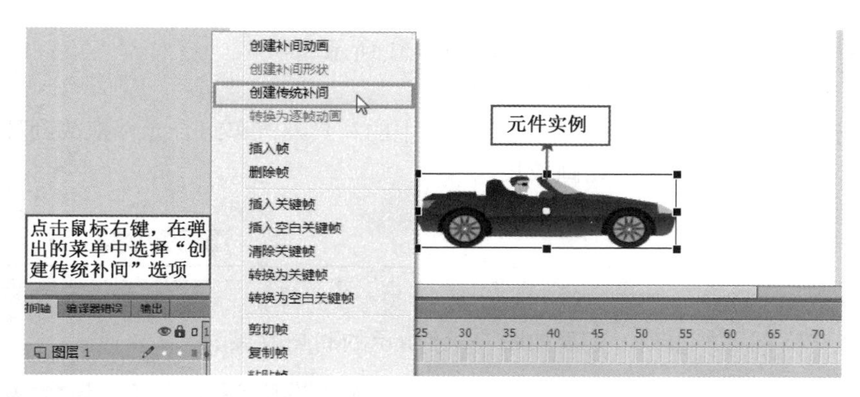

图 6-23　创建传统补间

（4）再改变起始关键帧或结束关键帧的元件属性，Flash 软件即根据元件之间的属性差别，自动补充中间过渡帧。如图 6-24 所示，移动汽车元件实例的位置，Flash 软件自动补充中间的过渡过程。

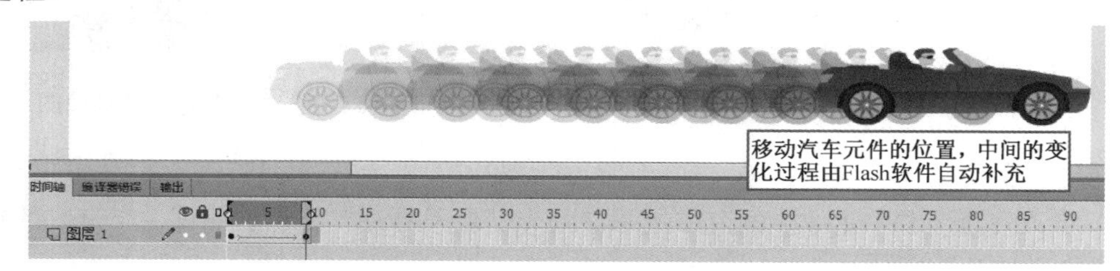

图 6-24　Flash 软件自动补充过渡过程

另一种方法是在动画的首尾两帧做好了有属性变化的元件后，在首尾两帧之间的任意位置右击，在弹出的快捷菜单中执行【创建传统补间】命令。

如果创建的传统补间动画中间的过渡帧是虚线，则代表没有正确地完成补间，如图 6-25 所示。通常情况下原因主要为：没有插入关键帧，起始关键帧和结束关键帧中不是同一对象，或者关键帧中又绘制了其他形状。以上都是创建传统补间动画中经常遇到的错误，用户在制作过程中应尽量避免并掌握如何修改错误。

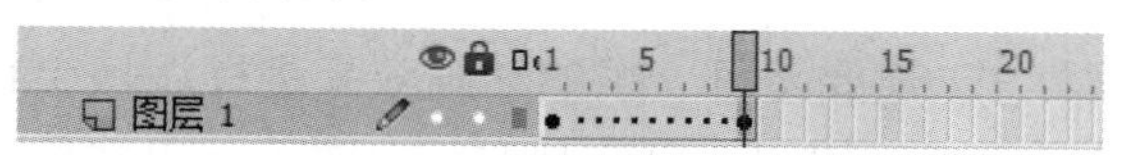

图 6-25　错误补间动画

很多初学者在创建传统补间动画时，习惯性地在绘制完动画元素后，没有将其转换为元件，而是直接创建补间动画。这时 Flash 软件会自动将该关键帧上的元素转换为“图形”元件，并命名为“补间 1”、“补间 2”、“补间 3”……这样库中的文件比较乱，建议用户养成好的习惯，新建元件或转换为元件后，再创建补间动画。

6.2.3　元件属性变化

创建好传统补间动画后，Flash 软件会根据起始关键帧和结束关键帧两者之间的差别自动补齐中间过渡帧的动作变化。动画效果取决于两个关键帧之间元件实例的属性变化，选择元件的类型不同，设置的属性也不同。其中影片剪辑的属性变化要更为丰富一些，主要的效果如 6-1 表 6-1 所示。

表 6-1　影片剪辑的属性设置

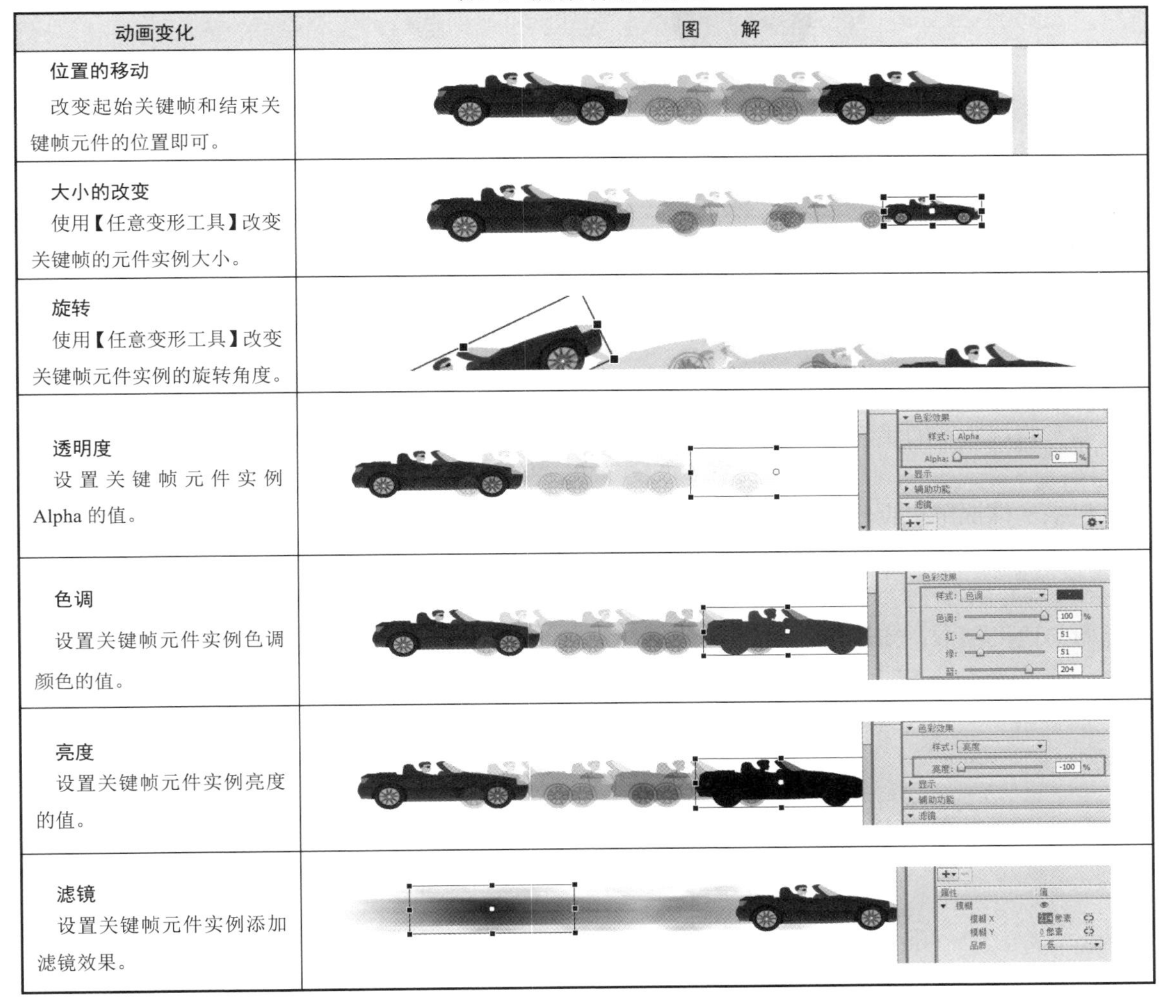

动画变化	图　　解
位置的移动 改变起始关键帧和结束关键帧元件的位置即可。	
大小的改变 使用【任意变形工具】改变关键帧的元件实例大小。	
旋转 使用【任意变形工具】改变关键帧元件实例的旋转角度。	
透明度 设 置 关 键 帧 元 件 实 例 Alpha 的值。	
色调 设置关键帧元件实例色调颜色的值。	
亮度 设置关键帧元件实例亮度的值。	
滤镜 设置关键帧元件实例添加滤镜效果。	

6.2.4　旋转动画

在制作传统补间动画时，可以制作实例对象的旋转动画。对于旋转角度不超过 360° 的情况，可以使用【任意变形工具】进行旋转来实现，而对于如钟表的转动、风车的转动或者车轮的转动等动画时，需要设置多个圆周运动的动画实例，还需要设置实例对象的旋转方向和旋转周数。

例如，在“行驶的汽车”实例中，汽车轮子的转动，需要的效果为圆周运动，并且方向为逆时针，所以制作过程是将汽车轮子元件放置在舞台并创建传统补间动画后，旋转其中任意一帧，在“帧”属性面板的“旋转”下拉列表中选择“逆时针”，并且设置旋转的周数，如图 6-26 所示。

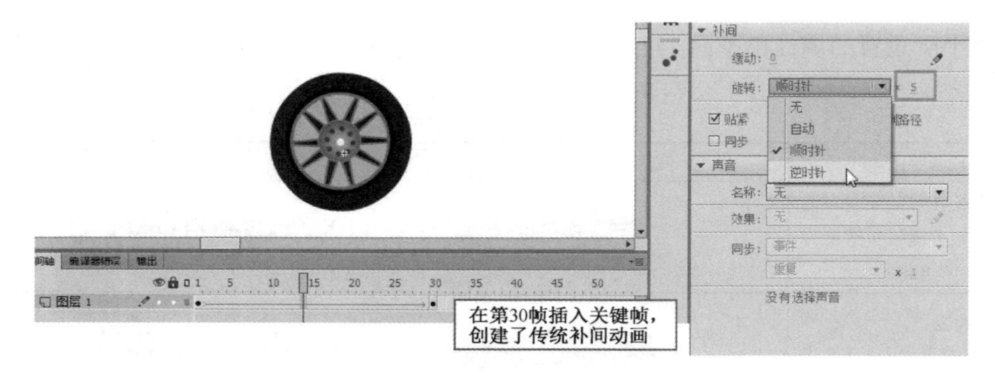

图 6-26　设置旋转动画

6.2.5　缓动

通常情况下，创建的传统补间动画的动作是均匀变化的，动画之间的差别按照时间帧数平均分配。

但很多情况下根据需要制作的动画效果，需要调整动作变化的节奏。例如，远去的汽车就需要先快后慢，动作节奏需要进行调整。

在 Flash 软件中，通过“缓动”属性来调节动画的节奏，缓动值的范围为-100～100，值越大开始的速度越大，如图 6-27 所示。

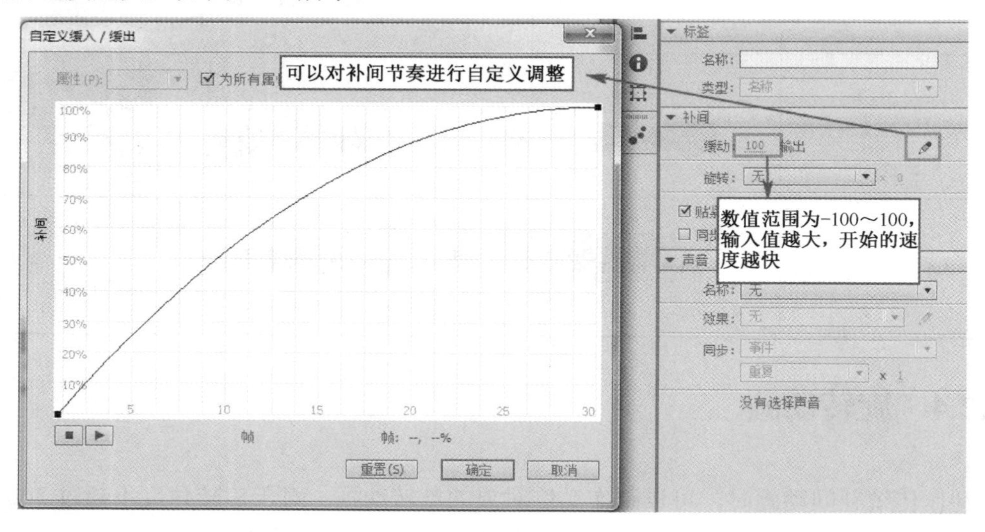

图 6-27　设置缓动

以逐帧动画的钟摆摆动为例，如果以传统补间动画来做，则需要设置旋转角度，然后再设置动作变化的快慢。具体操作过程如下。

（1）将“钟”和“钟摆”元件拖放到舞台上，并分层显示。

（2）设置第 1 帧旋转角度为-30°，第 15 帧旋转角度为 30°。创建传统补间动画，并在中间第 8 帧插入关键帧，将动画分成两个补间动画，如图 6-28 所示。

图 6-28　创建传统补间

（3）设置缓动。选择第 1 段补间动画中的任意一帧，在“属性”面板中设置缓动值为-100，先慢后快，如图 6-29 所示。

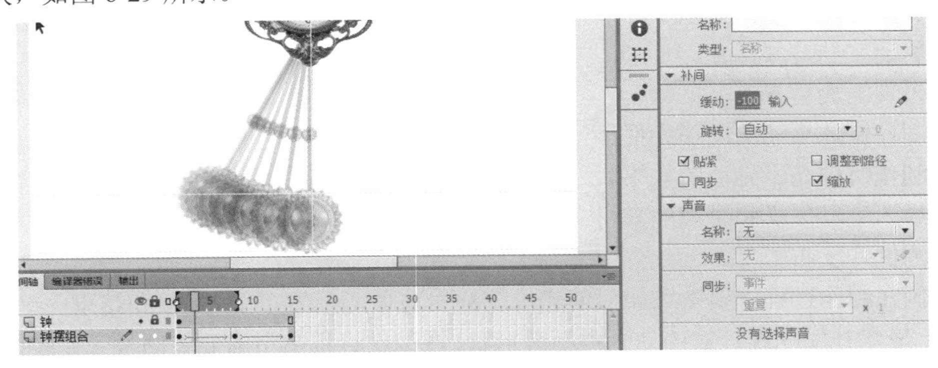

图 6-29　设置先慢后快的缓动值

（4）选择第 2 段补间动画中的任意一帧，在“属性”面板中设置缓动值为 100，先快后慢，如图 6-30 所示。

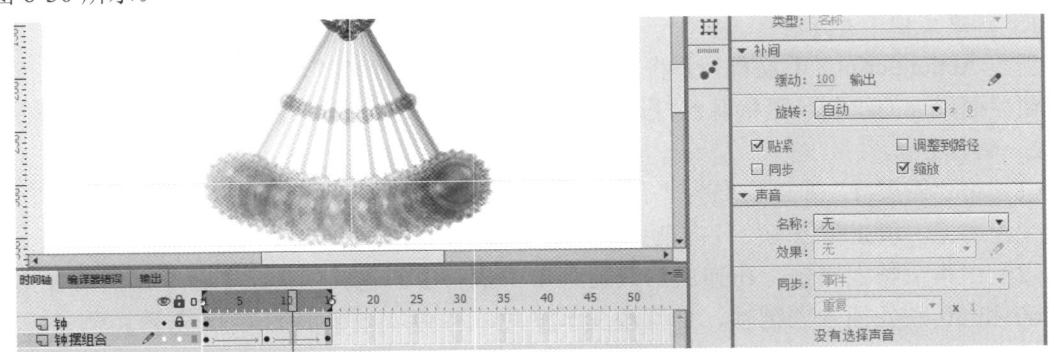

图 6-30　设置先快后慢的缓动值

（5）复制第 1～15 帧，粘贴到第 16～30 帧。选择第 16～30 帧进行翻转，即完成钟摆的制作。

6.3　形状补间动画

6.3.1　课堂实例 3——生日蜡烛

实例综述

本实例利用形状补间动画来制作生日蜡烛晃动的过程。通过本实例的制作，熟悉并掌握形状补间动画的制作过程、关键帧的设置以及应用动画提示调节形状变化的过程，如图 6-31 所示。

图 6-31　生日蜡烛的制作动画截图

实例分析

本实例主要通过形状补间动画来制作颜色变化背景，使用形状变化来实现蜡烛晃动的形状补间动画。在制作这个实例时，大致需要以下环节。

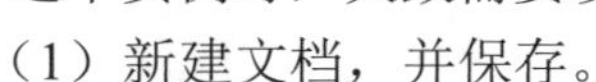

（1）新建文档，并保存。

（2）设置渐变背景。

（3）制作蜡烛晃动的图形元件。

（4）制作蜡烛光晕晃动的效果。

（5）导入生日蛋糕和蜡烛的素材文件，组合生日蜡烛场景。

（6）测试并发布影片。

本实例在制作过程中要熟悉如何创建传统补间动画，修改起始关键帧和结束关键帧动画元件的属性。形状补间动画针对的动画类型为形状，在制作过程中不需要将动画元素转换为元件，而是需要将元件实例或者组合分离为“形状”。

操作步骤　　START

1. 新建文档，并保存

新建 ActionScript 3.0 文档，并将文档保存为“生日蜡烛.fla”。设置舞台大小为默认值，为了方便后面蜡烛的绘制，可将舞台背景设置为蓝色。

2. 制作背景

（1）将“图层 1”重新命名为“背景”。在第 1 帧上绘制一个矩形，覆盖整个舞台。矩形笔触颜色为无，填充颜色为“径向渐变”，颜色从#FFCB4D 到 #CC6600 渐变。

（2）在第 1 帧上右击，在弹出的快捷菜单中执行【创建补间形状】命令，然后在第 20、40、60 和 80 帧处插入关键帧，分别改变渐变色的颜色，效果如图 6-32 所示。创建完形状补间动画后，可以看到两个关键帧之间形成一个黑箭头和淡绿色背景，表示成功创建了补间形状动画。

为了使背景的颜色变化循环播放并且没有跳动的感觉，需要将第 80 帧的颜色设置与第 1 帧的颜色设置相同。所以只需要设置第 20 帧、第 40 帧、第 60 帧的颜色变化，第 1 帧和第 80

帧不用变化。

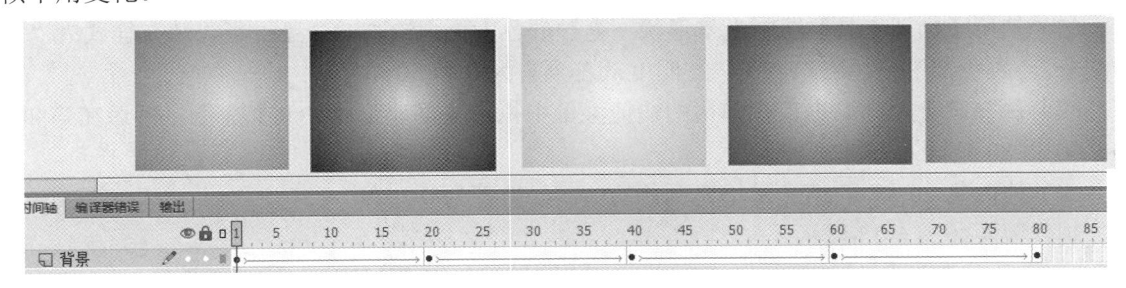

图 6-32　形状补间动画

3. 制作蜡烛晃动的图形元件

（1）执行【插入】→【新建元件】命令，在弹出的“创建新元件”对话框中，新建一个“图形”元件，命名为“蜡烛”，单击【确定】按钮。

（2）在“蜡烛”元件的编辑窗口，使用【椭圆工具】绘制蜡烛火焰的形状，如图 6-33 所示，笔触颜色为无，填充颜色为线性渐变，从#FFFF99 到 #FFCC00 渐变，再使用【渐变变形工具】将变形方向修改为从上到下。

（3）在第 1 帧上右击，在弹出的快捷菜单中执行【创建补间形状】命令，然后在第 20、40、60 和 80 帧处插入关键帧。

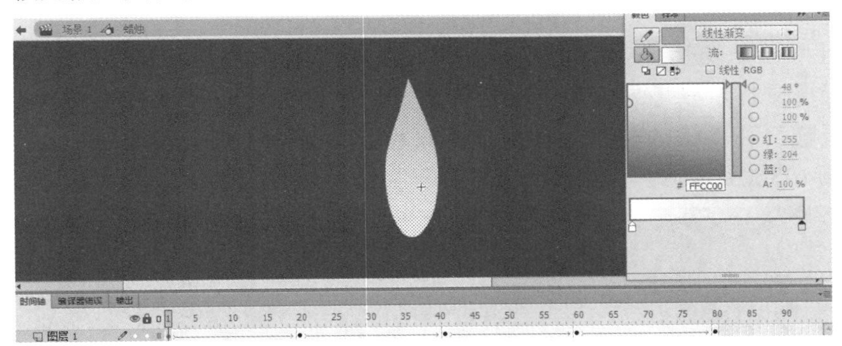

图 6-33　绘制蜡烛火焰形状

（4）修改第 20、40 和 60 帧中蜡烛的形状，如图 6-34 所示。

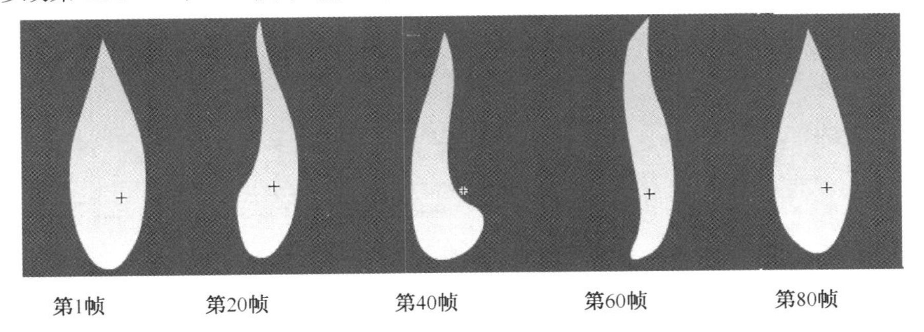

图 6-34　改变蜡烛形状

4. 设置光晕效果

（1）在“蜡烛”图形元件的时间轴上新建一个图层“光晕”，用于放置光晕。光晕的动画

效果采用传统动作补间动画来完成。

（2）使用【椭圆工具】绘制光晕形状。笔触颜色为无，绘制一个正圆形，填充样式为“径向渐变”，颜色都为白色#FFFFFF，透明度从左到右为 0 和 30%。

（3）选择第 1 帧，右击，在弹出的快捷菜单中执行【创建形状补间】命令，然后在第 20、40、60 和 80 帧插入关键帧。

（4）修改第 20 和 60 帧光晕填充颜色的 Alpha 值都为 0。

制作效果如图 6-35 所示。

图 6-35　光晕效果

5. 组合生日蜡烛场景

（1）执行【文件】→【导入】→【打开外部库】命令，打开“第 6 章/实例 3/素材.fla”文件，将“蛋糕”和“蜡烛杆”元件拖放到舞台上。使用【任意变形工具】进行缩放，调整大小，如图 6-36 所示。

图 6-36　导入素材

（2）将制作的“蜡烛”图形元件放置在蛋糕的蜡烛上，同时设置蜡烛实例元件的“循环”的“第一帧”为不同的值，使蜡烛晃动的过程不一致。

6. 发布影片

测试并发布影片，即完成生日蜡烛的制作。

举一反三　START

同样可以利用形状补间动画制作类似的动画效果，如图 6-37 所示，通过海面的波浪形状的变化，制作海浪的效果。

图 6-37　海浪动画截图

6.3.2　形状补间动画

利用形状补间动画可以实现两个形状之间的相互转换，还可以实现形状之间颜色、大小、位置的变化。制作形状补间动画的对象为分离的矢量图形，在“属性”面板中的属性为“形状”，在制作过程中不需要将动画元素转换为元件，而是需要将元件实例或者组合分离为“形状”。

形状补间动画的制作过程如下。

（1）在时间轴上的一个空白关键帧上，绘制起始关键帧的“形状”。

（2）在选中帧上右击，在弹出的快捷菜单中执行【创建补间形状】命令，如图 6-38 所示。

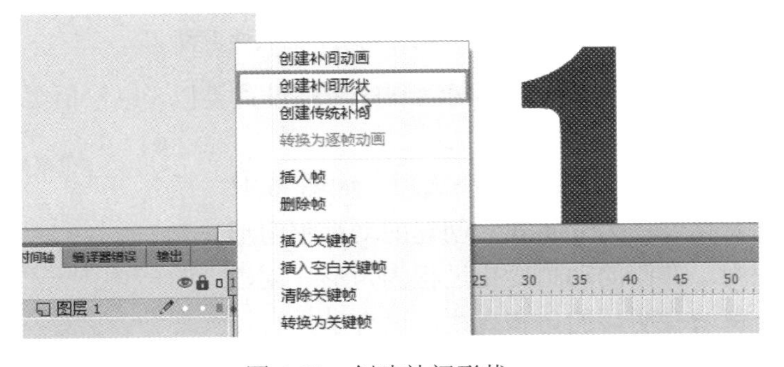

图 6-38　创建补间形状

（3）根据动画的时间，在时间轴后面的某一帧上插入关键帧，即结束关键帧。看到两个关键帧之间形成一个黑箭头和淡绿色背景，表示创建了形状补间动画。如果过渡帧是虚线，则代表没有正确地完成补间，通常是由于缺少开始或结束关键帧，或者起始关键帧或结束关键帧上的对象不是形状。

（4）改变起始关键帧或结束关键帧的图形的形状，Flash 软件即根据形状之间的差别，自动补充中间过渡帧。例如，分散的文字 1 变为文字 2 的过程，如图 6-39 所示。

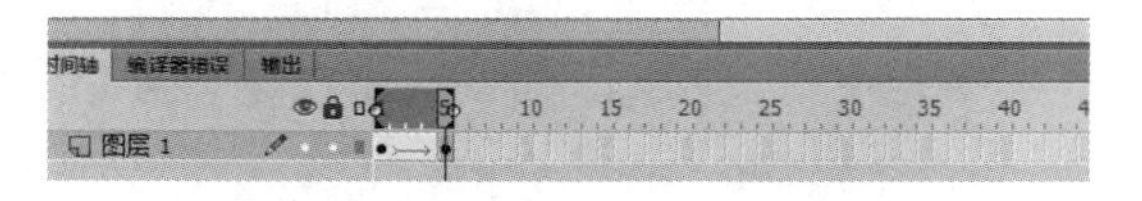

图 6-39　形状变化

6.3.3　形状补间动画的参数

创建好形状补间动画后，在帧的“属性”面板中可以对形状补间动画的属性进行设置，如图 6-40 所示。

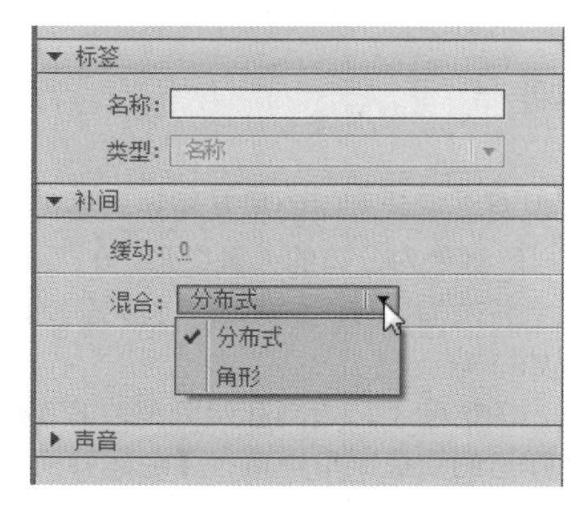

图 6-40　形状补间动画的属性设置

形状补间动画的属性设置与传统补间动画的属性设置类似，也包括缓动属性，值为-100～100，数值越大，动画运动的速度越快。

“混合”选项包括角形和分布式两个选项。如图 6-41 所示，左侧动画的变化过程为分布式，创建的动画中间形状比较平滑和不规则。右侧的动画变化过程为角形，创建的动画中间形状会保留有明显的角和直线，适合于具有锐化转角和直线的混合形状。

图 6-41　分布式和角形混合模式

6.3.4　应用变形提示

在制作变形动画，形状变形较为复杂时，可以通过添加形状提示，控制形状变化。

1．添加应用变形提示

选择图形，执行【修改】→【形状】→【添加形状提示】命令，添加变形控制点，如

图 6-42 所示。

形状提示是一个有颜色的实心小圆，上面标志着小写的英文字母，用于识别起始形状和结束形状中相对应的点。对于每一个形变过程，可以为它添加 26 个形状提示，从 a 标记到 z 标记。

添加一个形状提示后，可以在舞台上已有的形状提示上右击，在弹出的快捷菜单中执行【添加提示】命令，实现继续添加提示点，如图 6-43 所示。

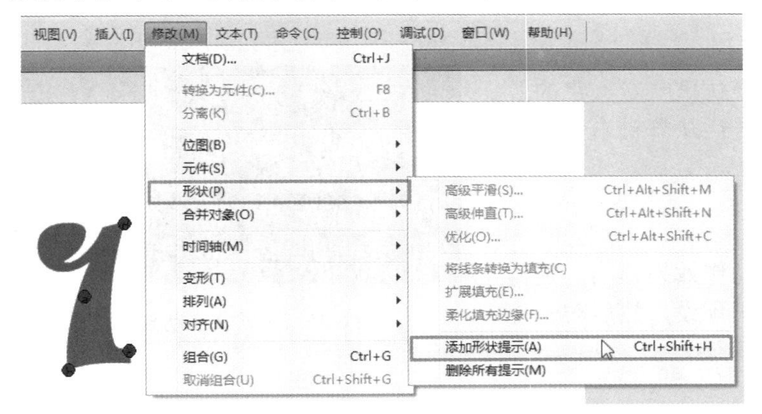

图 6-42 添加形状提示

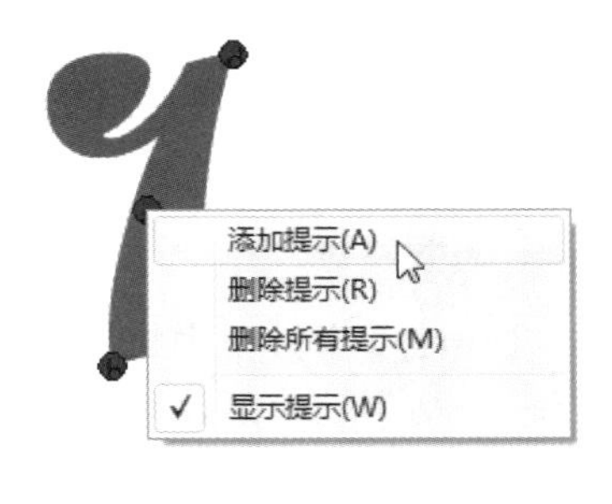

图 6-43 添加提示点

2. 编辑变形控制点

通常添加的提示点都放置在形状的中间位置，可以使用鼠标拖动变形控制点来设定控制点的位置。同时在形状补间动画的结束帧上，按照同样的顺序设定结束帧控制点的位置。控制点设置成功后，起始帧的控制点会变成黄色，结束帧的控制点会变成绿色，如图 6-44 所示。

如图 6-44 所示，应用形状提示比没有应用形状提示的变化过程更有规律。

3. 删除变形控制点

如果需要对控制点进行删除，则使用鼠标将变形控制点拖出舞台，即删除该控制点，或者在需要删除的控制点上右击，在弹出的快捷菜单中执行【删除提示】或【删除所有提示】命令，可删除一个控制点或所有控制点。

删除所有的变形控制点则执行【修改】→【形状】→【删除所有提示】命令，将删除所有变形控制点。

图 6-44 应用形状提示

6.4 动作补间动画

6.4.1 课堂实例 4——风吹文字

实例综述

本实例完成一个文字特效，模仿风吹走文字的效果。本实例的效果为文字依次翻转后从舞台右上角消失，效果如图 6-45 所示。

图 6-45　风吹文字动画截图

实例分析

风吹文字效果中每个文字的动作效果相同，制作好一个文字动作后，可以创建动画预设，然后对另外几个文字应用设置好的“动画预设”。

（1）新建文档，并保存。
（2）输入文本“风吹文字”。
（3）文字分散到图层。
（4）将文本转换为元件。
（5）制作“风”文字的补间动画。
（6）另存为动画预设。
（7）应用动画预设。
（8）测试并发布影片。

补间动画是在 Flash CS4 以后的版本中引入的，功用强大且易于创建。本实例在制作过程介绍如何创建补间动画，将已创建的补间动画另存为动画预设，以及应用动画预设。

操作步骤　START

1. 新建文档，并保存

新建 ActionScript 3.0 文档，并将文档保存为“风吹文字.fla”。设置舞台大小为 800×400 像素，舞台背景颜色为黑色。

2. 设置文本

选择【文本工具】，设置大小为 96 磅，字母间距为 20，字体为“华文隶书”，颜色为白色，输入“风吹文字”4 个文字（用户可自行选择输入内容）。输入文本后，按快捷键【Ctrl+B】，分离文本为单个文字，如图 6-46 所示。

图 6-46　文本设置

3. 分散到图层

分别选择文字“风”、“吹”、“文”、“字”，将其转换为影片剪辑元件。

选择 4 个影片剪辑，右击，在弹出的快捷菜单中执行【分散到图层】命令，则每个元件分散到单独的图层，可以分别进行动画设置，如图 6-47 所示。

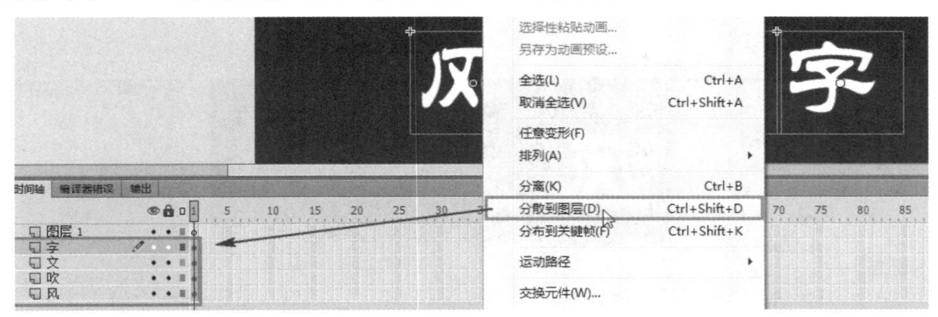

图 6-47　分散到图层

4. 设置“风”文本动画

（1）右击“风”图层第 1 帧，在弹出的快捷菜单中执行【创建补间动画】命令，在第 80 帧插入关键帧，如图 6-48 所示。

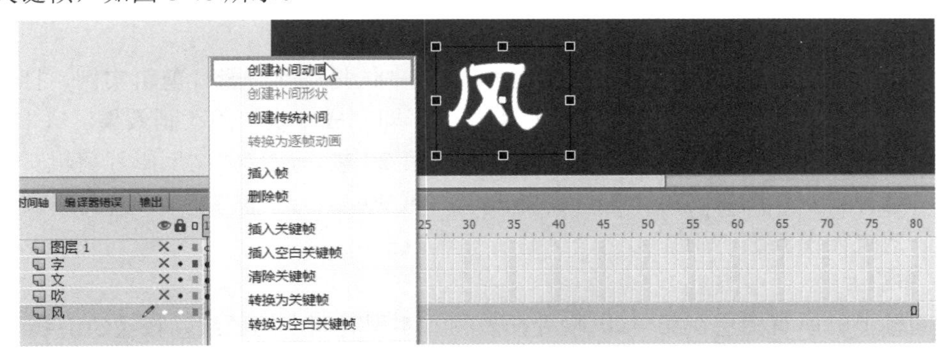

图 6-48　创建补间动画

（2）在第 25 和 55 帧插入关键帧。设置文字属性如图 6-49 所示。设置第 1 和 80 帧的状态为初始状态。将第 25 和 55 帧设置为将“风”文字移动到右上角，透明度为 0，并使用【任意变形工具】进行翻转，形成文字翻转消失，间隔一段时间后又回到原位的效果。

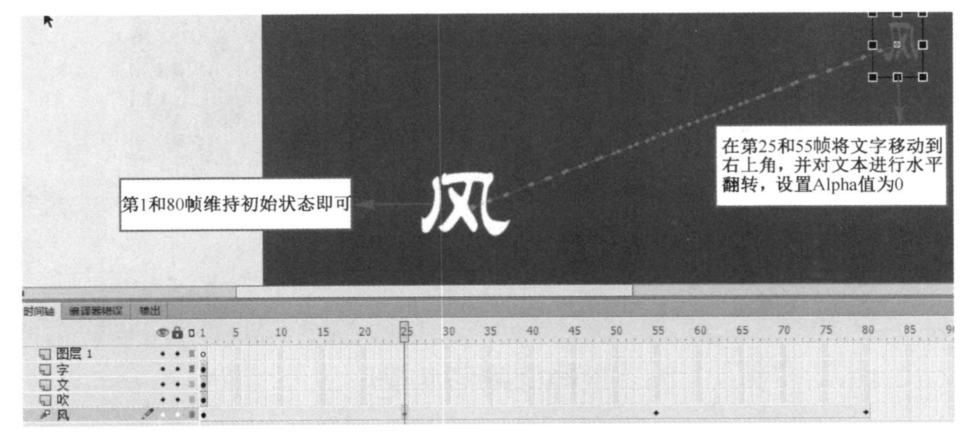

图 6-49　设置文字属性

5. 创建动画预设

创建好“风”动画的动画效果后，选择该图层的任意一帧，右击，在弹出的快捷菜单中执行【另存为动画预设】命令，会弹出“将预设另存为”对话框，在文本框中输入预设动画的名称“feng”，单击【确定】按钮后，在“动画预设”面板可以看到创建的自定义动画预设“feng”，效果如图 6-50 所示。

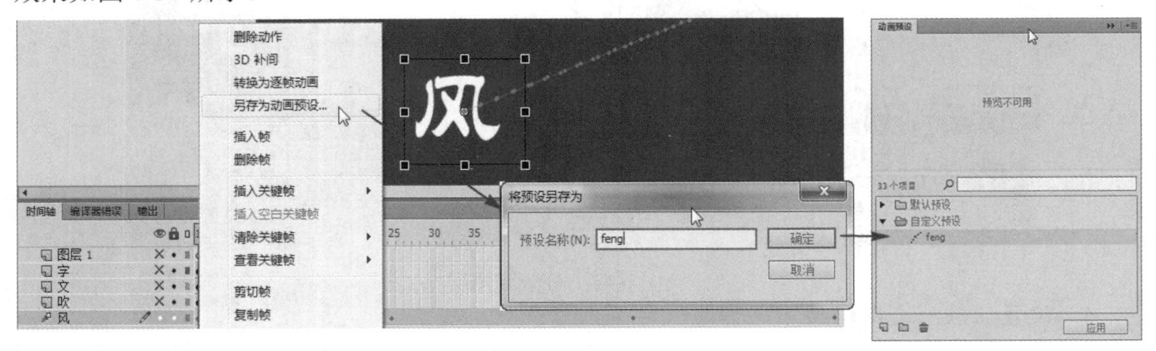

图 6-50　另存动画预设

6. 应用动画预设

选择“吹”图层的第 1 帧，鼠标拖曳到第 10 帧，选择“吹”影片剪辑实例，打开“动画预设”面板，选择“风”预设，单击【应用】按钮，即完成“吹”的动画效果。

同理，选择“文”图层的第 1 帧，鼠标拖曳到第 20 帧，选择“文”影片剪辑实例，应用动画预设。选择“字”图层的第 1 帧，鼠标拖曳到第 30 帧，选择“字”影片剪辑实例，应用动画预设。效果如图 6-51 所示。

7. 发布影片

将时间轴上的所有图层在第 120 帧处插入帧，实现时间上的延续，按【Ctrl+Enter】快捷键测试并发布影片。

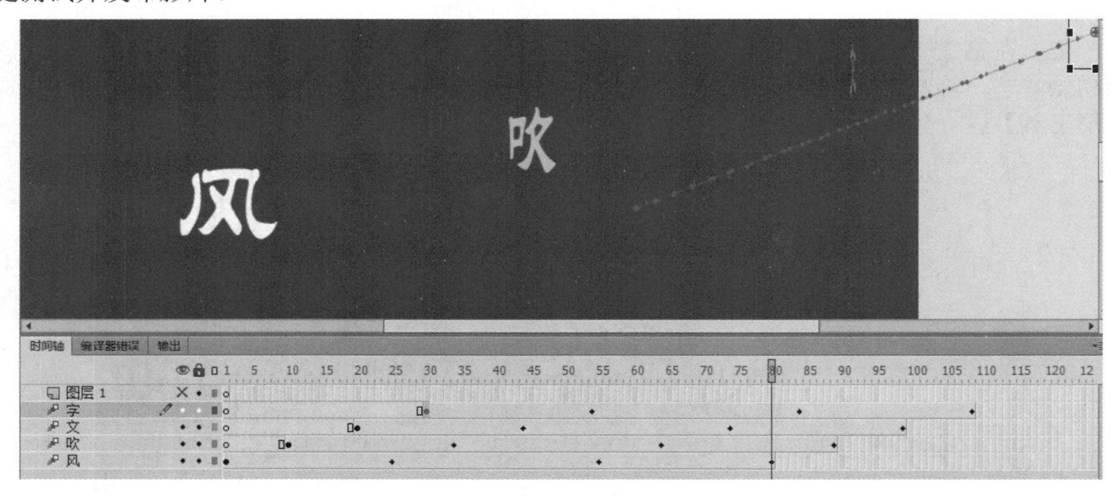

图 6-51　动画预设应用

类似上面实例的操作步骤，可以制作跳动文字的动画效果，如图 6-52 所示。

图 6-52　跳动的文字动画截图

6.4.2　创建补间动画

从 Flash CS4 开始，Flash 软件将动作补间动画分为传统补间动画和补间动画。提到补间动画时，通常是指新的动作补间动画，要与传统补间动画相区别。

补间动画，一个动画针对一个对象，补间动画是通过为不同帧中的同一对象指定不同的属性值，软件根据属性之间的差别而补充中间帧的动画。补间动画在整个补间范围上由一个目标对象组成。

1. 创建补间动画的过程

制作补间动画过程与制作传统补间动画类似，操作如下。

（1）在时间轴上的空白关键帧上，放置已经绘制好的元件实例，或者将动画图形转换为元件。

（2）在选中帧上右击，在弹出的快捷菜单中执行【创建补间动画】命令，如图 6-53 所示。

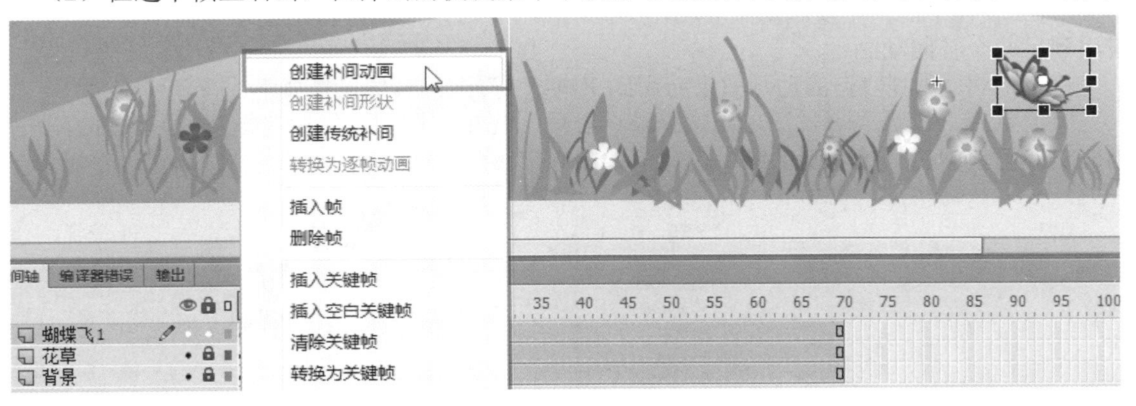

图 6-53　创建补间动画

（3）补间范围在时间轴中显示为具有蓝色背景的单个图层中的一组帧。需要对某一帧的对象属性进行修改时，只需要单击该帧，选择动画对象改变属性即可，其中动画对象具有一个或多个变化的属性，如图 6-54 所示。

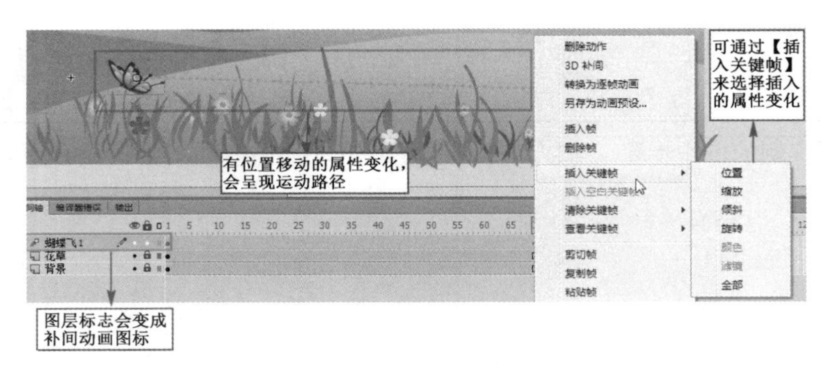

图 6-54　改变动画对象的属性

2. 补间动画注意事项

（1）补间动画应用于元件实例和文本对象，对于其他对象会弹出对话框提示将其转换为影片剪辑元件，库中元件会依次按照“元件 1、元件 2、元件 3……”依次命名。

（2）传统补间动画可以对关键帧中的属性进行设置。“关键帧”是指时间轴中元件实例出现在舞台上的一个帧。而在补间动画中，是对属性关键帧进行设置，属性关键帧是指为补间动画中某帧上设置动画对象的属性值。属性可能包括位置、Alpha（透明度）、色调等，同样也根据动画对象的不同，属性设置不同。

（3）一个补间图层中的补间范围只能包含一个元件实例。将其他元件从库中拖到时间轴中的补间范围上，将会替换补间中原来的元件实例。

6.4.3　补间动画基本操作

创建的补间动画可以进行复制、粘贴动画，移动补间，复制、粘贴属性，合并、拆分动画等操作。

1. 复制、粘贴动画

Flash 软件中提供了复制动画和粘贴动画的操作，可以简单地将一个元件制作成动画效果，应用到另一个补间动画上。

例如，将“蝴蝶 1”的动画效果应用到“蝴蝶 2”上。具体操作如下。

（1）选择“蝴蝶飞 1”图层，选择整个补间（先单击图层，然后选择补间），右击，在弹出的快捷菜单中执行【复制动画】命令，如图 6-55 所示。

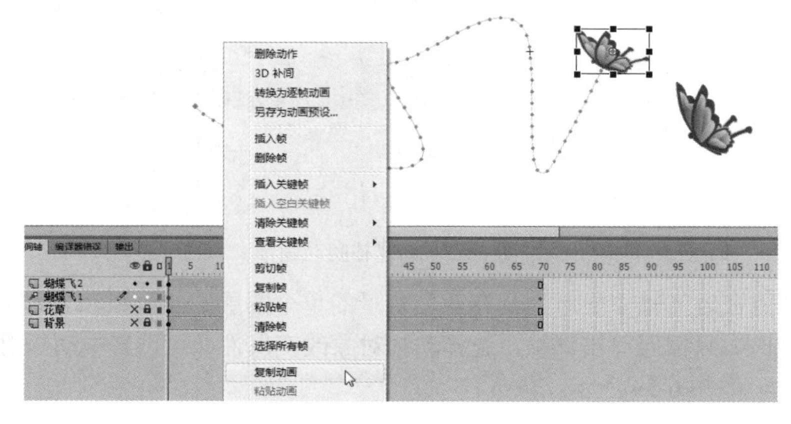

图 6-55　复制动画

（2）选择“蝴蝶飞 2”图层，先创建补间动画，然后选择整个补间，右击，在弹出的快捷菜单中执行【粘贴动画】命令，则“蝴蝶飞 2”图层的动画效果与“蝴蝶飞 1”的动画效果相同，如图 6-56 所示。

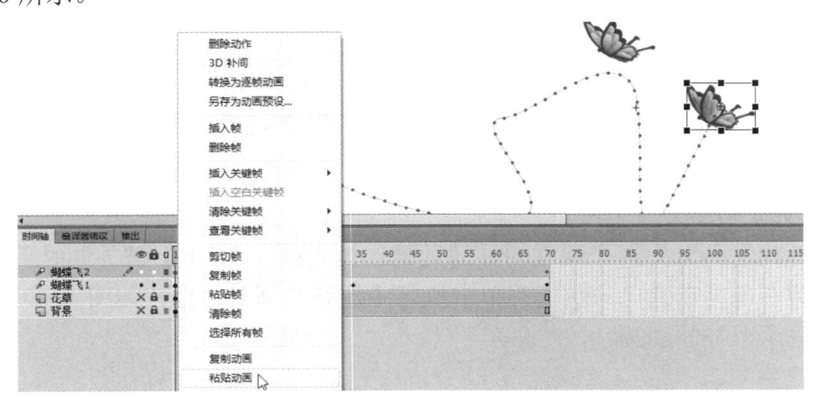

图 6-56　复制“蝴蝶飞 1”的动画效果

2. 移动补间

可将“补间范围”作为单个对象进行操作，并从时间轴中的一个位置拖到另一个位置，包括拖到另一个图层。在每个“补间范围”内，只能对舞台上的一个对象进行动画处理，如图 6-57 所示。

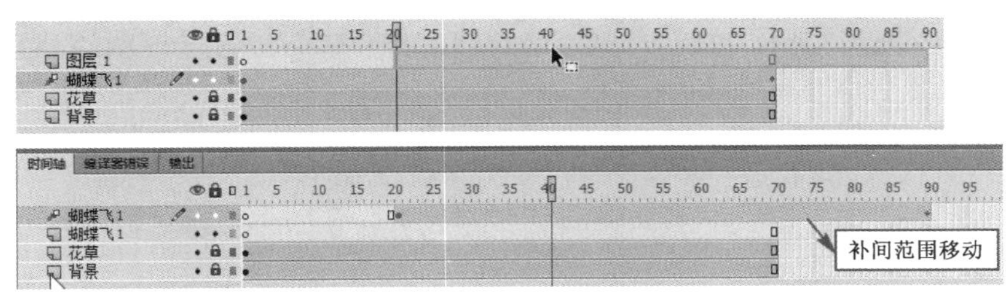

图 6-57　补间范围移动

3. 改变补间时间长短

制作好补间动画后，可以调整整个补间动画的时间，如图 6-58 所示，在补间动画最后一帧处，当鼠标变成⟷时，拖动鼠标可以改变补间的长短，而补间动画中的关键帧位置也随比例进行改变。

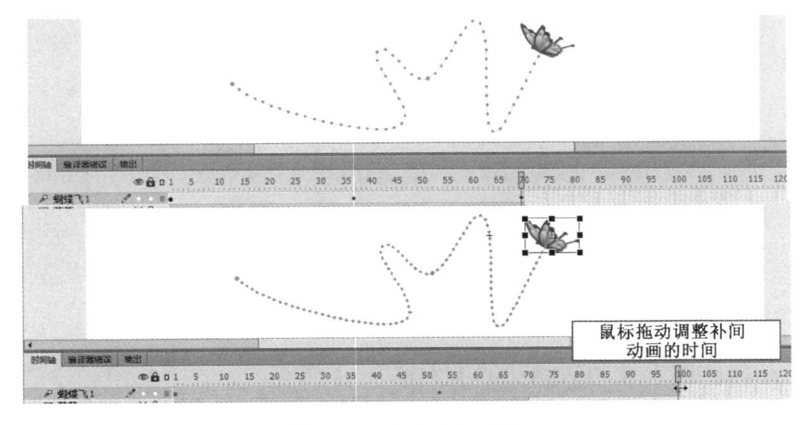

图 6-58　改变补间长短

4. 复制、粘贴属性

属性关键帧是指为补间动画中某帧上，设置动画对象的属性值。可以将某一帧的对象属性复制后，粘贴到另一个属性关键帧上。

具体操作如图 6-59 所示，选择需要复制的某一帧，右击，在弹出的快捷菜单中执行【复制属性】命令。在目标帧上右击，在弹出的快捷菜单中执行【粘贴属性】命令，也可以选择粘贴部分属性，即执行【选择性粘贴属性】命令，在弹出的“粘贴特定属性”对话框中，可以选择需要粘贴的属性。

5. 合并、拆分动画

要将一个补间动画分为两个独立的补间动画，首先按住【Ctrl】键的同时单击补间范围内的单个帧，然后右击，在弹出的快捷菜单中执行【拆分动画】命令，如图 6-60 所示，则将一个补间动画变成两个补间动画。

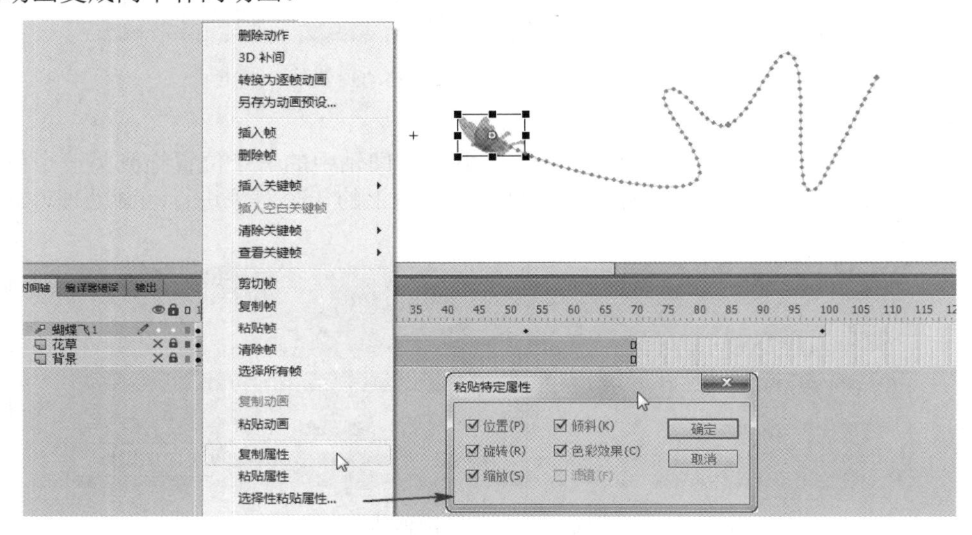

图 6-59 复制、粘贴属性

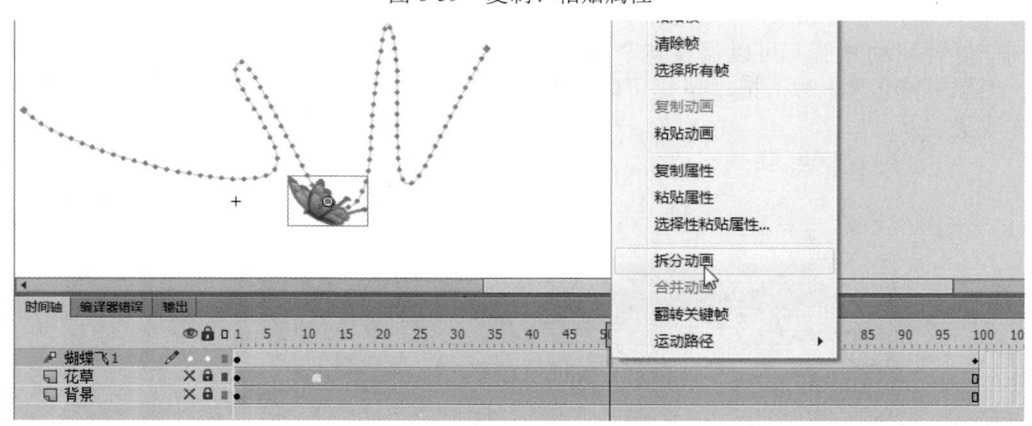

图 6-60 拆分动画

拆分动画后，变成两个补间动画，效果如图 6-61 所示。

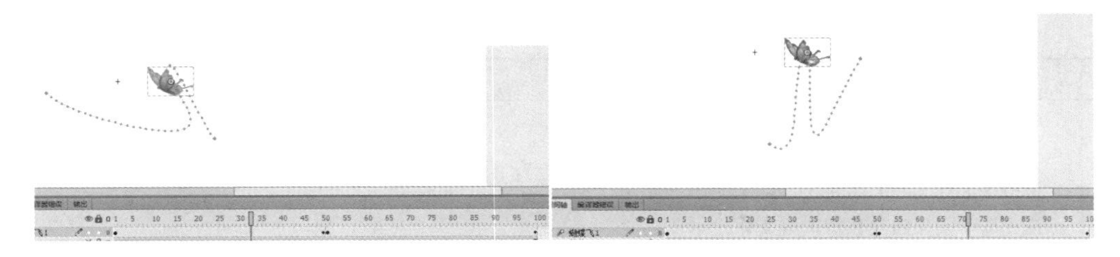

图 6-61　拆分动画效果

若要合并两个连续的补间动画，首先按住【Shift】键，选择连续的补间动画，右击，在弹出的快捷菜单中执行【合并动画】命令，即可完成合并动画（注意合并补间的两个动画是针对同一对象的补间动画）。如图 6-62 所示。

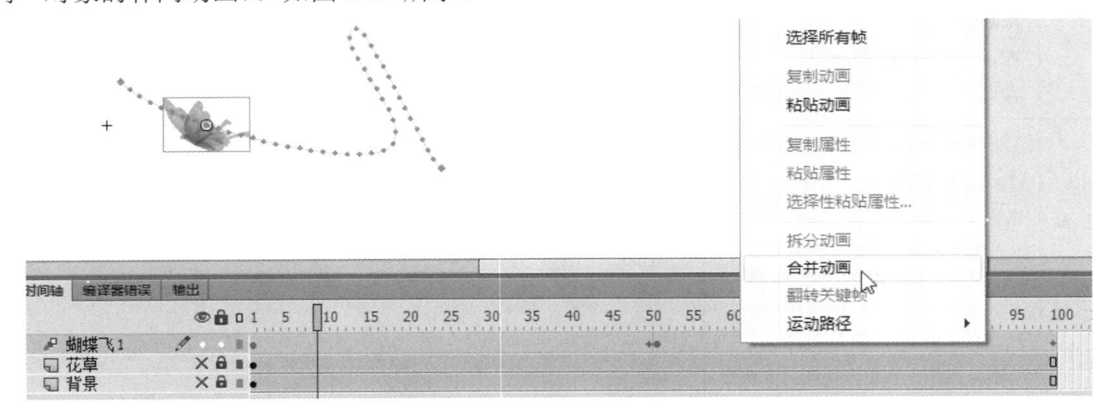

图 6-62　合并动画

6.4.4　编辑补间的运动路径动画

在制作补间动画时，如果制作补间动画的对象的位置属性发生变化，则在舞台上会有与之关联的运动路径。如果不是对位置进行补间，则舞台上不显示运动路径。舞台上补间动画的运动路径是一条有蓝色小菱形的虚线，每个小菱形代表补间动画的每一帧上的位置，稍微大一点的菱形代表属性关键帧。

表示补间动画的运动路径显示动画对象在舞台上移动时所经过的路径。运动路径可以像编辑线条一样进行选取、缩放、变形等操作。

对补间动画运动路径的操作如表 6-2 所示。

表 6-2　对补间动画运动路径的操作

功能	说　明	图　解
编辑路径	对运动路径的编辑，可以使用【选择工具】对路径进行变形，使用【部分选择工具】或【钢笔工具】调整线条。 使用【任意变形工具】对线条进行缩放。	

续表

功能	说　　明	图　　解
移动路径	使用【选择工具】选择路径，鼠标拖曳即可实现路径移动，改变补间动画整体的位置。	鼠标拖曳，移动路径的位置，即移动动画对象的起始位置
粘贴路径	在其他图层上使用【铅笔工具】绘制一条动画对象的运动路径，将其复制到补间动画的图层中，则补间运动对象会按照粘贴的路径进行运动。	
删除路径	使用【选择工具】选择路径，按【Delete】键删除后，则补间动画的位置属性被删除，没有位置移动，其他属性设置维持原状。	
翻转路径	选择路径，右击，在弹出的快捷菜单中，执行【运动路径】→【翻转路径】命令，即可实现运动路径的翻转。 翻转路径的效果与传统补间动画中的翻转帧效果类似，会将补间动画起始路径翻转。	
浮动属性	选择路径，右击，在弹出的快捷菜单中，执行【运动路径】→【将关键帧切换为浮动】命令。 在舞台上通过拖动补间对象来编辑运动路径，会创建一些路径片段，这些路径片段中的运动速度会各不相同。而设置【将关键帧切换为浮动】的主要作用是使整个补间中的运动速度保持一致。	

6.4.5 动画预设

“动画预设”面板将做好的补间动画保存为模板，并将它应用到其他对象上。单击浮动面板中的按钮，打开“动画预设”面板，如图 6-63 所示。

"动画预设"面板包括预览部分和项目管理部分。Flash 软件默认包括 30 个预设，用户选择元件或文本对象后，在"动画预设"面板上选择预设的动画类型，单击【应用】按钮，就会将动画效果应用到选择的实例上。

例如，制作"3D 文字滚动"动画效果。制作过程如下。

（1）新建一个 Flash 文档，在舞台上输入一段文本。

（2）选择文本后，打开"动画预设"面板，在"默认预设"文件夹中选择"3D 文本滚动"预设，如图 6-64 所示。单击【应用】按钮后，即可实现"3D 文字滚动"的动态效果。

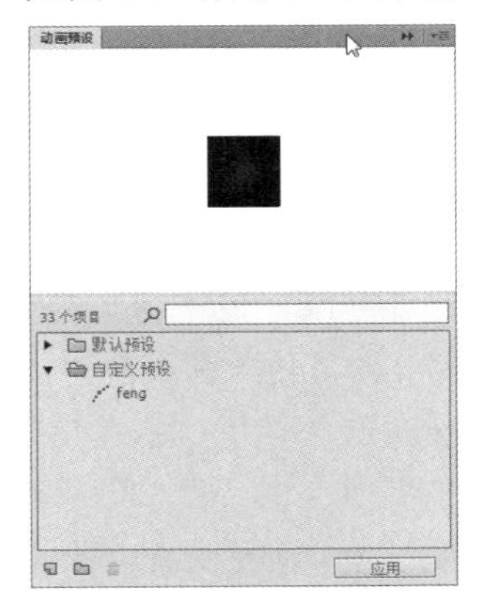

图 6-63　"动画预设"面板

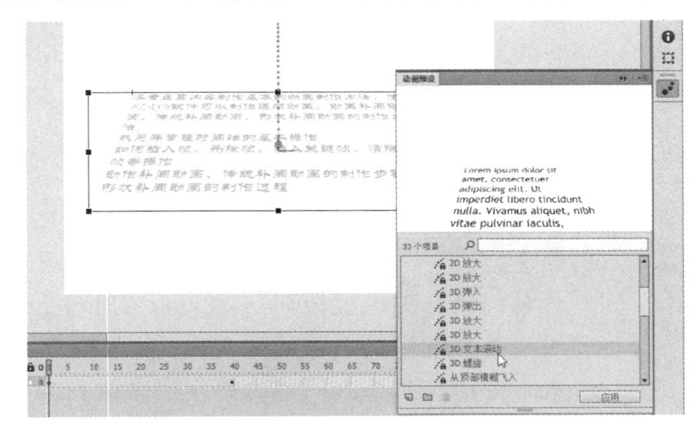

图 6-64　应用动画预设

知识拓展——补间动画、形状补间动画、传统补间动画的特点

本章的主要内容为基本的补间动画、形状补间动画、传统补间动画的创建与实例制作，下面为 3 种动画类型的特点。

区　别	形状补间动画	传统补间动画	补间动画
组成元素	矢量图形，如果使用元件、文字、位图，则需要分离为形状再进行动画制作	元件（影片剪辑、图形元件、按钮）	元件或文字，但如果制作 3D 旋转或平移动画元件类型需要为影片剪辑
在时间轴上的表现	淡绿色背景，有实心箭头	淡紫色背景，有实心箭头	淡蓝色背景
关键帧	需要设置起始关键帧和结束关键帧，两个帧之间为分离的矢量图形	需要设置起始关键帧和结束关键帧，两个帧之间必须为同一对象	只需起始关键帧即可，其他帧可设置属性关键帧
脚本语音	关键帧可添加编程脚本	关键帧可添加编程脚本	不可添加编程脚本
完成效果	主要完成矢量图形的变化，包括形状、大小、颜色、位置等变化	（1）可针对元件的类型设置对象属性变化的动画效果，如大小、位置、旋转、色调、亮度、Alpha 等属性。对于影片剪辑元件可设置滤镜动画 （2）可制作引导线动画	（1）与传统补间类似，可针对元件的类型设置对象属性变化的动画效果 （2）对影片剪辑元件实例可实现滤镜效果、3D 旋转、3D 平移动画效果 （3）不可制作引导线动画，但对位置移动，可对运动路径进行调整

本章小结与重点回顾

本章主要通过4个实例对Flash逐帧动画、传统补间动画、形状补间动画、补间动画这4种基本的动画类型进行讲解。

通过逐帧动画钟摆摆动实例的学习，熟悉并掌握逐帧动画的制作过程，并熟悉对时间轴面板的应用，主要包括如何插入帧、删除帧、插入关键帧、清除关键帧、复制粘贴帧等基本的操作过程。在动画制作过程中可以借助绘制纸外观、绘制纸外观轮廓、编辑多个帧等功能来辅助动画的完成。

传统补间动画可以实现元件实例的大小、旋转、位置、色调、透明度等属性的变化，可以通过缓动来修改动画的速度。在制作传统补间动画时，需要设置起始关键帧和结束关键帧的动画内容，但两个关键帧上的对象必须为同一元件实例。

利用形状补间动画可以实现两个形状之间的相互转换，还可以实现形状之间颜色、大小、位置的变化，形状补间动画只能针对分离的矢量图形。

补间动画是通过为同一对象的不同帧上指定不同的属性值，软件根据属性之间的差别来补充中间帧的动画。补间动画在整个补间范围上由一个目标对象组成。可以将整个补间作为一个对象进行移动，进行复制动画、粘贴动画、拆分动画、合并动画等操作。对于属性关键帧可以复制属性、粘贴属性。创建的补间动画对于动画对象有位置属性方式的变化，补间范围出现与之关联的运动路径，运动路径可以像线条一样进行变形、缩放、复制、粘贴等操作。

Flash CC软件中提供了动画预设面板，可以将制作的补间动画另存为模板，简化动画的制作过程。

课后实训 6

课堂练习 1——利用形状图片切换效果

本实例是采用形状补间动画完成的，将导入的位图分离后，设置起始关键帧的位图形状，形成各种图片切换效果，如图6-65和图6-66所示。

图6-65　图片切换效果1

图6-66　图片切换效果2

课堂练习 2——泛舟实例

本实例可采用补间动画或传统补间动画完成。

操作提示

（1）设置背景大小为800×400像素。

（2）导入背景图片和船元件素材，设置背景图片覆盖舞台。

（3）将船水平移动保存为“船动”的影片剪辑，利用传统补间动画或补间动画制作船水平移动的效果。

（4）在舞台上放置两个“船动”的元件实例，垂直翻转一个“船动”的元件实例，设置 Alpha 值为 50%，制作倒影效果，如图 6-67 所示。

图 6-67　“船动”动画截图

课堂练习 3——时针飞转

本实例可采用补间动画或传统补间动画来完成，制作旋转动画。

操作提示

将时钟的 3 个指针分别按照不同的节奏制作顺时针旋转的动画效果，如图 6-68 所示。

图 6-68　时钟飞转动画截图

课后习题 6

1. 选择题

（1）插入关键帧的快捷键为（　　）。

A. 【F6】　B. 【F5】　C. 【F4】　D. 【F7】

（2）插入空白关键帧的快捷键为（　　）。

A. 【F6】　B. 【F5】　C. 【F4】　D. 【F7】

（3）删除帧的快捷键为（　　）。

A. 【Shift+F6】　B. 【Shift+F5】　C. 【Ctrl+F6】　D. 【Ctrl+F5】

（4）删除关键帧执行的操作为（　　）。

A. 右击，选择删除帧　B. 右击，选择清除关键帧

C. 快捷键【Shift+F5】　D. 快捷键【Shift+F7】

（5）下列在编辑区中可以预览，并且依赖于场景帧的元件是（　　），下列在编辑区中不可以预览，并且独立于场景时间轴的元件是（　　）。

A. 图形　B. 影片剪辑　C. 按钮　D. 声音

（6）下列不支持行为的元件是（　　），下列不支持声音的元件是（　　）。

A. 图形　B. 影片剪辑　C. 按钮　D. 声音

（7）下列关于形状补间的描述正确的是（　　）。

A. 如果一次补间多个形状，则这些形状必须处在上下相邻的若干图层上

B. Flash 可以补间形状的位置、大小、颜色和不透明度

C. 对于存在形状补间的图层无法使用遮罩效果

D. 以上描述均正确

2. 填空题

（1）按【F5】键执行的操作为__________。按【F6】键执行的操作为____________。按【F7】键执行的

操作为___________。

（2）形状补间动画的操作对象的类型为_________。

（3）在制作变形动画时，形状变形较为复杂时，可以通过___________控制形状变化。

3. 简答题

（1）如何创建传统补间动画？

（2）传统补间动画、形状补间动画、补间动画之间的区别是什么？

第 7 章

层与高级动画

学习目标

本章主要学习图层的基本操作，制作特殊的图层动画效果，如遮罩动画和引导线动画。

- 掌握图层操作的基本方法。
- 掌握遮罩动画的原理、遮罩动画的制作方法。
- 掌握和理解普通引导层和运动引导层之间的关系。
- 掌握制作引导线动画的方法。

重点难点

- 理解遮罩层与被遮罩层的关系。
- 制作遮罩图层的注意事项。
- 如何引导对象做圆周运动。

7.1 层、遮罩的动画制作

7.1.1 课堂实例 1——图片切换动画

实例综述

利用遮罩动画可以制作丰富多彩的图形切换效果，本实例呈现的是多个图形切换效果，可以应用到电子相册、场景及镜头切换上，制作出丰富的动态效果，如图 7-1 所示。

图 7-1　图片切换效果

实例分析

本实例包括多个图形切换过程，有简单的图形变化、复制的组合的切换过程。本实例在制作过程中介绍了如何对图层进行新建、复制、粘贴等操作，以及如何设置遮罩动画、遮罩层和被遮罩层。

主要制作过程如下。

（1）新建文档，并保存。

（2）导入多张图片。

（3）简单的遮罩变化。

（4）百叶窗变化。

（5）不规则变化。

（6）测试并发布影片。

操作步骤　START

1. 新建文档，并保存

新建 ActionScript 3.0 文档，并将文档保存为“图片切换.fla”。舞台大小默认为 550×400 像素。

2. 导入图片并设置

（1）执行【文件】→【导入】→【导入到库】命令，弹出“导入到库”对话框，将光盘文件中“第 7 章层与高级动画\实例 1 图片切换”文件夹中的 9 张图片导入到库中，如图 7-2 所示。

图 7-2　导入素材

（2）将“图层 1”重命名为“背景图片”。将“库”面板中的“1.jpg”图片放置在舞台上，设置图片宽为 550 像素，高为 400 像素，X 和 Y 的值为 0，覆盖舞台。

（3）右击“背景图片”图层，在弹出的快捷菜单中执行【复制图层】命令，则在“背景图片”图层上面复制粘贴一个“背景图片 复制”图层，重命名为“显示图片”。

（4）选择“显示图片”的第 1 帧，选择位图，在“属性”面板中，将其交换为“2.jpg”位图，如图 7-3 所示。

图 7-3　复制图层并交换图片

3. 简单的遮罩动画

遮罩动画是利用遮罩图层创建的，使用遮罩图层后，遮罩层提供的为图形显示的形状，而被遮罩层则提供显示的内容，显示内容的范围为遮罩层所提供的形状。播放动画时，遮罩层上的内容不会显示，只提供形状。在遮罩层上的形状范围内显示被遮罩层上的内容。

（1）新建一个图层，命名为“遮罩”。在遮罩图层上制作形状补间动画，动画效果从左侧长条变成矩形覆盖舞台，如图 7-3 所示，形状补间动画有 30 帧，并且在图层的第 60 帧处插入帧，延续时间轴。

图 7-4　在“遮罩”图层设置形状补间动画

（2）右击“遮罩”图层，在弹出的快捷菜单中执行【遮罩层】命令，如图 7-5 所示。

（3）设置遮罩动画后，遮罩层与被遮罩层的图层图片发生变化，如图 7-6 所示。遮罩层的图标变为 ，Flash 软件自动将遮罩层下面的图层变成被遮罩层，被遮罩层的图标为 。锁定遮罩层和被遮罩层，在舞台上即可显示遮罩动画的效果。

以上操作所完成的动画效果为，“显示图片”图层中图片从左到右滑过的效果，与“背景图片”图层中的背景图片形成一种叠加效果。

图 7-5　创建遮罩动画

图 7-6　遮罩动画效果

4. 百叶窗效果

（1）在“显示图片”与“背景图片”图层的第 61 帧插入关键帧，将“显示图片”图层中的“2.jpg”图片交换为“3.jpg”图片，将“背景图片”中的“1.jpg”图片交换为“2.jpg”图片。显示下一组图片切换效果。

（2）制作百叶窗中的条形变化。创建一个影片剪辑元件，命名为“条形”。在影片剪辑的编辑窗口中绘制一个宽 600 像素，高 30 像素的矩形，笔触颜色为无，填充任意颜色。

（3）创建形状补间动画，在第 30 帧插入关键帧，并将第 30 帧的矩形的高度设置为 1 像素。补间效果如图 7-7 所示。

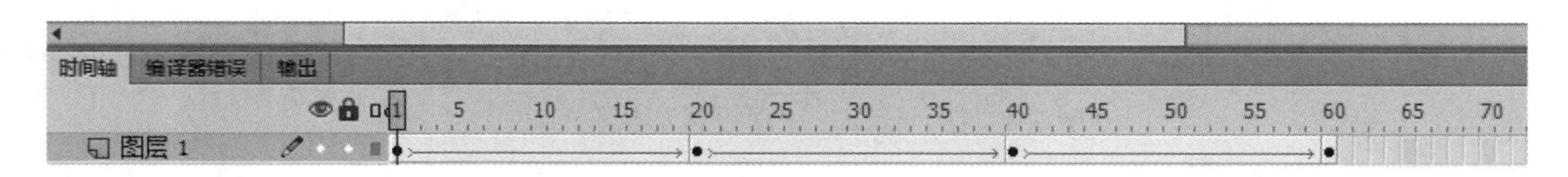

图 7-7　补间效果

（4）创建影片剪辑元件“百叶窗”，将所制作的“条形”影片剪辑按照顺序从上到下依次排列，保证每两个元件实例之间没有空隙，如图 7-8 所示。

（5）回到主场景中，在“遮罩”图层的第 61 帧插入空白关键帧（快捷键为【F7】），将“百叶窗”元件拖放到舞台上，覆盖图片，并在图层的第 120 帧插入帧，延续时间轴。遮罩效果如图 7-9 所示。

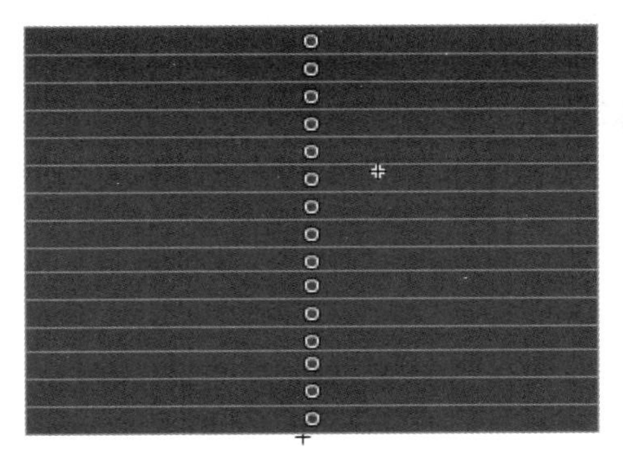

图 7-8　排列元件

图 7-9　遮罩效果

（6）这时的图形变化效果为从图片“3.jpg”到图片“2.jpg”的变化，最后所显示的图片还是“2.jpg”。如果想实现最后显示的图片为“3.jpg”，可以通过修改“条形”影片剪辑的图形变化实现。在“条形”影片剪辑的编辑窗口，将第 1～30 帧的形状补间动画进行【翻转帧】，将百叶窗的条形变化进行翻转，则最后显示的图片切换效果也发生变化。

5. 不规则变化

不规则变化主要通过逐帧动画来实现遮罩动画效果，实现图片依次显示的效果。

（1）在“显示图片”与“背景图片”图层的第 121 帧插入关键帧，将“显示图片”图层中的“3.jpg”图片交换为“4.jpg”图片，将“背景图片”中的“2.jpg”图片交换为“3.jpg”图片。

（2）将其他图层锁定，在“遮罩”图层上的第 121 帧处插入空白关键帧。选择【刷子工具】，颜色任意，大小选择最大，刷子形状任意。使用【刷子工具】在遮罩层上逐帧增加遮罩图形的大小，最后覆盖图片，制作过程如图 7-10 所示。

图 7-10　遮罩图层变化

（3）遮罩动画效果如图 7-11 所示。

图 7-11　遮罩动画效果

6. 发布影片

按【Ctrl+Enter】快捷键测试并发布影片。

上面的实例中呈现了 3 种图片切换效果，而在实际制作中，用户将被遮罩的形状进行任意变化，会呈现不同的效果，如图 7-12 所示。

（a）　（b）　（c）

图 7-12　图片切换的不同效果

图 7-12 所示的图（a）呈现从小方块到大方块的变形过程，图（b）呈现多个小方块从有到无的渐变过程，图（c）呈现图片逐渐显示的效果。

7.1.2　图层的基本操作

图层就像堆叠在一起的多张幻灯胶片一样，每个图层都包含一个显示在舞台中的不同图像。例如，在绘制动画场景时，可以将场景中的前景、中景、背景放置在不同的图层上，或者将不同的元素对象放置在不同的图层上。例如，在制作人物走路的动画时，可将角色的四肢、身体、头部分别放置在不同的图层上，便于制作动画。

1. 添加图层

添加图层的主要方法包括以下几种。

（1）单击“时间轴”面板左下角的【新建图层】按钮，则会在选择的图层上面添加一个新的图层。

（2）选择一个图层，右击，在弹出的快捷菜单中执行【插入图层】命令，则会在所选择的图层上面添加一个新的图层。

（3）执行【插入】→【时间轴】→【图层】命令，即可实现新建一个图层的操作。

2. 选择图层

选择图层与选择其他对象的方法相似，单击图层，则选择单个图层。按住【Shift】键单击可选择多个连续的图层，按住【Ctrl】键单击可选择多个不连续的图层。

3. 删除图层

（1）选择需要删除的图层，单击“时间轴”面板左下角的【删除】按钮，则会删除所选择的图层。

（2）选择一个图层，右击，在弹出的快捷菜单中执行【删除图层】命令，则会删除所选择的图层。

（3）拖曳需要删除的图层到【删除图层】按钮，即可实现删除图层的操作，如图 7-13 所示。

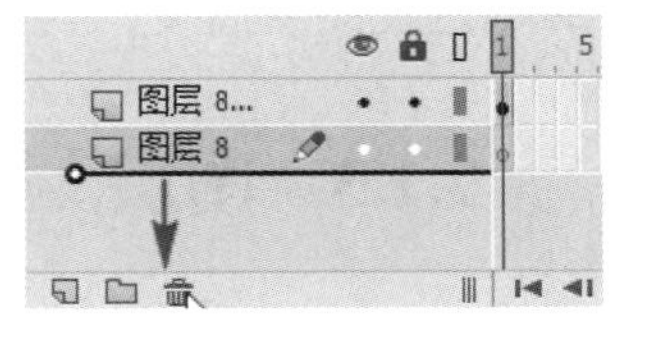

图 7-13　拖曳删除图层

4. 隐藏、锁定、显示轮廓

Flash 动画经常将不同的元素放置在不同的图层来表示，为了方便对某一个图层的操作，而不影响到其他图层中的对象，通常会将其他图层隐藏或者锁定（不能进行操作）。图层右上角的 3 个按钮，分别表示对所有图层的隐藏、锁定和显示轮廓。

操作说明如下。

（1）单击【隐藏】按钮，可以隐藏所有图层，再次单击则显示图层。同理，单击【锁定】按钮，可以锁定所有图层，再次单击即可解锁。

（2）单击【显示轮廓】按钮，则所有图层的对象只显示对象的轮廓，再次单击则恢复原来，状态。显示轮廓时，还可以对图层中的对象进行操作，只是显示的方式不同。

（3）如果只需要对某一个图层进行锁定、隐藏或者显示轮廓操作，则单击图层中相应位置上的按钮即可。

（4）如果只需要操作某个图层，可在图层上右击，在弹出的快捷菜单中执行【锁定其他图层】或【隐藏其他图层】命令，即可实现对其他图层的锁定和隐藏命令，如图 7-14 所示。

5. 复制、拷贝图层

图层与编辑其他对象一样，可以实现复制、粘贴、拷贝、剪切等操作。右击操作图层，在弹出的快捷菜单中可以执行【剪切图层】、【拷贝图层】、【粘贴图层】、【复制图层】等命令，如图 7-15 所示。

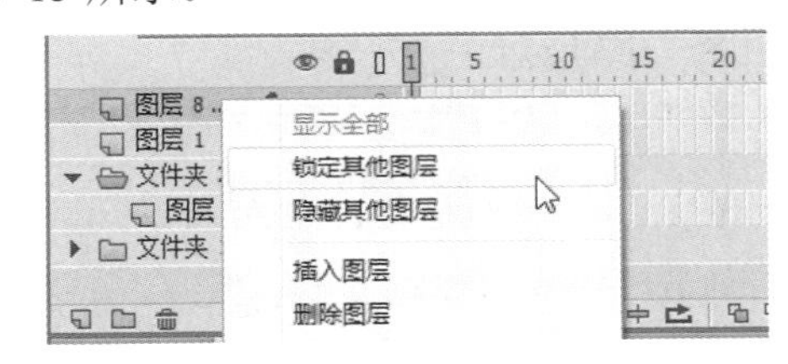

图 7-14　锁定或隐藏其他图层

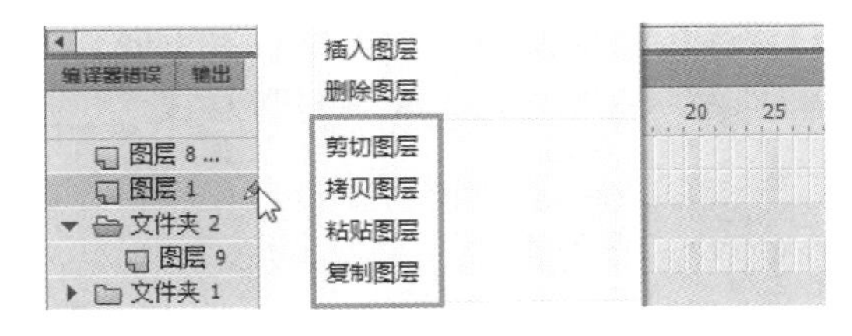

图 7-15　图层编辑

6. 图层属性

右击某个图层，在弹出的快捷菜单中执行【图层属性】命令，可以对图层属性进行修改，如图 7-16 所示。

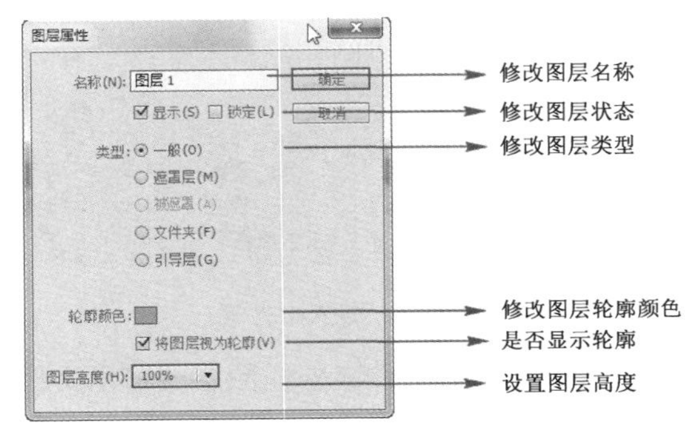

图 7-16　修改图层属性

在“图层属性”对话框中，可以修改图层名称、图层的显示或锁定状态、图层的类型、轮廓颜色及图层高度。其中类型包括一般（普通图层）、遮罩层、被遮罩、文件夹和引导层。

7.1.3 图层文件夹

当 Flash 动画中的图层比较多时，可以创建文件夹来管理图层。在“图层”面板中可实现对文件夹的新建、删除、移入图层、移出图层、折叠展开文件夹等操作。

1. 新建文件夹

新建文件夹的具体操作方法如下。

（1）单击“时间轴”面板左下角的【新建文件夹】按钮，则会在所选择的图层上面添加一个文件夹，文件夹的名称按文件夹 1、文件夹 2……依次排序，用户可根据需要重新命名。

（2）执行【插入】→【时间轴】→【图层】命令，即可实现新建一个图层文件夹的操作。

2. 删除图层文件夹

删除图层文件夹与删除图层类似，具体方法如下。

（1）在需要删除的文件夹上右击，在弹出的快捷菜单中执行【删除文件夹】命令。

（2）选择要删除的文件夹，单击【删除】按钮，即可实现删除命令。

（3）将文件夹拖曳到【删除】按钮即可删除文件夹。

上面 3 种方法都可以实现删除文件夹命令，如果文件夹中包含图层，删除文件夹时会弹出提示框“删除此图层文件夹也会删除其中的嵌套图层。确实要删除此图层文件夹吗？”，单击【是】按钮，则删除文件夹及文件夹下嵌套的图层，如图 7-17 所示。

图 7-17 删除文件夹

3. 图层移入、移出文件夹

创建图层文件夹后，文件夹内是没有图层的，需要选择图层，按住鼠标左键将其移动到文件夹下面，则图层移入文件夹中，如图 7-18 所示。

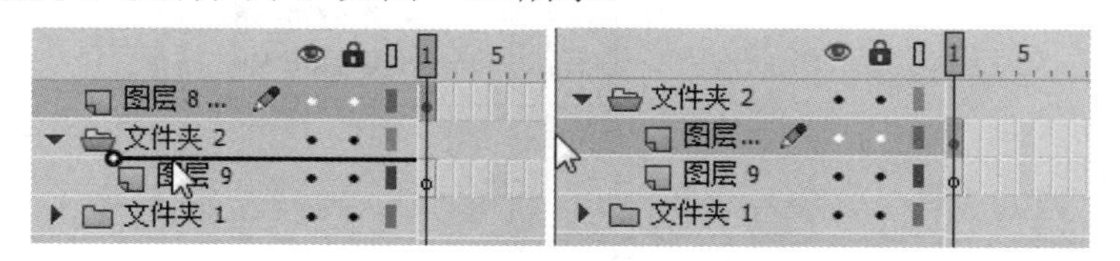

图 7-18 移入文件夹

选择图层，按住鼠标左键将其移动到文件夹外，图层即移出文件夹，如图 7-19 所示。

4. 折叠、展开文件夹

创建文件夹后，文件夹内可以包含多个图层，不对文件夹内的图层进行操作时，可以将文件夹折叠，需要对文件夹内的图层进行操作时，可以展开文件夹。具体操作为：右击文件夹图层，在弹出的快捷菜单中执行【展开文件夹】、【展开所有文件夹】、【折叠文件夹】或【折叠所有文件夹】命令，实现折叠、展开文件夹的操作。

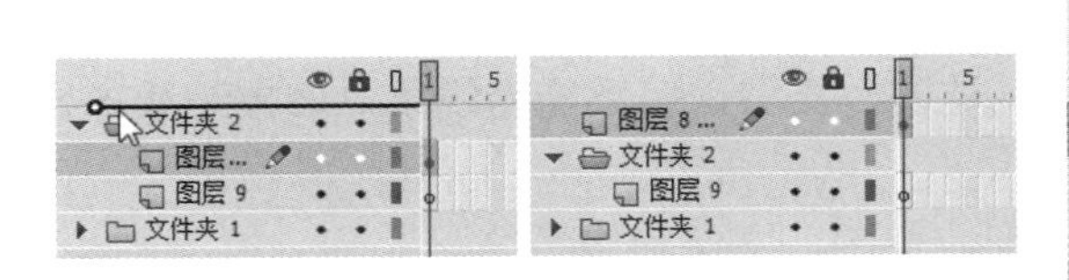

图 7-19　移出文件夹

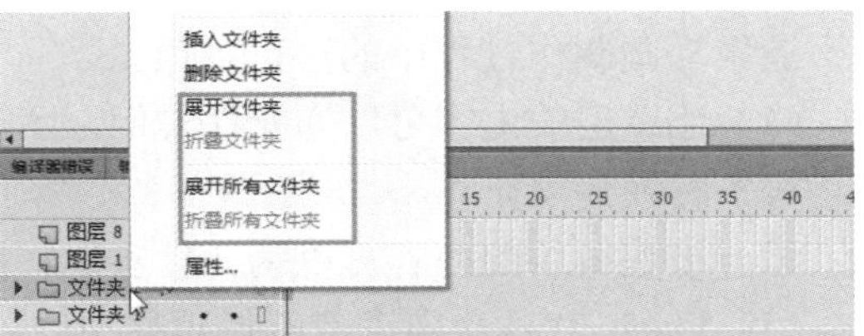

图 7-20　折叠、展开文件夹

7.1.4　创建遮罩动画

遮罩动画是 Flash 软件中一个非常重要的动画类型，使用遮罩动画可以制作丰富多彩的动画效果，如图形切换、画布展开、字幕变化等动画效果。

（1）遮罩动画需要两个图层，一个是遮罩层，一个是被遮罩层。遮罩层的内容决定了最后遮罩动画显示的形状、轮廓。被遮罩层的内容为遮罩动画所显示的内容，而显示范围为遮罩层所提供的，如图 7-21 所示。

遮罩层提供轮廓　　被遮罩层提供显示内容　　遮罩动画效果

图 7-21　遮罩层与被遮罩层的关系

（2）创建遮罩动画时，需要先制作两个图层，遮罩层放在上面，被遮罩层放在遮罩层下面。右击上面的图层，在弹出的快捷菜单中执行【遮罩层】命令，即创建了遮罩动画，如图 7-22 所示。

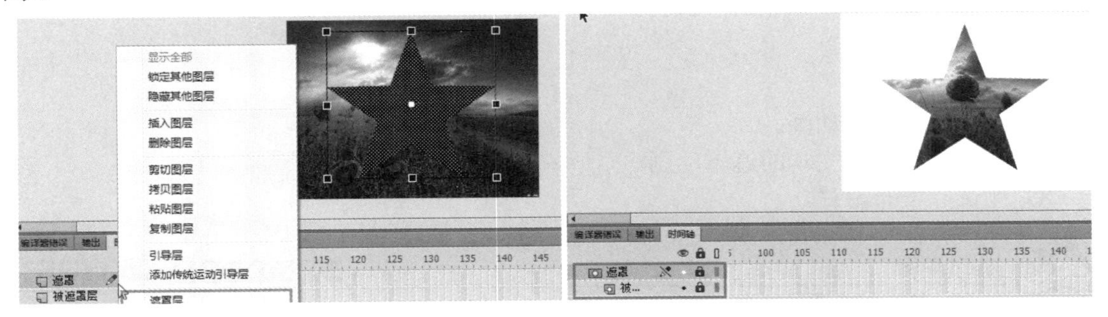

图 7-22　创建遮罩动画

（3）创建好遮罩动画后，下面的被遮罩层移到遮罩层下方。同时，遮罩层图标变换为，被遮罩层的图标变成。单击锁定按钮，将遮罩层与被遮罩层锁定，即可看到遮罩动画效果。

7.1.5 遮罩动画应用注意事项

遮罩动画制作过程中的注意事项。

（1）遮罩层的内容可以为元件实例、图形、位图、文字，但不能为线条，如果是线条，需要将线条转换为填充。

（2）被遮罩层的内容可以为元件实例、图形、位图、文字和线条等。

（3）Flash 软件会自动忽略遮罩层中内容的颜色、透明度、样式等属性，会将所有的填充区域认定为遮罩范围。

（4）在编辑窗口中如果需要显示遮罩效果，需要将图层锁定。

（5）一个遮罩层下面可以有多个被遮罩层为一对多的关系。

（6）遮罩层如果为多个组合的对象，系统会识别其中一个作为遮罩层，其他对象不识别。所以最好将多个组合分散后再转换为一个元件实例。

7.2 引导动画

7.2.1 课堂实例 2——铅笔写字

利用引导线动画制作铅笔逐渐写出文字的效果，如图 7-23 所示。

实例分析

本实例主要通过引导线动画制作铅笔写字的效果，通过引导线动画，引导铅笔按照文字书写的路径运动。利用遮罩动画，逐渐显示文字内容，主要制作过程如下。

（1）新建文档，并保存。
（2）导入铅笔素材、背景素材。
（3）输入文本。
（4）添加运动引导层。
（5）绘制引导线。
（6）制作传统补间动画。
（7）制作逐渐显示文本的遮罩动画。
（8）测试并发布影片。

图 7-23 利用引导线制作的动画截图

START

1. 新建文档，并保存

新建 ActionScript 3.0 文档，并将文档保存为“铅笔写字.fla”。舞台大小默认为 550×400 像素。

2. 导入素材

执行【文件】→【导入】→【导入到库】命令，在弹出的对话框中，将素材中“第 7 章层与高级动画\实例 1 图片切换”文件夹中的“背景.jpg”素材和“铅笔.png”素材导入到库中。

3. 设置背景

将“图层 1”重命名为“背景”，将“背景.jpg”素材放置在舞台上，覆盖整个舞台。

4. 输入文本

选择【文本工具】，设置文本大小为 96，颜色为黄色，字体样式为“Viadimir Script”，输入如图 7-24 所示的文字。

图 7-24　输入文本

5. 添加运动引导层

（1）新建一个“铅笔”图形元件，将“铅笔.png”拖放到“铅笔”元件内。

（2）新建一个“铅笔”图层，将“铅笔”图形元件拖放到舞台上。右击“铅笔”图层，在弹出的快捷菜单中，执行【添加传统运动引导层】命令，则在“铅笔”图层上面新建了一个运动引导层，如图 7-25 所示。

图 7-25　创建运动引导层

6. 绘制引导线

如图 7-26 所示，在“引导层”图层上，按照文字的笔画顺序使用【铅笔工具】对文字“happy new year”，绘制铅笔的运动路径。注意运动路径相邻比较近的情况，尽量不要交叉，不要断线，绘制后可使用【平滑】工具进行平滑处理。

7. 创建传统补间动画

选择“铅笔”图层中的“铅笔”元件实例，使用【任意变形工具】，将铅笔图形的变形控制点移动到笔尖的位置，如图 7-27 所示。

图 7-26　绘制路径

图 7-27　移动变形控制点

右击第 1 帧，创建传统补间动画。在第 1 帧，将铅笔的控制点移动到路径的起点位置，在第 80 帧插入关键帧，将“铅笔”元件的控制点移动到路径结束的位置。

注意

如果引导线动画没有成功，可能的原因是引导线不连贯，或者引导线交叉地方过多，系统识别不出。可以通过分段引导来实现引导动画。

8. 遮罩动画

（1）在文本“happy new year”上新建一个“遮罩”图层，并设置为“遮罩层”，创建遮罩动画。

（2）在工具箱中选择【刷子工具】，设置刷子的形状为圆形，大小为最大。选择“遮罩层”的第 1 帧，将需要显示的文本覆盖。

（3）依次添加关键帧，将遮罩层的遮罩范围扩大到铅笔经过的位置，如图 7-28 所示。

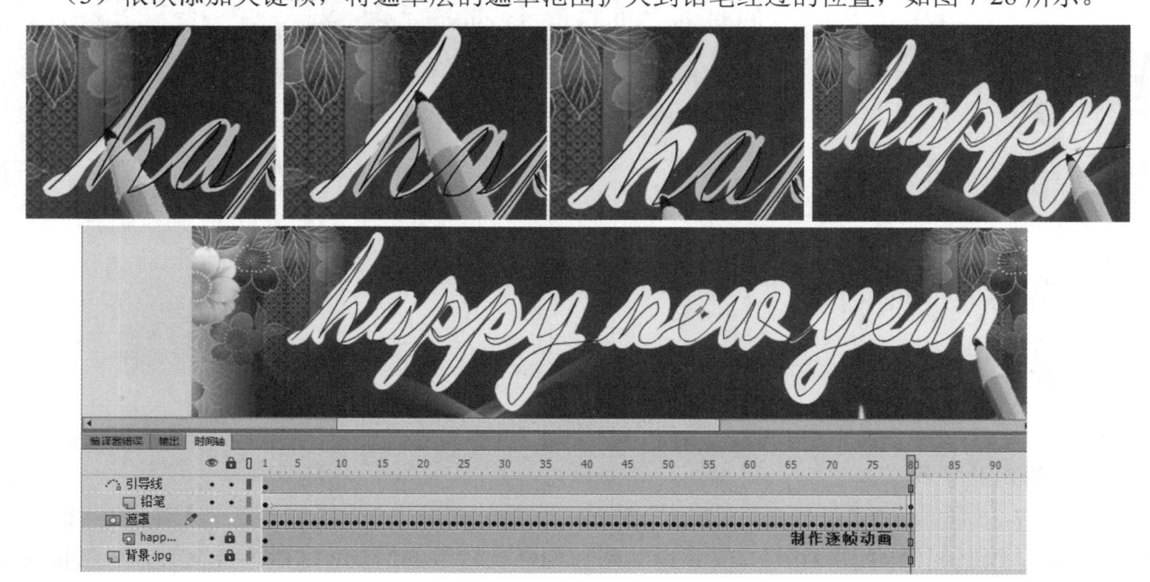

图 7-28　文字逐渐显示

9. 发布影片

按【Ctrl+Enter】快捷键测试并发布影片。

START

上面的实例中通过引导线动画和遮罩动画呈现了铅笔写字的效果。通过上面的操作步骤，可以将文字边缘线作为引导动画路径，效果如图 7-29 所示。

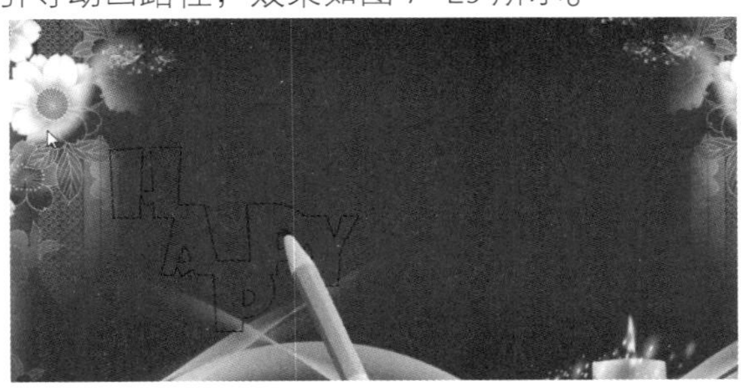

图 7-29　举一反三动画实例

7.2.2　引导层分类

引导层可以分为普通引导层和运动引导层。

（1）普通引导层：在普通引导层下方没有被引导层，而主要作用是在绘制图形或者制作动画时起辅助作用，在该图层上绘制辅助线，发布影片时看不到辅助线。

（2）运动引导层：在图层上绘制路径，被引导层上的对象按照路径运动，区别如图 7-30 所示。

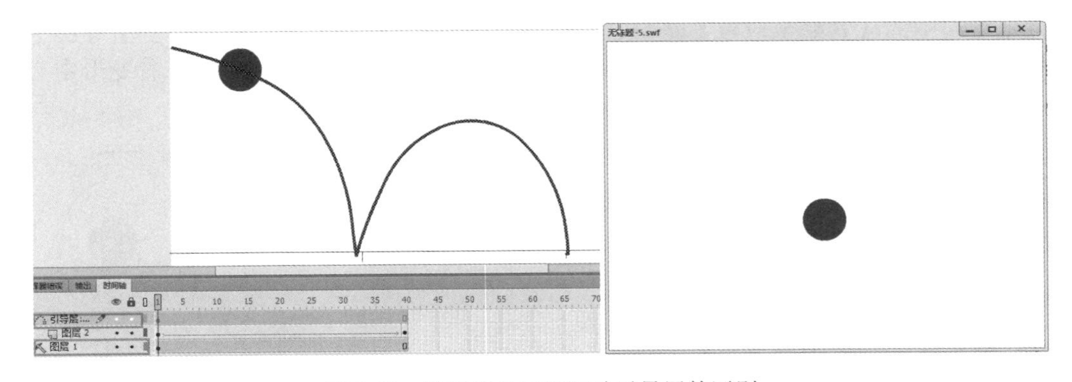

图 7-30　普通引导层和运动引导层的区别

如图 7-30 所示，普通引导层的图标为🔨，下方没有被引导层，在制作动画过程中起辅助功能。运动引导层下方有被引导层，图标为⌒，表示创建了引导线动画，可以引导被引导层中的对象按照绘制的路径运动。

运动引导层和普通引导层中绘制的内容，发布影片后都不显示。

7.2.3　创建引导动画

在创建引导动画时，至少需要制作两个图层，一个是运动引导层，一个是创建传统补间动画的普通图层。

创建引导线动画的步骤如下。

（1）新建一个图层，在这个图层中创建一个传统补间动画，引导线动画只引导传统补间动画。例如，制作一个小球的位置移动，如图 7-31 所示。

（2）在一个普通图层上右击，在弹出的快捷菜单中执行【添加传统运动引导层】命令，如图 7-32 所示。

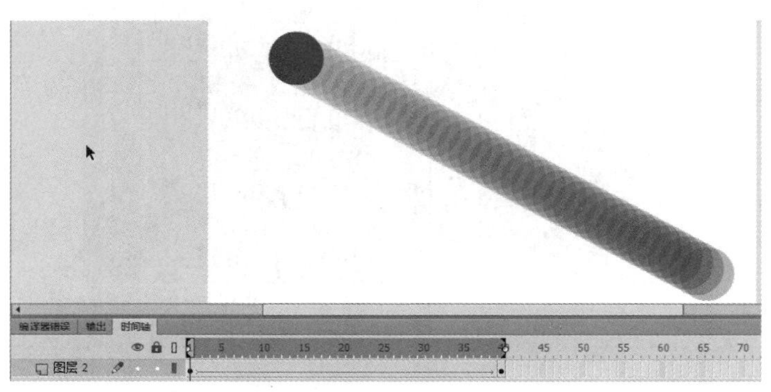

图 7-31　制作传统补间动画

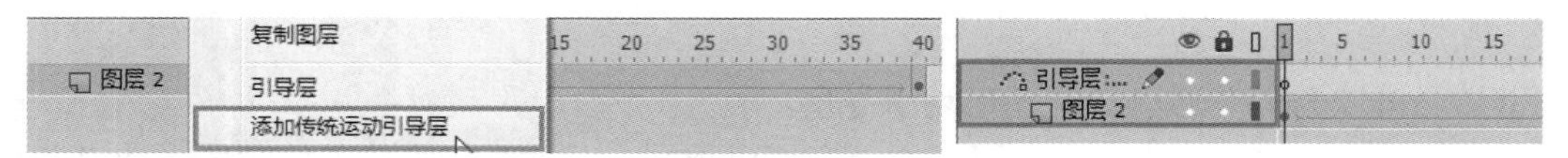

图 7-32　添加运动引导层

（3）在添加的引导图层上，使用【线条工具】绘制引导路径，绘制路径时注意路径的连贯和流畅。

将工具箱中的【紧贴至对象】按钮选中，这样引导的对象会自动吸附到引导线上。补间动画的对象是否吸附在引导线上，主要以对象的变形中心的控制点为参照，看变形中心控制点是否在引导线上，如图 7-33 所示。

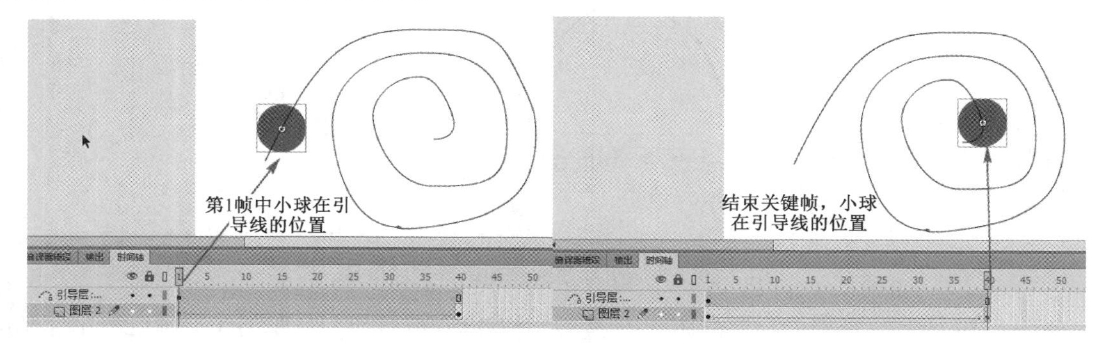

图 7-33　设置引导的起始位置

另一种创建补间动画的方法是，将绘制好的普通图层拖到普通引导层下面，这样普通引导层转换为运动引导层，如图 7-34 所示。

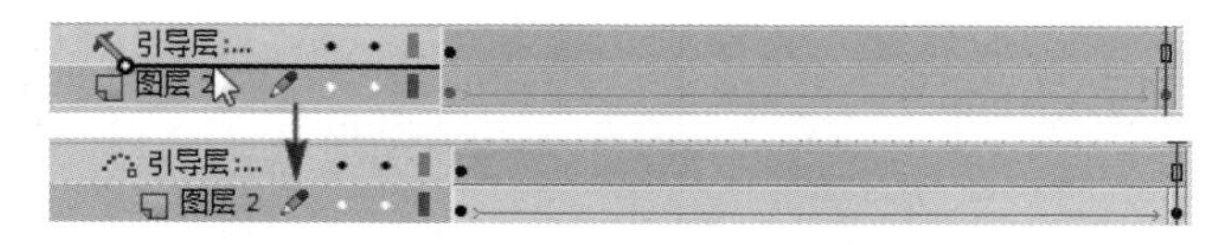

图 7-34　普通引导层转换为运动引导层

7.2.4　引导线动画制作中的注意事项

引导线动画制作过程中的注意事项有以下几点。

（1）引导线动画在制作时，至少需要两个图层，一个图层绘制引导路径，另一个图层创建传统补间动画。

（2）一个引导层可以有多个被引导层，是一对多的关系。

（3）绘制的引导线需要流畅，中间不间断，否则运动引导不会成功。

（4）绘制的引导线不能封闭，要有起点和终点。如果运动路径为封闭路径，则 Flash 软件会自动识别最短路径进行引导。

（5）引导线转折处的线条转弯不宜过急、过多，否则 Flash 无法准确判定对象的运动路径。

（6）使用【紧贴至对象】，可以方便地将对象吸附到引导线上，方便操作。

（7）引导线在最终的发布动画中是不可见的，所以可以使用普通引导层做辅助线。

知识拓展——图层的管理

在 Flash 动画制作中，需要创建很多图层，过多的图层会增加时间轴的高度，会显得很混乱，所以需要合理地管理图层。

（1）在制作动画时，分层的一般规律是将动与不动的对象放置在不同的图层上，方便动画的制作。

（2）把运动规律不同、速度不同的对象放置在不同的图层上进行动画制作。例如，需要制作人物走路，那么人物四肢、头、身体等的运动过程不同，所以需要将人体的不同部分进行分层处理。

（3）图层比较多时，可以建立文件夹来管理图层。例如，遮罩动画、引导线动画需要两个以上的图层，是一对多的关系。当被遮罩层或被引导图层比较多时，可以将其放置在一个文件夹中管理。

（4）对于比较复杂的动画，尽量避免增加主场景中图层的数量，可以将动画嵌套在影片剪辑或图形元件中，这样既减少了图层的数量，又方便操作。

本章小结与重点回顾

本章详细介绍了层的应用技巧和使用不同性质的层来制作高级动画。通过本章的学习，要了解并掌握层的基本操作，例如，图层的新建、删除、复制、粘贴和图层的文件夹，以及图层的锁定、隐藏、显示轮廓的实现方式的设置。本章通过两个实例学习了遮罩动画和引导线动画的制作方法和操作步骤，用户应灵活应用制作动画的各种方法，制作出丰富多彩的 Flash 动画。

课后实训 7

课堂练习 1——制作转动的地球

本实例采用遮罩动画来完成，地球的形状为遮罩层，来分别显示正面地图和背面地图，形成地球转动的效果，实例效果如图 7-35 所示。

操作提示

（1）绘制一个放射性渐变的圆，再复制两个图层，分别作为遮罩层。

（2）将地图的图案放置在遮罩层下面，分别制作向左、向右的补间动画。如图 7-36 所示。

图 7-35　旋转地球动画截图

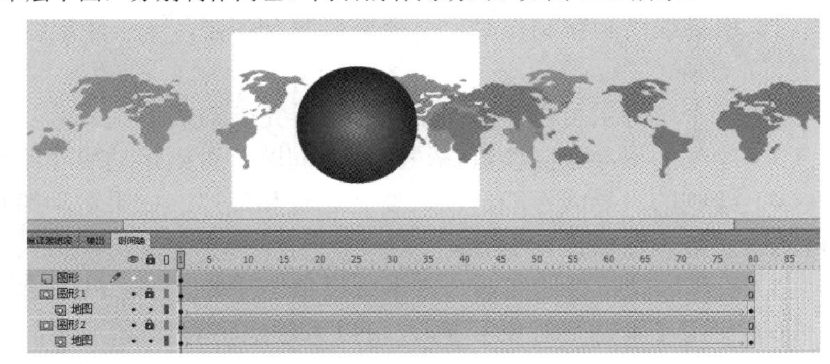

图 7-36　遮罩制作

课堂练习 2——花瓣飘落

本实例利用引导线动画制作花瓣下落的动画效果，如图 7-37 所示。

操作提示

在引导层上绘制多条向下的引导线，而被引导层为多个花瓣的传统补间动画，按不同的路径下落，如图 7-38 所示。

图 7-37　花瓣下落动画截图

图 7-38　制作花瓣下落动画

课后习题 7

1．选择题

（1）“时间轴”面板上层的 图标有何作用？（　　）

A．确定运动种类　　　　B．确定某层上有哪些对象

C．确定元件有无嵌套　　D．确定当前图层是否显示

（2）遮罩层制作必须要用两层才能完成，下面哪一种描述正确？（　　）

A．上面的层称为遮罩层，下面的层称为被遮罩层

B．上面的层称为被遮罩层，下面的层称为遮罩层

C．上下层都为遮罩层

D．以上答案都不对

（3）被引导层是（　　）动画形式。

A．补间动画　　B．传统补间动画

C．形状补间动画　　D．补间动画和传统补间动画

（4）遮罩层的元素可以包括下面哪些内容？（　　）

A．线条、图形、实例元件　　B．元件实例、图形、位图、文字

C．元件实例、图形、位图、线条　　D．元件实例、图形、线条、文字

2．填空题

（1）时间轴面板上面的 3 个图标分别表示__________、________和____________。

（2）引导层可以分为_________和________。

3．简答题

（1）如何创建遮罩动画？

（2）引导层包括哪些分类？主要区别是什么？

（3）遮罩动画制作过程中注意事项有哪些？

3D 动画

学习目标

Flash 3D 工具是 Flash CS4 版本以上增加的功能，用户可使用【3D 平移工具】和【3D 旋转工具】对舞台上的影片剪辑实例在虚拟的 3D 空间中进行平移和旋转。本章主要学习 Flash【3D 平移工具】和【3D 旋转工具】的操作和应用。

- Flash 3D 空间的基本概念。
- Flash【3D 平移工具】的操作和应用。
- Flash【3D 旋转工具】的操作和应用。

学习目标

- 使用【3D 平移工具】设置纵向运动效果。
- 使用【3D 旋转工具】对实例对象进行各个角度旋转。
- 利用“变形”面板进行 3D 旋转操作。

8.1 3D 平移

8.1.1 课堂实例 1——远处驶来的汽车

实例综述

本实例采用【3D 平移工具】实现小车从远处驶来的动画效果，通过设置汽车影片剪辑元件实例的 Z 轴属性值来体现纵深的透视效果，如图 8-1 所示。

图 8-1　小车纵向行驶动画截图

实例分析

本实例主要通过对影片剪辑元件实例制作补间动画，设置 Z 轴属性来实现汽车的纵深运动。主要制作过程如下。

（1）新建文档，并保存。

（2）打开外部库，导入背景及汽车素材。

（3）新建图层，将背景及汽车影片剪辑放置在舞台上。

（4）设置透视点的位置。

（5）制作汽车从远处驶来的补间动画。

（6）测试并发布影片。

操作步骤　START

1. 新建文档，并保存

新建 ActionScript 3.0 文档，并将文档保存为“远处驶来的汽车.fla”。舞台大小设置为 800×400 像素。

2. 导入素材

（1）执行【文件】→【导入】→【打开外部库】命令，在弹出的对话框中，将素材中的“第 8 章 3D 动\实例 13D 平移\素材.fla”文件导入到库。

（2）将“图层 1”重命名为“背景”。将“库-素材.fla”面板中的“背景”图形元件放置在舞台上，设置图片宽 800 像素，高 400 像素，覆盖舞台。

（3）新建一个图层，重命名为“汽车”，将“库-素材.fla”面板中的“汽车”影片剪辑元件放置在背景上，如图 8-2 所示。

图 8-2　导入素材

3. 设置透视点的位置

选择“汽车”影片剪辑实例，在“属性”面板中将消失点设置为路消失的尽头，即整个场景的透视点，如图 8-3 所示。使用鼠标在消失点设置的 X、Y 的输入框中拖动，改变数值，或者直接输入数值，X 值为 400，Y 值为 286。

图 8-3　设置消失点

4. 制作汽车从远处驶来的补间动画

（1）选择“汽车”图层第 1 帧，右击，在弹出的快捷菜单中执行【创建补间动画】命令。

（2）在两个图层的第 80 帧插入关键帧。

（3）选择工具箱中的【3D 平移工具】，在第 1 帧单击“汽车”实例元件，用鼠标单击汽车中间的黑点，拖动鼠标即可改变元件实例 Z 轴的位置。移动绿色箭头改变 Y 轴坐标，移动红色箭头移动 X 轴坐标，或者在属性面板输入 X 坐标值为 0，Y 轴坐标值为 800，Z 轴坐标值为 4000，如图 8-4 所示。

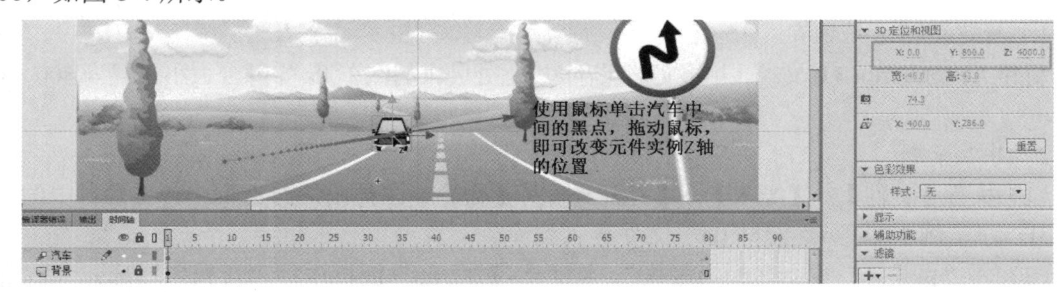

图 8-4　使用【3D 平移工具】改变 Z 轴位置

（4）选择补间动画的第 80 帧，单击“汽车”实例元件，用鼠标单击汽车中间的黑点，拖动鼠标，改变元件实例 Z 轴的位置移动到道路前段，值为 0。移动绿色箭头改变 Y 轴坐标，移动红色箭头移动 X 轴坐标，或者在属性面板输入 X 坐标值为 0，Y 轴坐标值为 800，Z 轴坐标值为 0，如图 8-5 所示。

图 8-5　设置第 80 关键帧属性

5. 测试并发布影片

举一反三　START

按照相似的制作过程，可以制作正面角色的纵深运动。例如，可以实现卡通小猪的纵向运动，效果如图 8-6 所示。

操作提示

小猪的影片剪辑为逐帧动画，显示小猪正面走路的循环动画。将背景及角色动画放置在舞台上，为小猪做补间动画。在起始关键帧和结束关键帧上设置 X、Y、Z 轴的坐标位置。

根据运动路径的变化，可以用【选择工具】对小猪纵向运动路径进行弯曲处理，如图 8-7 所示。

图 8-6　小猪向前走动画截图

图 8-7　改变小猪运动路径

8.1.2　Flash 3D 空间基本概念

Flash 3D 操作是在 Flash CS4 版本以后增加的新功能，可以在舞台的 3D 空间中移动和旋转影片剪辑来创建 3D 效果。

Flash 通过在每个影片剪辑实例的属性中增加了 Z 轴的属性，来表示 3D 空间。可以想象，3D 空间的 Z 轴方向是垂直于屏幕的，舞台屏幕的坐标值为 0，当 Z 坐标的属性值为正数时，实例对象向屏幕里面移动，当 Z 坐标的属性值为负数时，实例对象向屏幕外面移动。

在 3D 术语中，在 3D 空间中移动对象称为平移，在 3D 空间中旋转对象称为变形。将这两种效果中的任意一种应用于影片剪辑后，Flash 会将其视为一个 3D 影片剪辑，每当选择该影片剪辑时就会显示一个重叠在其上面的彩色箭头。红色表示 X 轴方向，绿色表示 Y 轴方向，蓝色表示 Z 轴方向，如图 8-8 所示。

1. 全局 3D 空间和局部 3D 空间

全局 3D 空间即为舞台空间。全局变形和平移与舞台相关。

局部 3D 空间即为影片剪辑空间。局部变形和平移与影片剪辑空间相关。

3D 平移和旋转工具的默认模式是全局。若要在局部模式中使用这些工具，单击工具箱“选项区”中的【全局】切换按钮，选中该按钮则表示“全局 3D 空间”，否则表示“局部 3D 空间”，使用快捷键【D】来进行切换，如图 8-9 所示。

在全局 3D 空间中，只能看到 X 轴和 Y 轴的方向箭头，与舞台的 X 轴和 Y 轴方向一致，而 Z 轴由中间的黑点表示，用鼠标选择后拖动可以改变 Z 轴的值。

图 8-8　坐标箭头　　　　图 8-9　全局 3D 空间与局部 3D 空间

2. 透视角度

在影片剪辑的“属性”面板上有一个照相机图标 55.0 ，可调整透视角度，默认值为 55，透视角度取值范围为 1～180。

简单理解，透视角度就像照相机镜头，通过调整透视角度值，可将镜头推近拉远，如图 8-10 所示。

图 8-10　透视角度的区别

3. 消失点

消失点确定了视觉方向，同时消失点确定了 Z 轴走向，Z 轴始终指向消失点。在影片剪辑“属性”面板中消失点的图标 X: 275.0 Y:200.0 处可以改变消失点 X 和 Y 轴的坐标，可将消失点设置在舞台的任何位置，系统默认消失点在舞台中心即（275，200）。

当改变消失点坐标值时，在舞台中会出现横竖交叉的线段，交叉点为所确定的消失点，如图 8-11 所示。

图 8-11　设置消失点

8.1.3　3D 平移

对影片剪辑实例对象进行 3D 平移操作如下。

（1）将影片剪辑实例对象添加到舞台上，在工具箱中选择【3D 平移工具】（或按【G】快捷键）。单击需要操作的对象，如果在全局 3D 空间上，出现 X、Y 的控制箭头和 Z 轴的控制黑色，鼠标单击进行拖曳即可改变实例对象在 3D 空间中的位置。若在局部 3D 空间上，如果 X、Y 轴方向上有角度旋转，则可以看到红色的 X 轴箭头、绿色的 Y 轴箭头和蓝色的 Z 轴箭头，鼠标单击拖曳即可改变位置。

（2）选择影片剪辑实例属性后，可以在“属性”面板的“3D 定位和视图”选项来调整图像的 X 轴、Y 轴和 Z 轴的数值。

（3）在 3D 空间中移动多个选中对象时，可以使用【3D 平移工具】移动其中一个选定对象，其他对象将以相同的方式移动。

8.2　3D 旋转

8.2.1　课堂实例 2——构建室内空间

实例综述

本实例采用【3D 旋转工具】，将室内空间的几个面进行旋转，设置 X、Y、Z 轴的坐标位置，组合成一个一点透视效果的室内空间效果，如图 8-12 所示。

图 8-12　室内空间

实例分析

本实例主要通过对影片剪辑元件实例进行旋转，并确定其在 3D 空间的位置，构建一个室内空间。主要制作过程如下。

（1）新建文档，导入素材库。

（2）新建影片剪辑元件。

（3）放置室内空间的 5 个面。

（4）测试并发布影片。

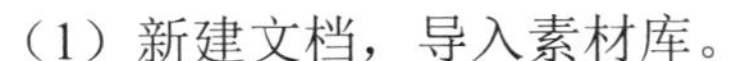

操作步骤　START

1. 新建文档，导入素材库

新建 ActionScript 3.0 文档，并将文档保存为“室内空间.fla”。舞台大小设置为 800×600 像素。

2. 导入素材

（1）执行【文件】→【导入】→【打开外部库】命令，在弹出的对话框中，将素材中“第

8 章 3D 动\实例 23D 旋转\素材.fla”文件导入到库中。将素材库中室内空间的 5 个面导入到本地库中，如图 8-13 所示。

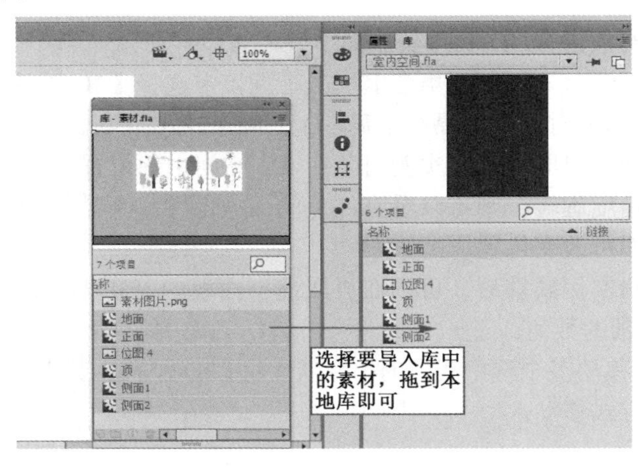

图 8-13　导入素材

（2）导入的素材如图 8-14 所示。

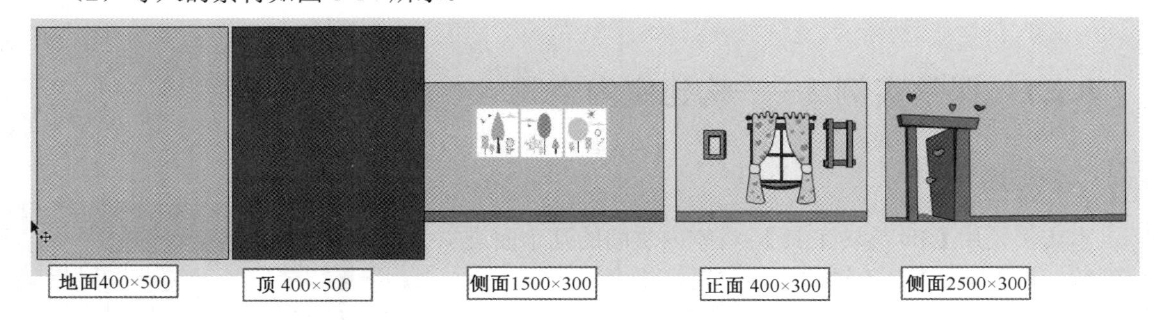

图 8-14　5 个面的素材

所有的元件素材在影片剪辑的位置为 X：0，Y：0。这样在构建室内空间时，都是以元件左上角（0，0）坐标的位置来确定元件实例的位置，如图 8-15 所示。

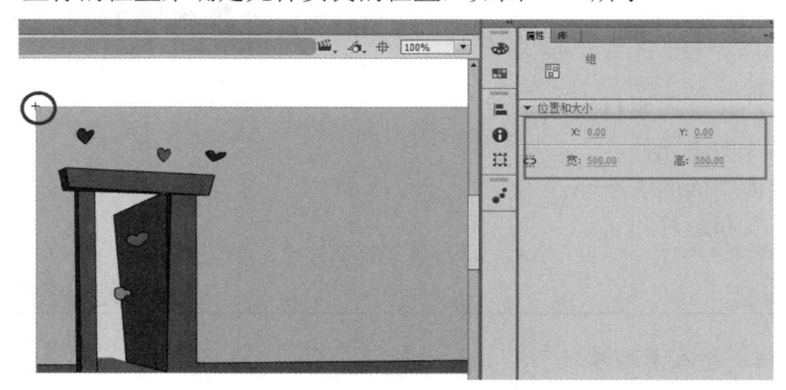

图 8-15　设置坐标

3．构建室内空间

（1）新建一个“室内空间”影片剪辑，打开影片剪辑的编辑窗口来逐渐构建室内空间。

（2）将“正面”元件拖放到舞台上，设置 X 轴坐标为 0，Y 轴坐标为 0，Z 轴坐标为 0，如图 8-16 所示。

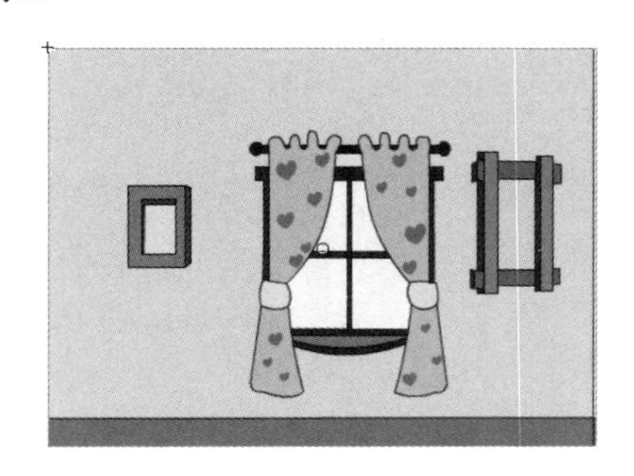

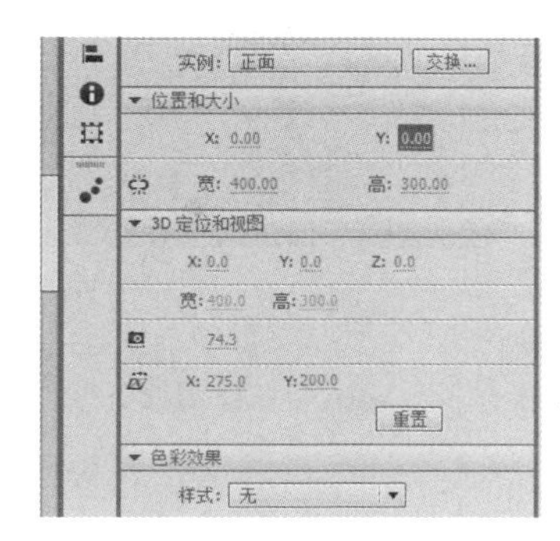

图 8-16　设置正面墙面

（3）将“侧面 1”元件拖放到舞台上，使用【3D 旋转工具】，将其沿 Y 轴旋转 90°。为了准确设置，可选择“变形”面板，在“3D 旋转”中设置 Y 轴旋转设置为 90°。需要将旋转后的墙面与其他墙面对接，所以设置 X 轴坐标为 0，Y 轴坐标为 0，Z 轴坐标为 0，如图 8-17 所示。

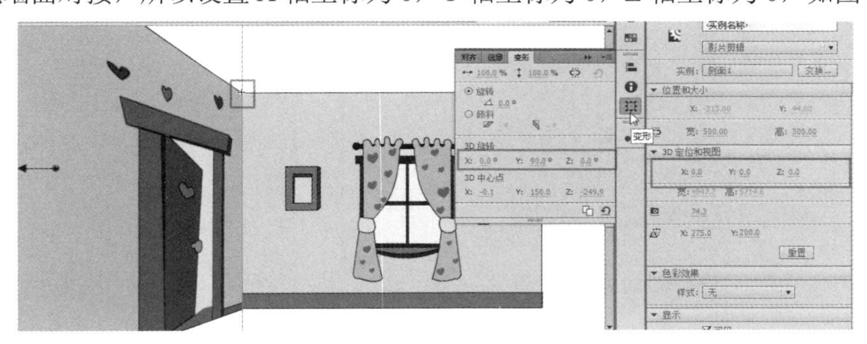

图 8-17　设置“侧面 1”墙面

（4）将“侧面 2”元件拖放到舞台上，使用【3D 旋转工具】，将其沿 Y 轴旋转 90°。可选择“变形”面板，将其“3D 旋转”中 Y 轴旋转设置为 90°。需要将旋转后的墙面与其他墙面对接，所以设置 X 轴坐标为 400，Y 轴坐标为 0，Z 轴坐标为 0，如图 8-18 所示。

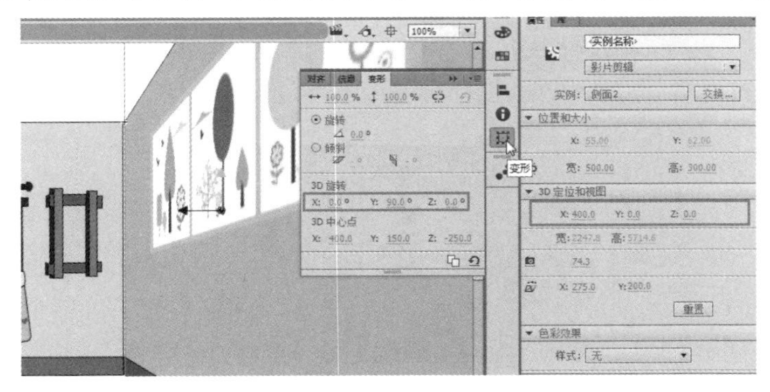

图 8-18　设置“侧面 2”墙面

（5）将“顶”元件拖放到舞台上，使用【3D 旋转工具】，将其沿 X 轴旋转-90°。可选择“变形”面板，将其“3D 旋转”中 X 轴旋转设置为-90°。需要将旋转后的墙面与其他墙面对接，所以设置 X 轴坐标为 0，Y 轴坐标为 0，Z 轴坐标为 0，如图 8-19 所示。

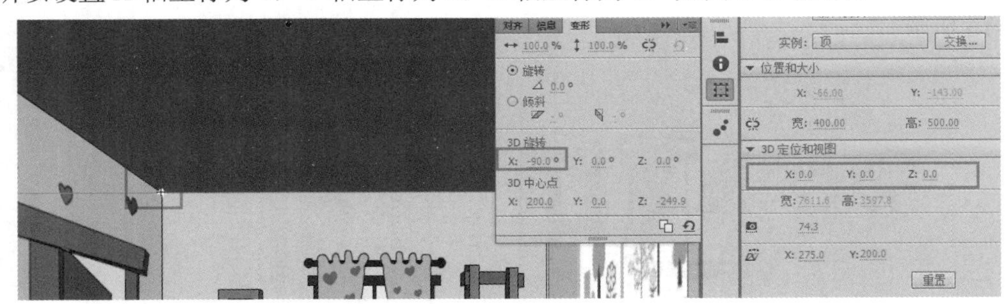

图 8-19　设置“顶”墙面

（6）用同样的方法设置地面的位置。将其沿 X 轴旋转-90°。设置 X 轴坐标为 0，Y 轴坐标为 300，Z 轴坐标为 0，如图 8-20 所示。

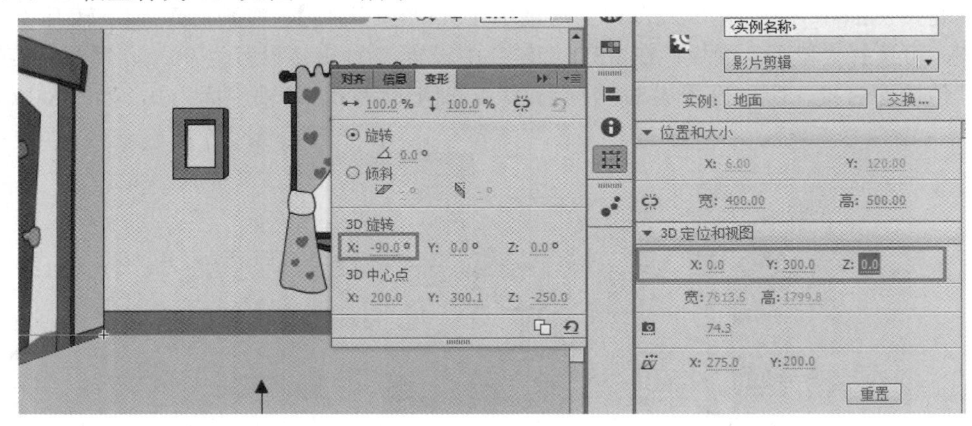

图 8-20　设置地面

4. 测试并发布影片

举一反三　START

按照上面实例的操作过程，可以制作旋转的立方体实例。准备 6 个同样大小的图片的影片剪辑，通过 3D 旋转，将 6 个面拼接为一个立方体，再将立方体拖放到舞台上，制作补间动画即可，如图 8-21 所示。

图 8-21　旋转立方体

8.2.2 3D 旋转

对影片剪辑实例对象进行 3D 旋转与进行 3D 平移操作类似。【3D 旋转工具】的操作如下。

（1）将影片剪辑实例对象添加到舞台上，在工具箱面板中选择【3D 旋转工具】（或按【W】快捷键）。

如图 8-22 所示，红色线表示对 X 轴进行选择，绿色线表示对 Y 轴进行选择，蓝色线表示对 Z 轴进行选择。最外层的橙色箭头表示可以对 X、Y 轴进行自由旋转。

（2）选择影片剪辑实例属性后，可以用“变形”面板中的“3D 旋转”来调整图像的 X 轴、Y 轴和 Z 轴的数值，如图 8-23 所示。

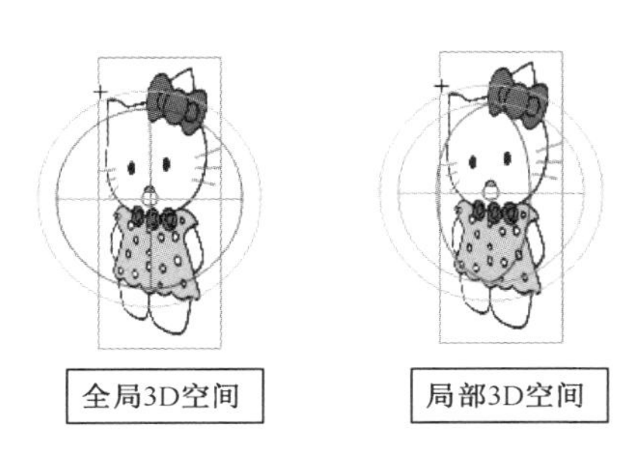

图 8-22　旋转工具

图 8-23　设置旋转角度

3．在 3D 空间中对多个选中对象变形时，可以使用【3D 选择工具】移动其中一个选定对象，其他对象将以相同的方式移动，如图 8-24 所示。

图 8-24　选择多个对象

知识拓展——透视

在背景绘制中，透视主要分 3 种：平行透视、成角透视、倾斜透视。前面构建室内空间的实例中主要呈现一点透视的绘制原理，该实例除了采用【3D 旋转工具】来实现，还可以采用下面的绘制过程。

一点透视，给人以整齐、平展、稳定、庄严的感觉，如图 8-25 所示。在平行透视中，画面的中心点即为消失点，且只有一个消失点。

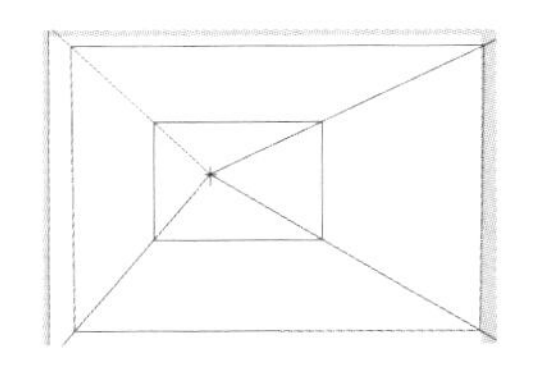
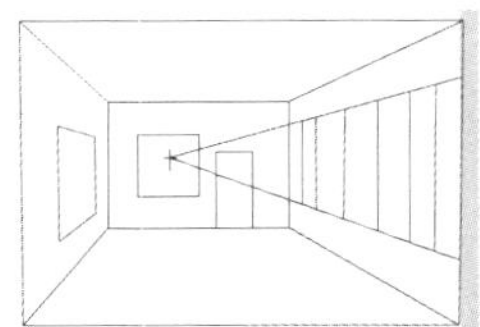
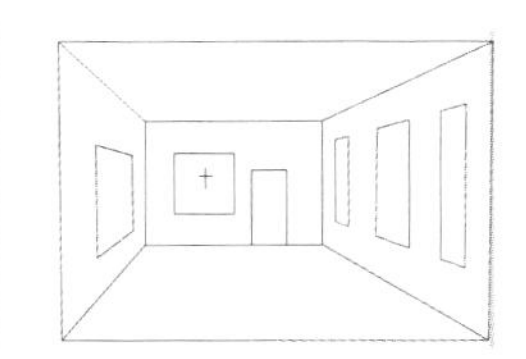

图 8-25　一点透视背景绘制

平行视角是指镜头（欣赏者的视点）与画面保持平行。它的优点是稳定、容易让大家接受。缺点是频繁地使用平行视角，会引起动画整体的平叙，毫无生气。

本章小结与重点回顾

本章主要通过两个实例说明了 Flash【3D 平移工具】和【3D 旋转工具】的操作和使用。需要明确 Flash 3D 空间的基本概念，3D 空间的组成、消失点、透视角度等设置。需要重点掌握的是如何在 Flash 3D 空间中，使用 Flash 【3D 平移工具】和【3D 旋转工具】对影片剪辑实例对象进行平移和旋转操作。而对旋转、平移准确度要求比较高的情况下，可以结合“属性”面板和“变形”面板来输入数值，准确定位。

课后实训 8

课堂练习——扇扇子

本实例主要应用【3D 旋转工具】，实现扇扇子的动画效果，效果如图 8-26 所示。

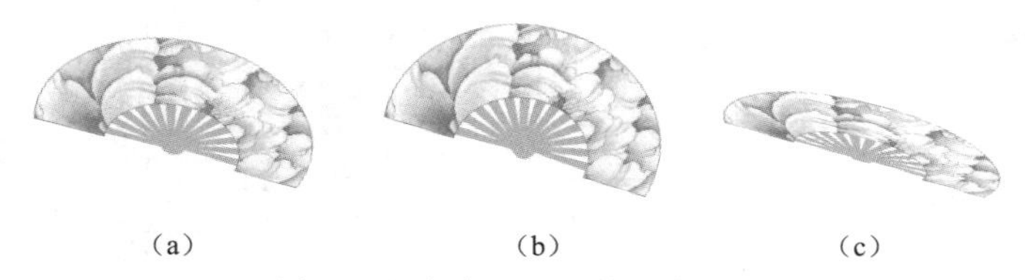

（a）　　（b）　　（c）

图 8-26　扇扇子动画的 3 个画面

课后习题 8

1．选择题

（1）【3D 平移工具】的元素包括（　　）。

A．影片剪辑　　B．影片剪辑、图形元件

C．图形元件、按钮　　D．影片剪辑、图形元件、按钮

（2）【3D 平移工具】的快捷键为（　　）。

A．【W】　　B．【Q】　　C．【G】　　D．【V】

（3）【3D 旋转工具】的快捷键为（　　）。

A．【W】　　B．【Q】　　C．【G】　　D．【V】

2．填空题

（1）只能对____________实例元件实现 3D 旋转。

（2）在全局 3D 空间中，使用 3D 平移，拖动中间__________可改变 Z 轴的位置。

3．简答题

（1）全局 3D 空间和局部 3D 空间的区别是什么？

（2）如何实现 3D 旋转操作？

外部素材的应用

学习目标

Flash 软件可以导入外部的图像素材、视频素材和音频素材，来增加 Flash 动画的画面效果。本章主要介绍如何导入外部素材及对外部素材的操作和应用。

- 导入位图素材及位图操作处理。
- 导入其他格式图形素材。
- 导入视频及视频设置。
- 导入音频及设置音频的同步方式。

重点难点

- 将位图转换为矢量图。
- 导入序列图片。
- 声音同步方式的设置。

9.1　图像素材的应用

9.1.1　课堂实例 1——制作公益提示牌

实例综述

本实例主要是实现将位图文件导入到 Flash 软件中，将位图转换为图形、矢量图后，组合为需要的动画效果，如图 9-1 所示。

图 9-1　公益提示牌

实例分析

本实例的导入图片素材的操作前面实例中已经介绍过了，在这里再进行详细地说明。本实例主要包括以下制作过程。

（1）新建文档，并保存。

（2）处理背景素材。

（3）将背景素材分离后转换为“形状”，进行处理。

（4）导入宣传栏素材，将位图转换为矢量图，进行处理。

（5）添加宣传语。

（6）测试并发布影片。

操作步骤 START

1. 新建文档，并保存

新建 ActionScript 3.0 文档，并将文档保存为“公益提示牌.fla”。舞台大小设置为 800×400 像素。

2. 处理背景素材

（1）执行【文件】→【导入】→【导入到舞台】命令，在弹出的对话框中，将素材中“第 9 章外部素材的应用\实例 1 导入位图\背景.png”文件导入到舞台。

（2）将“图层 1”重命名为“背景”。将背景图片放置在舞台上，图片边缘部分有白色条状区域，如果需要删除部分背景图片，可以按快捷键【Ctrl+B】将图片分离，或者选中图片右击，在弹出的快捷菜单中执行【分离】命令，将“位图”转换为“形状”。

（3）选择【选择工具】，使用鼠标拖曳，选择右侧白色区域，按【Delete】键即可，如图 9-2 所示。

图 9-2　位图分离选择部分区域

3. 导入广告栏素材

（1）新建“广告栏”图层，执行【文件】→【导入】→【导入到舞台】命令，在弹出的对话框中，将素材中“第 9 章外部素材的应用\实例 1 导入位图\广告栏.jpg”文件导入到舞台。

（2）导入的位图图形有很大的白色区域，可以执行【修改】→【位图】→【转换位图为矢量图】命令，将位图转换为矢量图后进行处理，如图 9-3 所示。

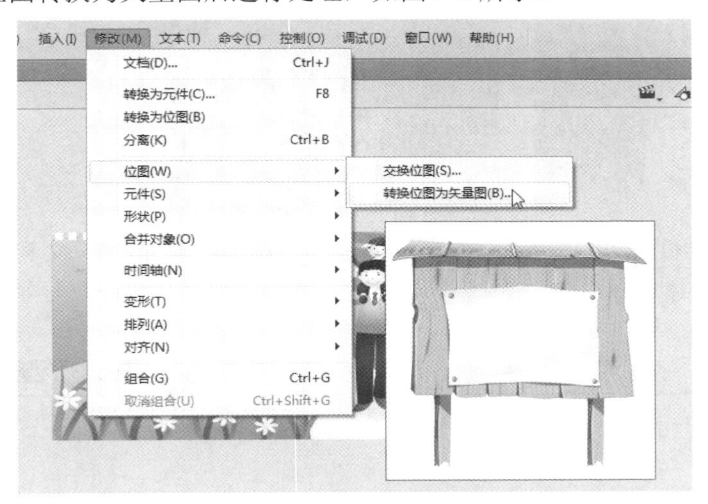

图 9-3 位图转换为矢量图

（3）执行【修改】→【位图】→【转换位图为矢量图】命令后，会弹出“转换位图为矢量图”对话框，设置如图 9-4 所示。

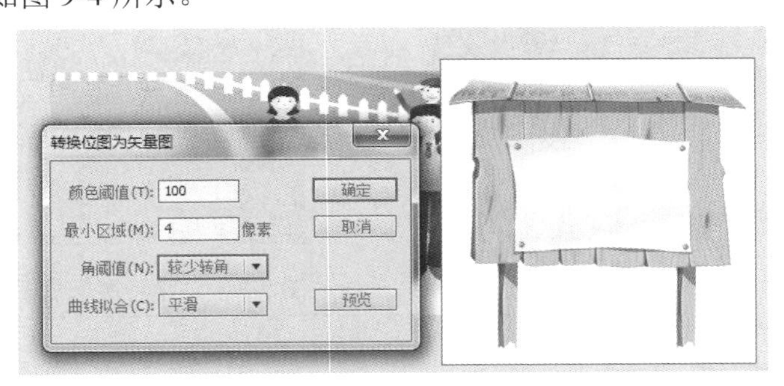

图 9-4 “转换位图为矢量图”对话框属性设置

（4）将位图转换为矢量图后，整个广告栏的位图图片即变为由不同色块组成的矢量图形，使用【选择工具】，选择外围的白色，按【Delete】键删除白色区域，如图 9-5 所示。

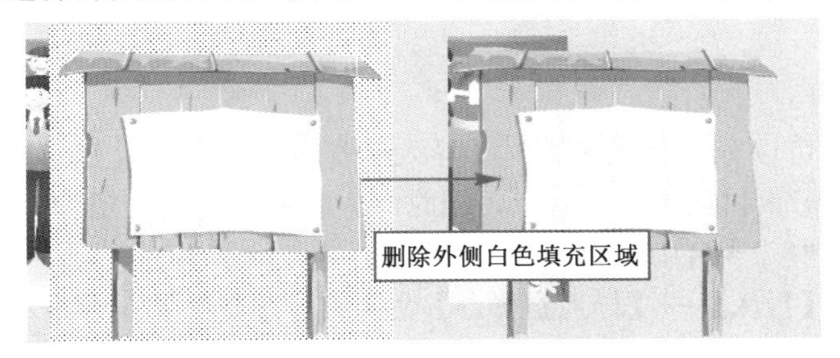

图 9-5 删除白色区域

（5）将处理好的矢量图形按【Ctrl+G】快捷键组合，使用【任意变形工具】将广告栏缩小，放置在舞台合适的位置，如图 9-6 所示。

4. 输入宣传标语

新建图层，重命名为“宣传语”，使用【文本工具】输入文字“保护环境人人有责”，设置如图 9-7 所示。用户可自行设置字体样式。

图 9-6　确定位置

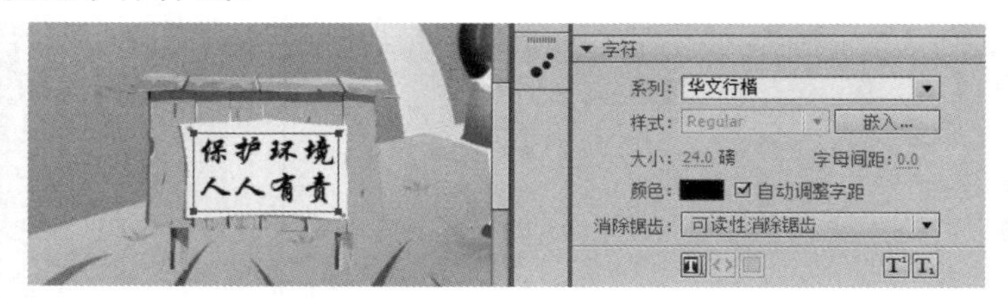

图 9-7　设置并输入文本

5. 测试并发布影片

START

利用与以上类似的制作过程，制作路标，效果如图 9–8 所示。

操作提示

本实例的操作步骤与上面的制作过程类似，不同之处在于对“路标”的图形进行位图转换矢量图处理时，为了让转换的效果更细腻，将“曲线拟合”选项设置为“非常紧密”或者“紧密”，如图 9–9 所示。

图 9-8　路标

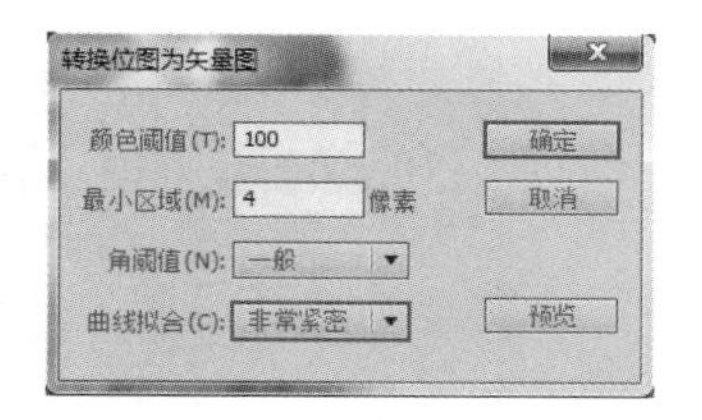

图 9-9　设置转换矢量图属性

9.1.2　导入图像素材

在 Flash 软件中可以导入位图和矢量图形。位图文件包括 PNG、JPG、GIF 和 BMP 的文件。还可导入其他软件制作的矢量图形，如 Freehand 文件、Illustrator 文件，方便动画素材的获取，丰富动画效果。

1. 导入位图素材

导入位图素材，可以分为将图像素材【导入到舞台】或【导入到库】，区别在于【导入到舞台】是将导入的图形素材放置在舞台上，同时库中也存在该位图资源，而【导入到库】则直接存放到“库”面板中，舞台中没有该图像。

执行【文件】→【导入】→【导入到舞台】命令或者【文件】→【导入】→【导入到库】命令，在弹出的“导入”对话框中选择所要导入的素材即可，可以同时导入多张，如图 9-10 所示。

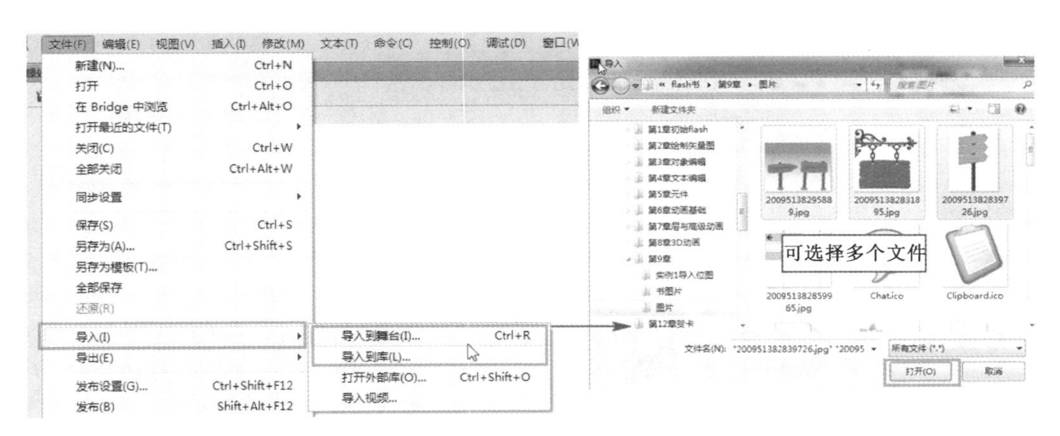

图 9-10　导入多张图片

2. 导入序列图片

在导入图像时，如果是序列图片，软件会弹出对话框提示“此文件看起来是图像序列的组成部分。是否导入序列中的所有图像？”，单击【是】按钮，则导入序列图片，单击【否】则导入单个图片，如图 9-11 所示。

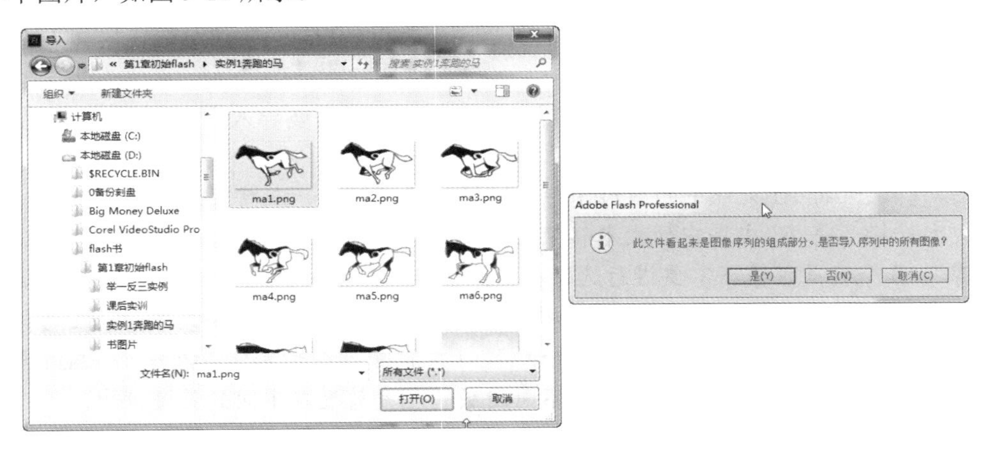

图 9-11　导入序列图片

导入后，在时间轴上会出现由序列帧组成的逐帧动画，如图 9-12 所示。

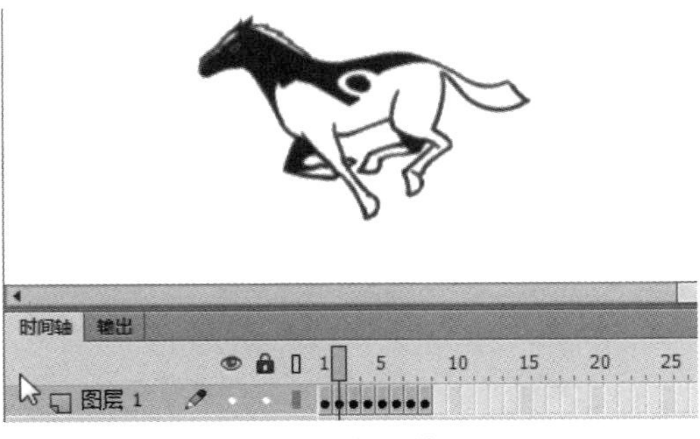

图 9-12　序列帧动画

3. 导入 GIF 格式文件

GIF 的全称是 Graphics Interchange Format（可交换的文件格式），GIF 格式提供了一种高压缩高质量的位图，GIF 格式图片文件的扩展名是“.gif”。一个 GIF 文件中可以存储多幅图片，形成了一段动画。在 Flash 中导入 GIF 格式的动画，与导入普通位图操作步骤一致，只是导入 GIF 格式的动画，实际是将 GIF 图形中存储的多张画面按照序列导入到 Flash 中，还保留原来的动画效果，如图 9-13 所示。

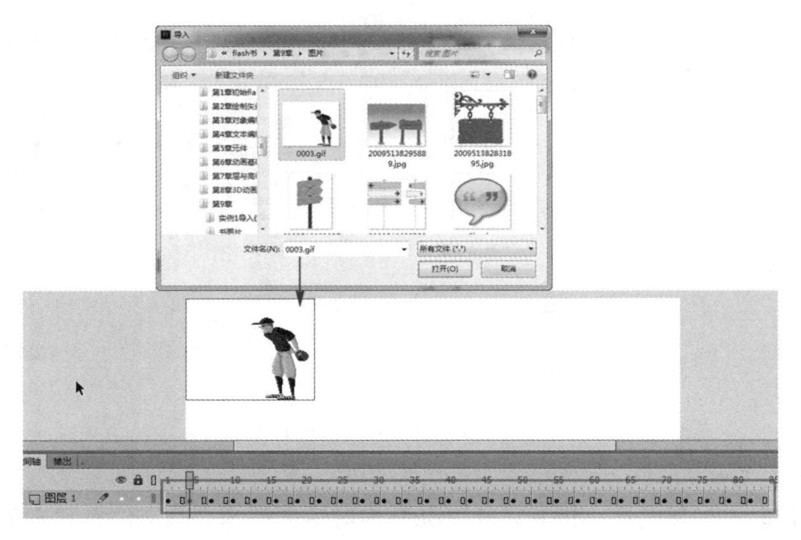

图 9-13　导入 GIF 动画

4. 导入 AI 文件

AI 即 Adobe Illustrator，是全球著名的矢量图形软件。Flash 软件中可直接导入 Illustrator 软件制作的矢量图形。

执行【文件】→【导入】→【导入到舞台】命令，选择需要导入的 AI 文件，弹出将“.ai”文件导入到舞台的对话框，如图 9-14 所示，设置如下。

- 图层转换：将 AI 文件中的图形保持可编辑的路径效果，或将图形转换为位图。
- 文本转换：将 AI 文件中的文本转换为“可编辑文本”、“矢量轮廓”和“平面化位图图像”，3 个选项可根据需要进行选择。
- 将图层转换为：“Flash 图层”表示将保持 AI 文件中原有的图层关系，将图形保存到不同的图层中。“单一 Flash 图层”表示将 AI 文件中的图形都保存在一个 Flash 图层中。而“关键帧”则表示将 AI 文件中不同图层的元素放置在不同的关键帧中。

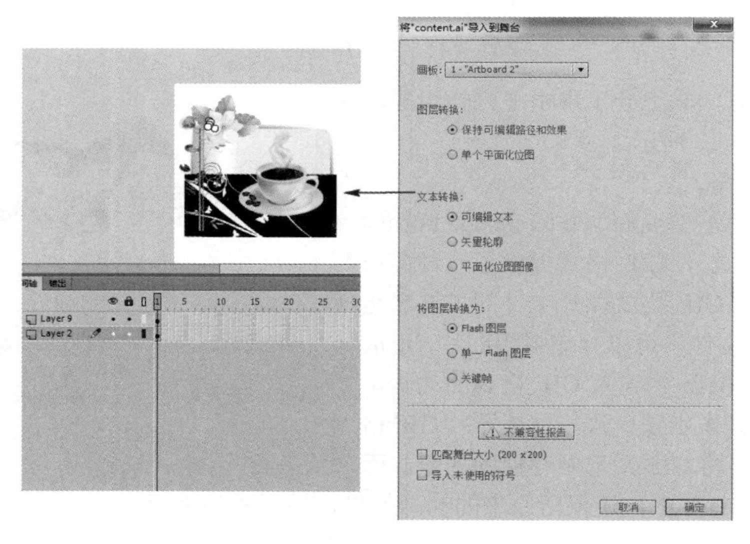

图 9-14　导入 AI 文件

5. 导入 PSD 文件

PSD 是 Adobe 公司的图形设计软件 Photoshop 的专用格式。Flash 软件可以直接导入 Photoshop 软件设计的图形图像。操作如下。

执行【文件】→【导入】→【导入到舞台】命令，选择需要导入的 PSD 文件，弹出将“.psd”文件导入到舞台的对话框，选项设置与导入 AI 文件的设置类似，需要设置“图形转换”、“文本转换”和“将图层转换为”3 个选项，如图 9-15 所示。

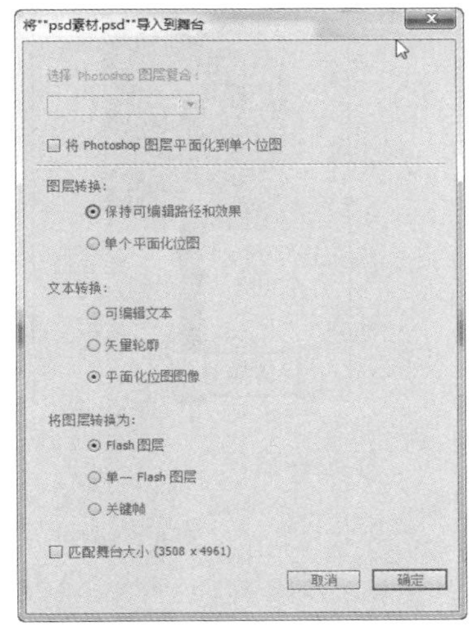

图 9-15　导入.PSD 文件

9.1.3　将位图转换为图形

把 JPG、BMP、GIF 等位图格式的文件导入到 Flash 后，如果只需要位图图像中的一部分时，就需要将位图图形转换为“形状”属性后进行处理。

右击位图，在弹出的快捷菜单中执行【分离】命令，或按【Ctrl+B】快捷键即将位图转换为“形状”，如图 9-16 所示。

分离后的位图属性为“形状”，可以使用【选择工具】、【部分选择工具】、【套索工具】和【魔术棒】进行编辑处理。例如，使用【魔术棒】选择白色区域并删除，如图 9-17 所示。

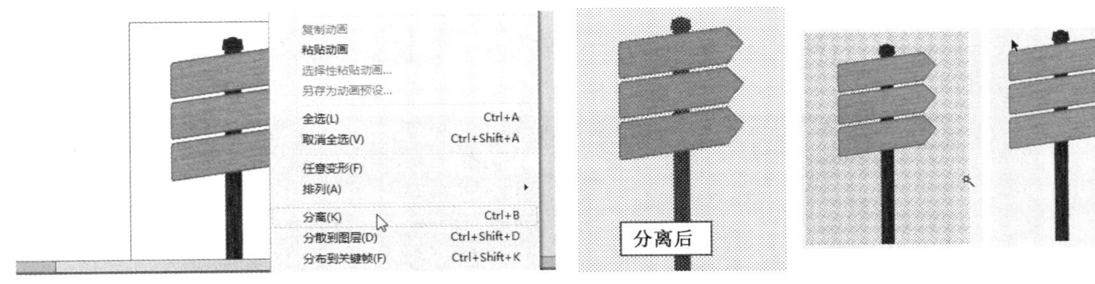

图 9-16　将位图转换为“形状”

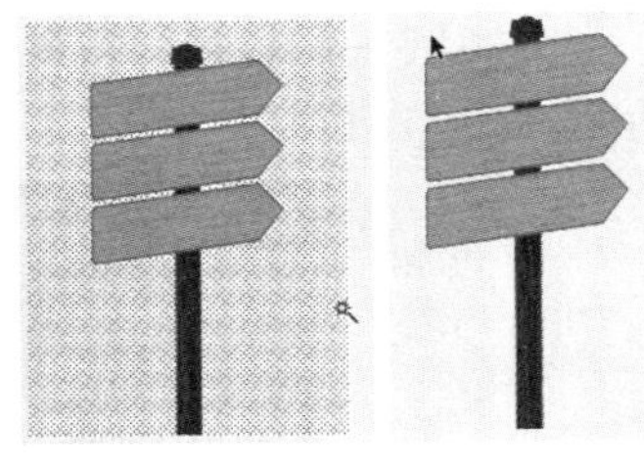

图 9-17　【魔术棒】处理图片

9.1.4　将位图转换为矢量图

在 Flash 中可以将位图转换为矢量图，选择图片，执行【修改】→【位图】→【转换位图为矢量图】命令，在弹出的“转换位图为矢量图”对话框中设置属性值，如图 9-18 所示。

- “颜色阈值”：设置位图转换矢量图的色彩细节，颜色阈值越高，颜色数量越少。其值的范围为 0～50。
- “最小区域”：设置转换矢量图时色块的大小，数值范围为 0～1000，值越大，色块越大。
- “角阈值”：设置转角的精细程度，包括较多转角、一般和较少转角 3 个选项。
- “曲线拟合”：包括像素、非常紧密、紧密、一般、平滑和非常平滑 6 个选项，用于设置图像转换过程中边缘的平滑程度。越平滑，失真度越大。所以针对色块比较大的位图图形可以选择“一般”或者“平滑”选项，而对于色块较小，绘制比较细腻的位图图像来说，可以选择“紧密”或者“非常紧密”选项。

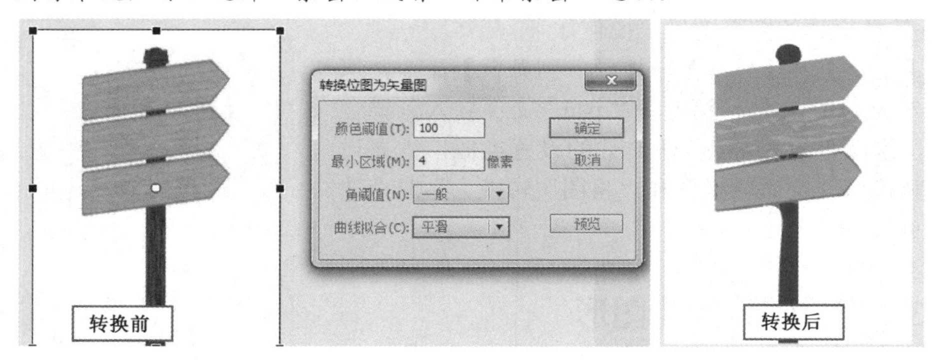

图 9-18　位图转换为矢量图

9.2　视频素材的应用

9.2.1　课堂实例 2——制作电视播放效果

实例综述

本实例主要是实现将视频文件导入到 Flash 软件中，模拟电视播放视频的效果，如图 9-19 所示。

图 9-19　电视播放动画截图

实例分析

本实例主要通过导入素材，根据视频导入的导航窗口，设置视频导入的参数。本实例主要制作过程有以下环节。

（1）新建文档，并保存。

（2）导入背景素材。

（3）导入视频素材。

（4）改变视频素材大小。
（5）设置遮罩层。
（6）测试并发布影片。

START

1. 新建文档，并保存

新建 ActionScript 3.0 文档，并将文档保存为“导入视频.fla”。舞台大小设置为 800×400 像素。

2. 导入背景素材

执行【文件】→【导入】→【导入到舞台】命令，在弹出的对话框中，将素材中“第 9 章 外部素材的应用\实例 2 导入视频\电视背景.jpg”文件导入到舞台，如图 9-20 所示。

图 9-20　添加背景

3. 导入视频素材

（1）执行【文件】→【导入】→【导入视频】命令，弹出“导入视频”导航窗口，如图 9-21 所示，单击“文件路径”后的【浏览】按钮，弹出“打开”窗口，选择视频文件“玫瑰花开.flv”，然后单击【打开】按钮。

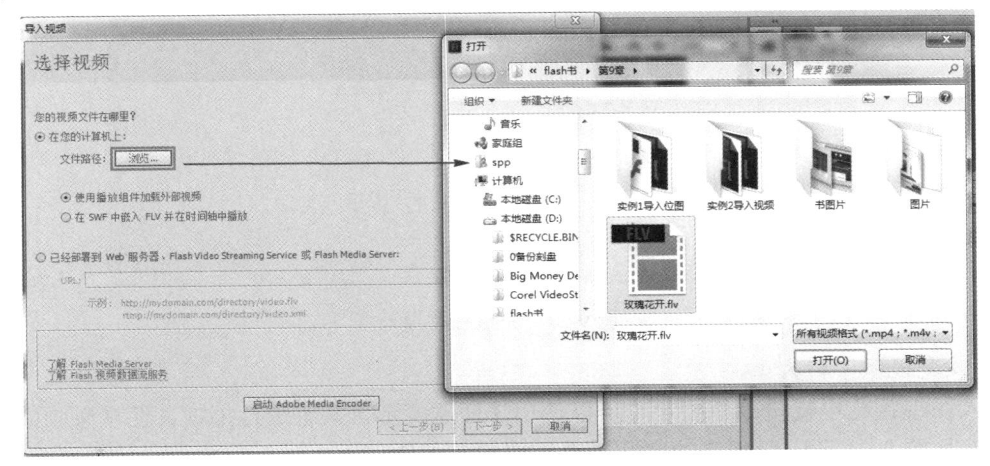

图 9-21　选择视频

（2）选择视频文件后，单击【下一步】按钮，即进入“设定外观”界面，如图 9-22 所示。由于本实例是将视频文件放置在电视机内播放，不需要导航按钮，所以在“外观”下拉列表中选择“无”。

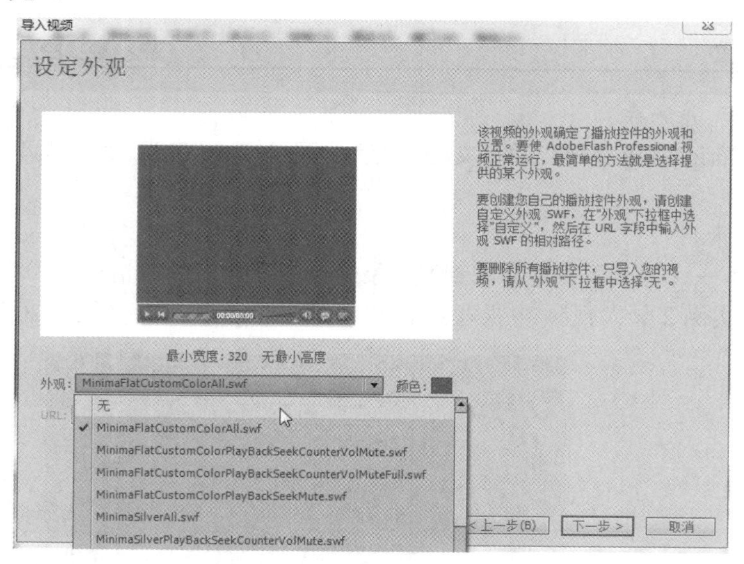

图 9-22　设定外观

（3）选择好样式后，单击【下一步】按钮，进入“完成视频导入”界面，单击【完成】按钮即完成了视频的导入，如图 9-23 所示。

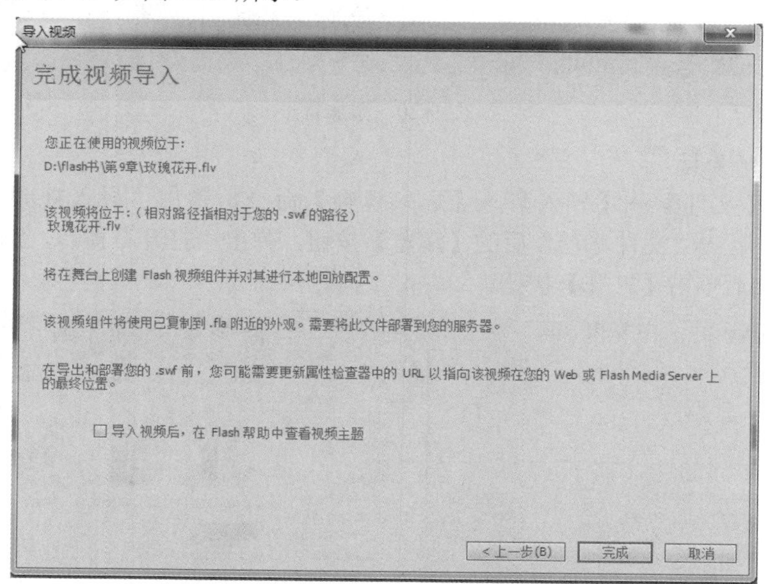

图 9-23　完成视频导入

4. 改变视频素材大小

导入的视频比电视机画框要小，所以使用【任意变形工具】进行缩放，使视频画面覆盖整个屏幕，如图 9-24 所示。视频的宽和高会按照原有的比例大小进行缩放。

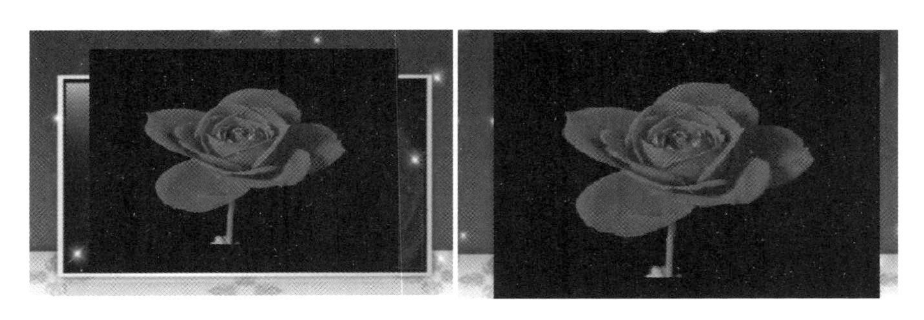

图 9-24　改变视频宽和高

5. 遮罩动画

视频的宽和高按照原有的比例大小进行缩放，高度会超过电视的边框，所以可以使用遮罩动画将多余部分隐藏。

操作过程：新建一个图形，在图层上绘制一个与电视机屏幕大小一致的矩形。在图层上右击，在弹出的快捷菜单中执行【遮罩层】命令，如图 9-25 所示。

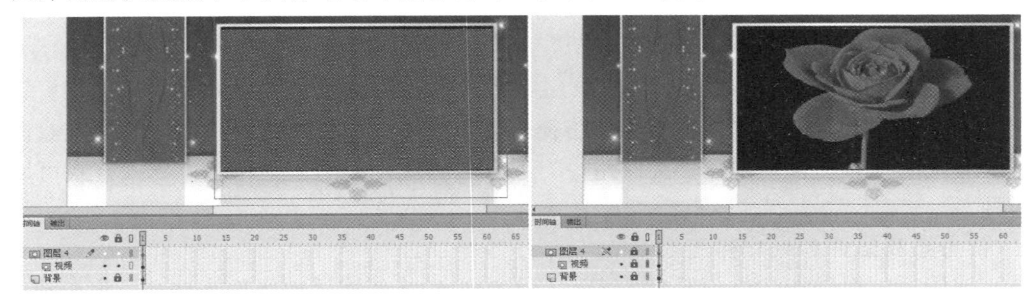

图 9-25　创建遮罩动画

6. 测试并发布影片

举一反三　START

上面的实例中，导入的视频文件没有设置播放样式，如果需要导入的视频自带控制导航按钮，可以在设置外观时选择合适的样式，如图 9-26 所示。

图 9-26　选择外观样式

9.2.2　导入视频素材

在 Flash 软件中可以导入 MOV、AVI、MPG、FLV 等格式的视频文件，执行【文件】→【导入】→【导入视频】命令，弹出“导入视频”导航窗口，如图 9-27 所示。单击“文件路径”后的【浏览】按钮，弹出“打开”窗口，选择要导入的视频文件，然后单击【打开】按钮导入视频。

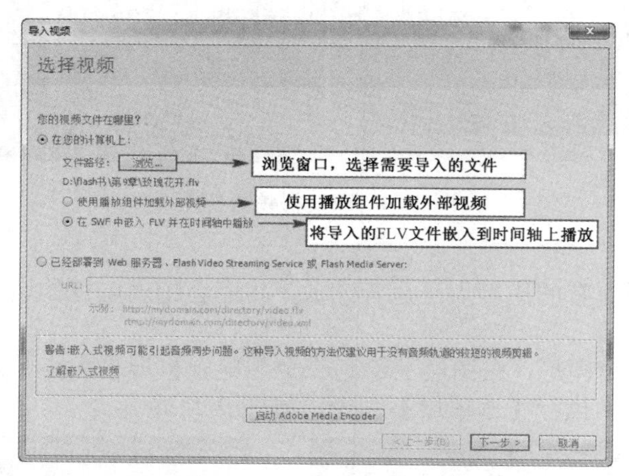

图 9-27　选择视频图

在“选择视频”界面中，单击“文件路径”后面的【浏览】按钮，在弹出的导入对话框中选择需要导入的视频文件，则在“文件路径”下方会出现视频的本地路径，导入方式可以分为以下两种。

1．使用播放组件加载外部视频

（1）使用播放组件加载外部视频，表示导入的视频将使用播放组件来加载。浏览素材后，单击【下一步】按钮进入“设计外观”界面，在“外观”的下拉列表中，系统提供了多种外观样式。而在“颜色”选项中可以设定外观的颜色，如图 9-28 所示。

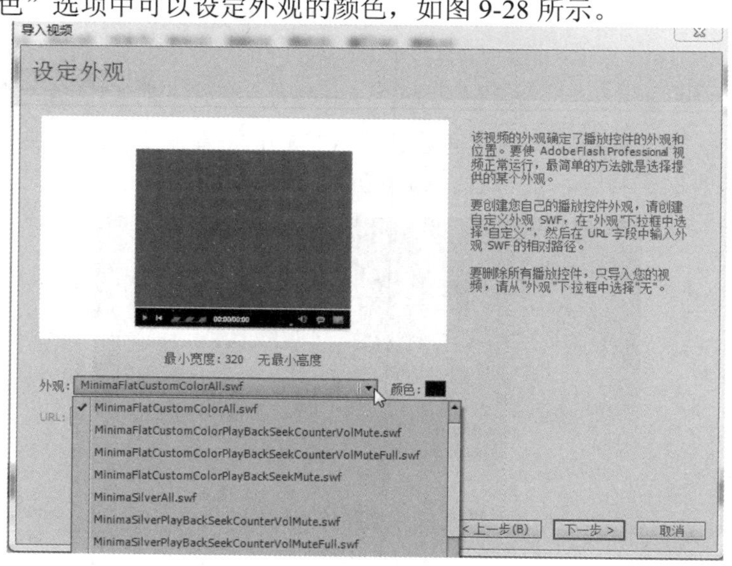

图 9-28　设定外观

（2）单击【下一步】按钮后，即进入“完成视频导入”界面，单击【完成】按钮即实现视频的导入。

（3）导入后舞台上会呈现导入的视频文件，而在“库”面板中会出现“FLVPlayback”组件的视频元素，如图 9-29 所示。

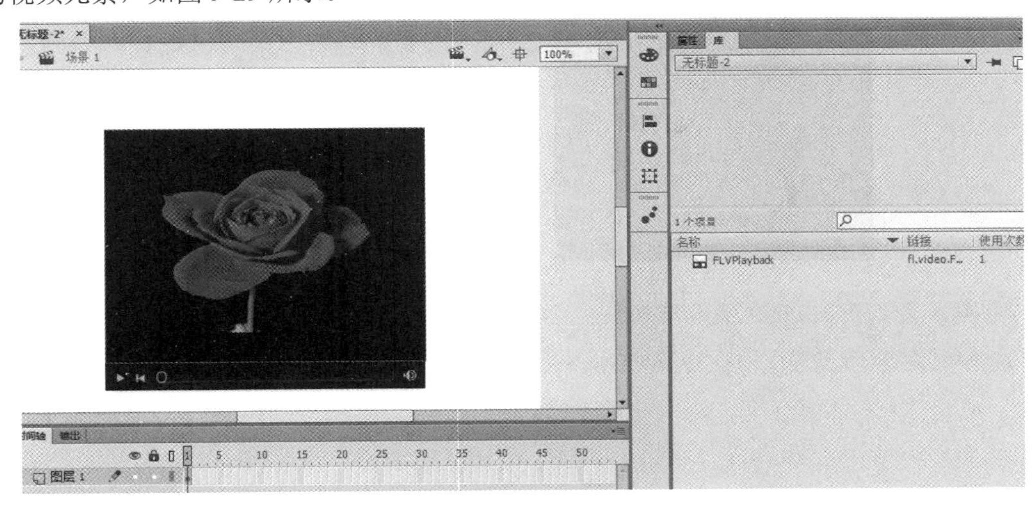

图 9-29 导入视频组件

2. 在 SWF 中嵌入 FLV 并在时间轴中播放

（1）选项“在 SWF 中嵌入 FLV 并在时间轴中播放”，表示导入的视频嵌入到时间轴上，与时间轴同步播放。

（2）当选择好导入的视频文件后，选择“在 SWF 中嵌入 FLV 并在时间轴中播放”单选框，然后单击【下一步】按钮，进入“嵌入”界面，如图 9-30 所示。

（3）在“嵌入”界面中可以选择“符号类型”，包括“嵌入的视频”、“影片剪辑”、“图形”3 种类型。3 个选项的区别在于将嵌入的视频文件放置在什么位置。例如，“嵌入的视频”将导入的视频文件放置在舞台上，而“影片剪辑”和“图形”则是将导入的视频文件嵌入到影片剪辑元件和图形元件中。

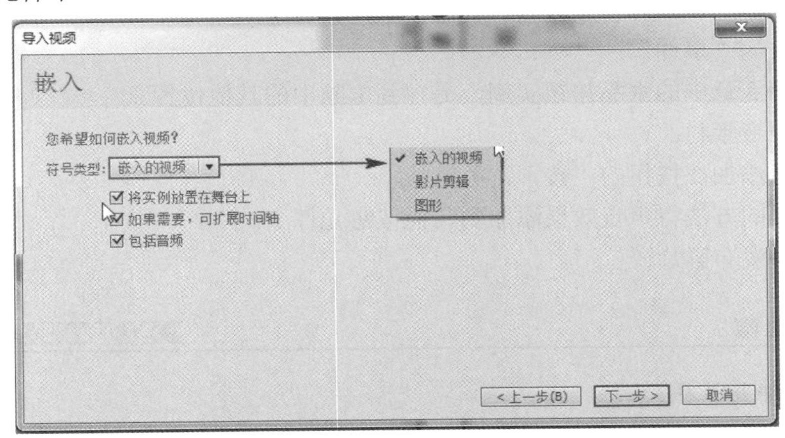

图 9-30 “嵌入”界面

（4）单击【下一步】按钮后，即进入“完成视频导入”界面，单击【完成】按钮即实现视频的导入。

（5）视频导入舞台后，视频嵌入到时间轴上，与时间轴同步，如图 9-31 所示。

图 9-31　嵌入视频

9.3　声音素材的应用

9.3.1　课堂实例 3——为按钮添加音效

实例综述

Flash 中可以导入外部的声音素材作为动画的背景音乐或音效。本实例主要为按钮添加声音，当单击按钮时，为按钮添加适当的音效。本实例为在第 5 章的水晶按钮添加音效。

实例分析

为水晶按钮添加音效时，先导入声音，将声音放置在按钮元件的鼠标“按下”帧，将声音的同步模式修改为“事件”。

（1）打开第 5 章中的水晶按钮实例，另存到电脑中的其他位置。

（2）导入声音素材。

（3）将声音添加在按钮的“按下”关键帧上。

（4）用同样的方法将声音效果添加到其他按钮元件上。

（5）测试并发布影片。

操作步骤　START

1. 打开文件并另存

打开第 5 章的水晶按钮实例，另存到电脑中的其他位置。

2. 导入声音素材

执行【文件】→【导入】→【导入到舞台】命令，在弹出的对话框中，将素材中“第 9 章外部素材的应用\实例 3 导入声音\ CLICK_10.WAV”文件导入到舞台，如图 9-32 所示。

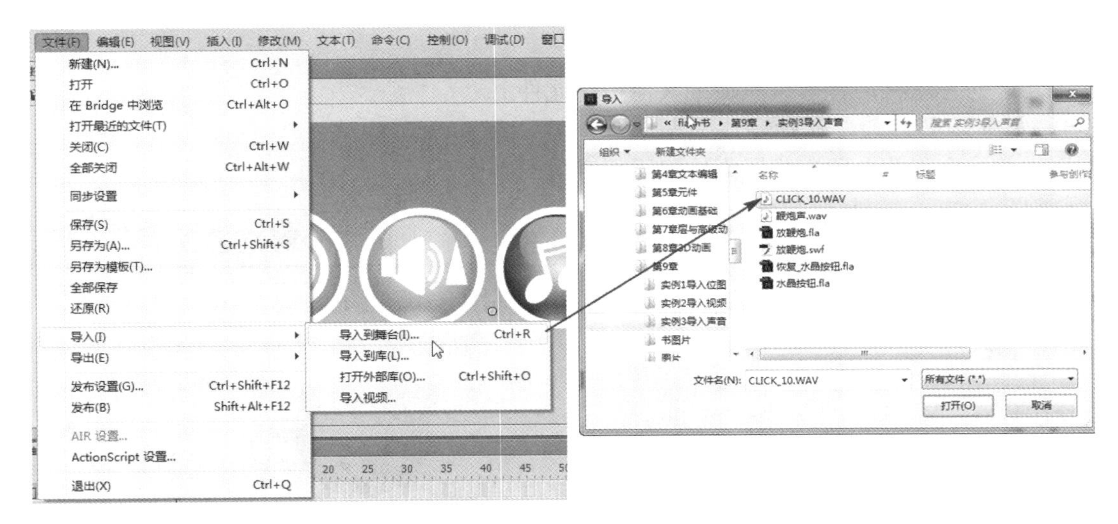

图 9-32　导入声音素材

如图 9-33 所示，添加的声音素材存储到库中。

3. 将声音添加在按钮的“按下”关键帧上

（1）在舞台上双击其中一个按钮，进入按钮元件的编辑窗口。新建一个图层，重命名为“声音”。

（2）在“声音”图层的第 3 帧（“按下”帧），插入空白关键帧（按快捷键【F7】）。

（3）在“库”面板中选择 CLICK_10.WAV 声音素材，将其拖放到舞台上，这时时间轴上出现声音的波形，如图 9-33 所示。

（4）选择“按下”帧，在“属性”面板中，将声音的同步方式设置为“事件”，如图 9-34 所示。

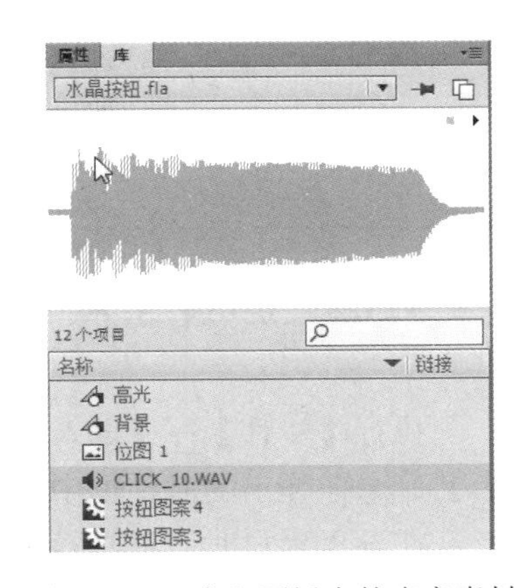

图 9-33　“库”面板中的声音素材

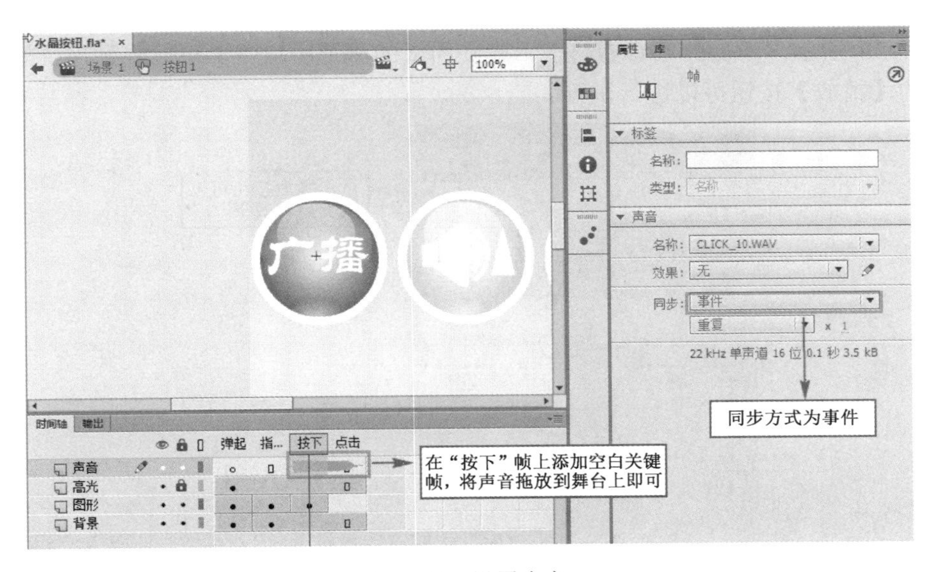

图 9-34　设置声音

4. 设置其他按钮

用同样的方法将声音效果添加到其他按钮元件上。

5. 发布影片

测试并发布影片，即完成了为按钮添加音效的操作。

举一反三 START

同理，可在按钮的“指针经过”帧添加音效，如图 9-35 所示。

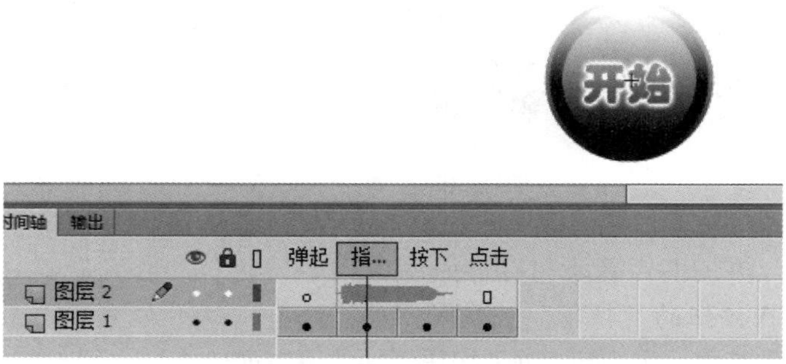

图 9-35　为“指针经过”帧添加音效

9.3.2　声音导入

执行【文件】→【导入】→【导入到舞台】命令，或者【文件】→【导入】→【导入到舞台】命令在弹出的对话框中，选择需要导入的声音文件即可导入声音。

在导入素材时可以执行【导入到舞台】或【导入到库】命令，在导入声音素材时，这两个选项的操作结果是相同的，导入的声音素材同时存放到库和舞台中，区别是执行【导入到舞台】的命令时，舞台上没有声音素材，需要进一步操作添加。

如图 9-36 所示，添加的声音素材在“库”面板的浏览窗口中，可以看到声音的波形，单击右上角的【播放】按钮可以进行试听。

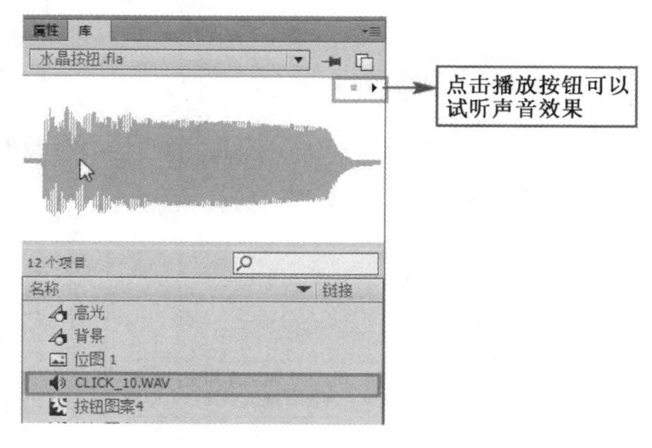

图 9-36　“库”中的声音素材

9.3.3　声音属性设置

声音导入到库中后，选择需要添加声音的关键帧，将库中的音频素材拖放到舞台上，同时在时间轴上会出现声音的波形，如图 9-37 所示。

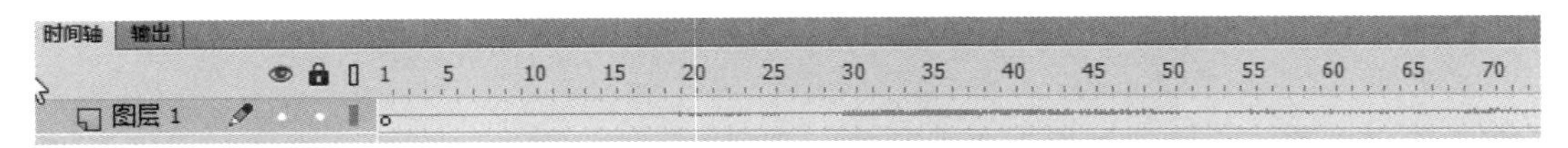

图 9-37　声音波形

选择放置声音的帧，在帧的“属性”面板中可以实现对声音属性的设置，如图 9-38 所示。

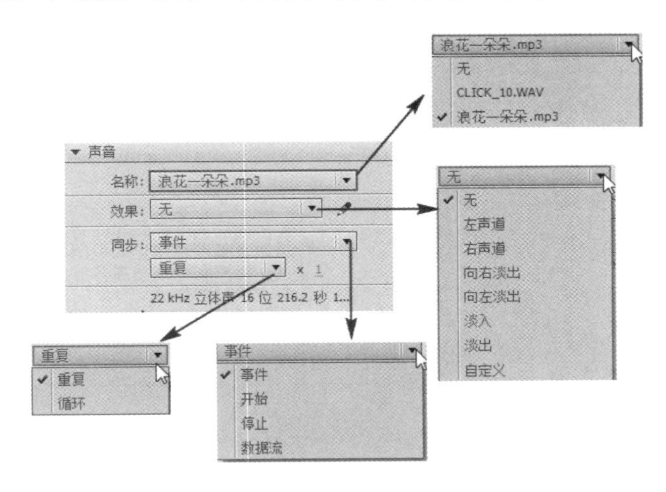

图 9-38　设置声音属性

声音属性主要包括“名称”、“效果”和“同步”方式。

（1）“名称”：显示当前使用的声音的名称，下拉列表中呈现的是库中导入的所有声音素材，在此可以切换为其他的声音素材。

（2）“效果”：效果的下拉列表中包括无、左声道、右声道、向右淡出、向左淡出、淡入、淡出、自定义 8 个选项，通过“效果”属性设置不同的参数，就可以让声音及左、右声道发生不同的变化。

（3）“同步”：指影片与声音的同步方式，包括事件、开始、停止和数据流 4 个选项。

- “事件”：声音与触发事件同步播放。在 Flash 中，声音的触发事件一般为进入加载声音的关键帧。即当动画播放加载开始声音的帧时，声音开始播放，而无论后面的动画长短，在不关闭动画的情况下，都会将声音播放完毕。如果动画重复加载事件帧，则声音会不断累加。开始的同步方式比较适合添加按钮音效。
- “开始”：与事件类似，会完整的播放加载的声音，但开始的同步方式与事件无关，不会重复加载声音，并能保证声音的完整播放，较适合制作背景音乐。
- “停止”：声音禁止播放。
- “数据流”：数据流将声音的播放过程与时间轴同步，时间轴播放到哪儿，声音就播放到哪儿。当动画的时间长，声音的时间短时，则时间轴到哪儿，声音就停止在哪儿，没有声音的时间轴不播放声音。当动画时间比声音时间短时，动画播放结束后，重新

开始播放，声音会呈现播放不完整的现象。此同步方式保证动画与声音同步，适合制作动画短片、Flash MTV 等作品。

（4）“重复”：用于指定声音循环的次数，用于循环播放声音。

9.3.4 声音编辑

在声音属性面板中的“效果”下拉列表中可以对声音的淡入、淡出及声道效果进行设置。除了在下拉列表中选择已经设定好的声音效果，如左声道、右声道、向右淡出、向左淡出、淡入、淡出等选项，还可以单击后面的 ✎ 按钮，在弹出的“编辑封套”对话框中，对声音进一步编辑，如图 9-39 所示。

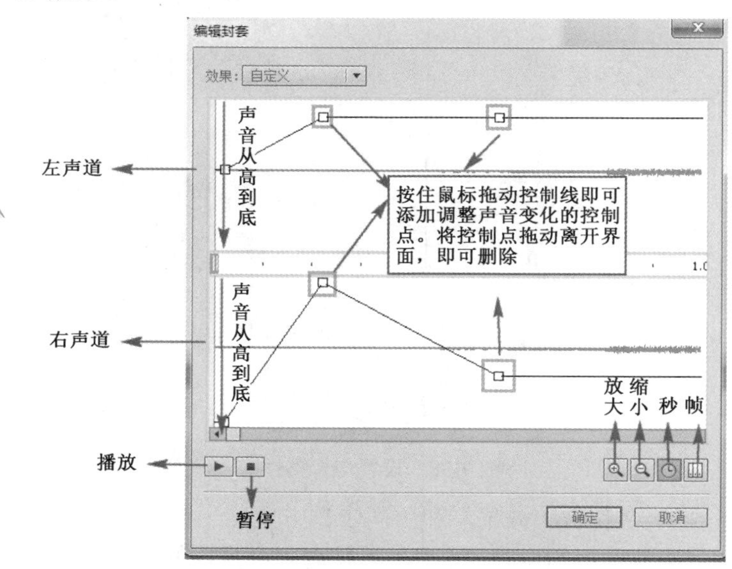

图 9-39　声音编辑窗口

在“编辑封套”对话框中，存在上下两个编辑区域，分别表示左声道和右声道，编辑区上方表示最大音量，下方音量为 0。每个编辑区内，存在一条控制声音的控制线，可以添加控制点来控制声音，将控制点拖动离开编辑页面即删除控制点，可以对声音的左、右声道和音量大小进行编辑。

知识拓展——音频的基本知识

1. 声音的采样率

声音的采样频是指在单位时间内对音频信号采样的次数，在一定时间内，采样的次数越多，声音的品质也就越高。在 Flash 动画中播放声音的采样频率为 44.1 的倍数。

2. 声音的声道

声道指声音的通道，把一个声音分解为多个通道进行播放，会模拟立体声的效果。

一般所说的立体声是指双声道，即左声道和右声道。单声道和双声道比较，单声道的声音文件较小，如果为了提升 Flash 动画在网络上的传播速度，可以使用单声道的音频。

3. 声音的分类

Flash 中的声音可以分为事件声音和流式声音。

（1）事件声音是指将声音与一个事件相关联，当触发事件后，声音播放。如果不通过命令停止，则声音会一直播放。

（2）流式声音适合边下载边播放的声音。在整个动画中，声音和画面是同步进行播放的，如果画面停止则声音也停止。

本章小结与重点回顾

Flash 软件可以导入外部的图像素材、视频素材和音频素材来增加 Flash 动画的画面效果。

导入图片素材主要包括导入到舞台和导入到库两种方式，导入序列图片时注意需要选择序列文件的第 1 个图形，而不是所有，否则会将所有的图片导入到图层的同一帧上，不能形成序列动画。在 Flash 软件中可以导入其他格式的素材文件，如 PSD、AI、GIF 格式的图片素材，软件会根据导入的素材的类型提示相应的导入设置，用户根据需要进行设置即可。

导入视频文件主要分为嵌入视频和组件加载视频两种方式，组件加载视频可以设置组件的外观样式并为视频添加导航，而嵌入视频可将视频嵌入到时间轴或者影片剪辑元件内。用户可根据需要进行设置。

导入声音文件注意声音同步方式的设置，事件、开始和数据流同步方式的不同及应用。

课后实训 9

课堂练习 1——Flash 影片背景音乐设置

设置影片的背景音乐比较简单，主要是设置音乐的同步方式。导入音频文件后，将同步方式设置为“开始”，如图 9-40 所示。

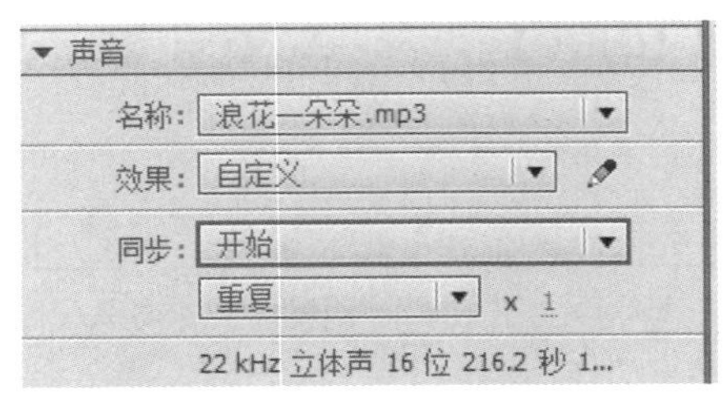

图 9-40　设置背景音乐的同步方式

课堂练习 2——制作闹钟效果

打开第 3 章中课后实训“时钟”实例，将秒针做传统补间动画，顺时针旋转，然后新建图层，将时钟的滴答声导入文件，设置同步方式为“开始”，如图 9-41 所示。

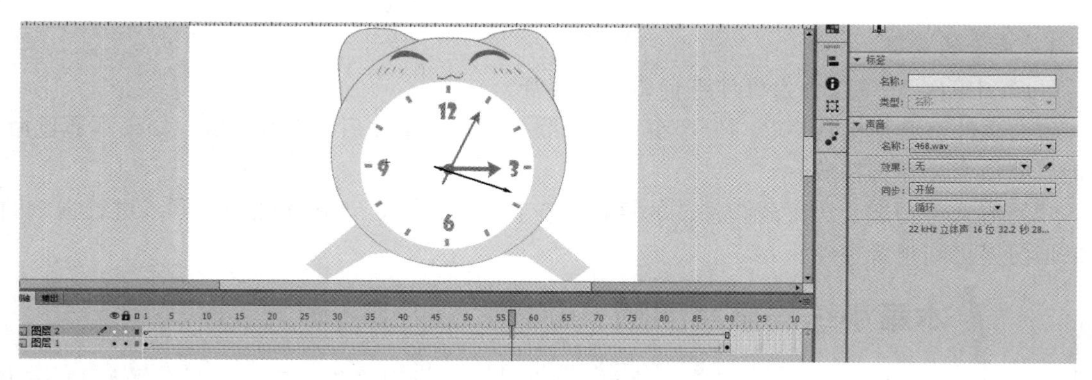

图 9-41　为时钟添加声效

课后习题 9

1．选择题

（1）在 Flash 中关于导入视频错误的是（　　）。

A．在导入视频片段时，用户可以将其嵌入到 Flash 影片剪辑中

B．用户可以用包含嵌入视频的电影发布 Flash 动画

C．一些支持导入视频的文件，不可以嵌入到 Flash 中

D．用户可以嵌入的视频帧频频率同步匹配主电影的帧频频率

（2）在制作 MTV 时，最好将音乐文件加入（　　）。

A．图片元件　　B．空白影片剪辑元件

C．按钮元件　　D．时间轴中

（3）为按钮添加同步的方式为（　　）。

A．事件　　B．开始　　C．数据流　　D．停止

（4）为影片添加背景音乐，应选择哪种同步方式？（　　）

A．事件　　B．开始　　C．数据流　　D．停止

（5）将位图转换为图形，快捷键为（　　）。

A．【Ctrl+B】　　B．【Ctrl+G】　　C．【Ctrl+C】　　D．【Ctrl+X】

2．填空题

（1）声音的同步方式包括__________、_________、_________和___________。

（2）导入视频可以通过__________、___________两种方式来导入。

3．简答题

声音的 4 种同步方式的区别是什么？

ActionScript 3.0 编程基础

学习目标

ActionScript 3.0 是针对 Flash Player 运行时环境的编程语言，使用它可以实现各种人机交互、数据交互等功能。本章主要结合 Flash CC 软件中的“动作”面板和“代码片断”面板，制作简单的时间轴控制动画。

- 熟悉并掌握“动作”面板的操作。
- 熟悉并掌握代码片断的添加和修改。
- 常用的影片剪辑（MovieClip 类）方法和属性。

重点难点

- gotoAndPlay()、play()、stop()方法的使用。
- preFrame()、nextFrame()方法的使用。
- 事件监听的语法和使用。
- 控制影片的停止播放和时间轴的跳转。
- 通过语法改变实例对象的属性。

10.1 控制影片停止播放

10.1.1 课堂实例 1——按钮控制人物运动

实例综述

本实例主要通过播放和停止按钮控制人物走路。主要应用影片剪辑（MovieClip 类）的 stop()

方法和 play()方法来实现，效果如图 10-1 所示。

图 10-1　按钮控制影片的停止、播放动画截图

实例分析

本实例主要通过在“动作”面板中添加代码实现播放、停止的功能，具体操作步骤如下。

（1）新建文档，并保存。

（2）导入背景素材并覆盖舞台。

（3）导入角色跑步素材并对实例命名。

（4）制作播放和停止按钮。

（5）添加播放按钮控制代码。

（6）添加停止按钮控制代码。

（7）测试并发布影片。

操作步骤　START

1. 新建文档，并保存

新建 Action Script 3.0 文档，并将文档保存为“按钮影片停止播放.fla”。舞台大小设置为 800×400 像素。

2. 导入背景素材

（1）执行【文件】→【导入】→【导入到舞台】命令，在弹出的对话框中，将素材中“第 10 章 ActionScript 3.0 编程基础\实例 1 按钮控制停止播放\背景.jpg”导入到舞台，如图 10-2 所示。

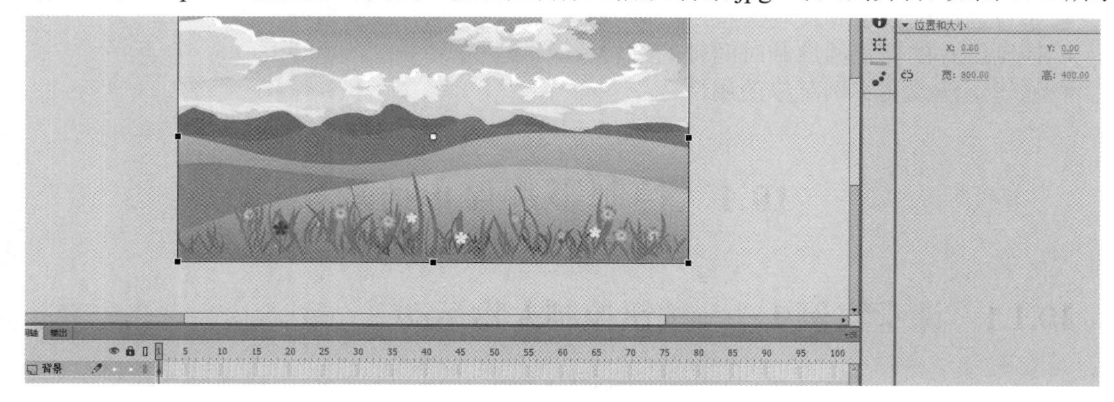

图 10-2　导入背景素材

（2）设置背景大小为 800×400 像素，覆盖舞台。

3. 导入角色跑步素材并对实例命名

（1）新建一个“女孩跑步”图形元件，在图形元件第 1 帧上，导入“第 10 章 AS 3.0 基础\实例 1 控制影片播放\nvhai0001.png”文件导入到舞台，选择导入序列图片，将跑步的序列动画存放在“女孩跑步”图形元件中，如图 10-3 所示。

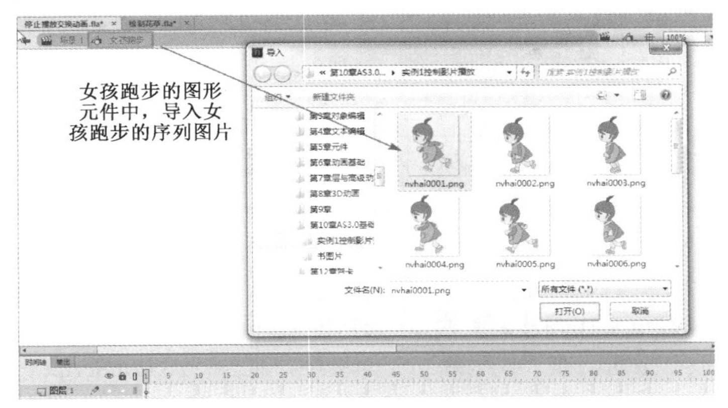

图 10-3　导入序列图片

（2）新建一个“女孩”图层，将“女孩跑步”图形元件放置在舞台上，使用【任意变形工具】调整大小，并将其放置在舞台的右侧。

（3）创建传统补间动画，让女孩做位置移动动画，从舞台右侧运动到舞台左侧，如图 10-4 所示。

图 10-4　制作位置移动动画

4. 制作播放和停止按钮

（1）新建一个“播放”按钮元件，在元件的 4 个关键帧上输入“播放”文字，4 个帧的状态如图 10-5 所示。

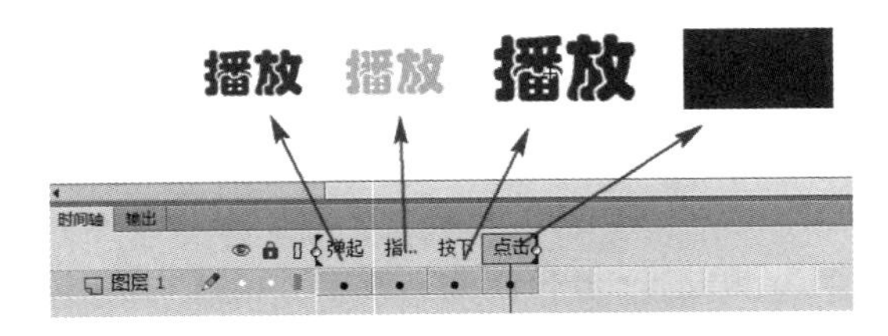

图 10-5　播放按钮

（2）用同样的方法制作“停止”按钮。

5. 放置按钮

新建一个“按钮”图层，将“播放”和“停止”按钮放在舞台的右下角。在“属性”面板上将“播放”按钮命名为“bofang”，将“停止”按钮命名为“tingzhi”，为后面添加代码做准备，如图 10-6 所示。

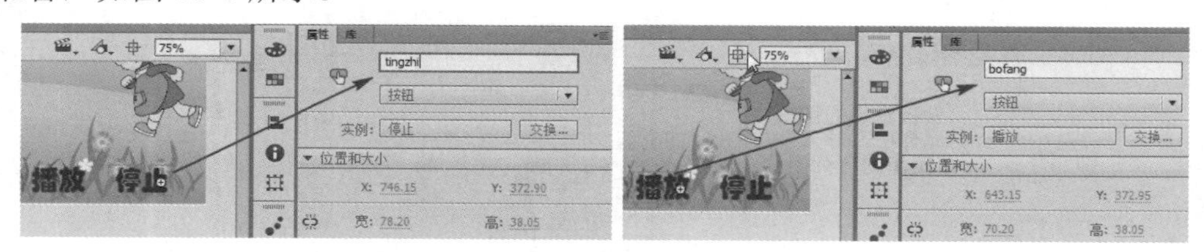

图 10-6　实例命名

6. 添加播放按钮控制代码

（1）执行【窗口】→【代码片断】命令，打开“代码片断”面板。

（2）选择“播放”按钮，在“代码片断”面板中，打开“ActionScript”文件下的“时间轴导航”文件夹，会出现时间轴导航的一些代码片断。这些代码并不包含所有的动作命令，但是包含基本常见的命令和基本的代码片断，用户即使没有 ActionScript 编程基础，也可以通过代码片断提示来完成功能代码的添加。如图 10-7 所示，在“代码片断”面板中列出了常用的代码片断。

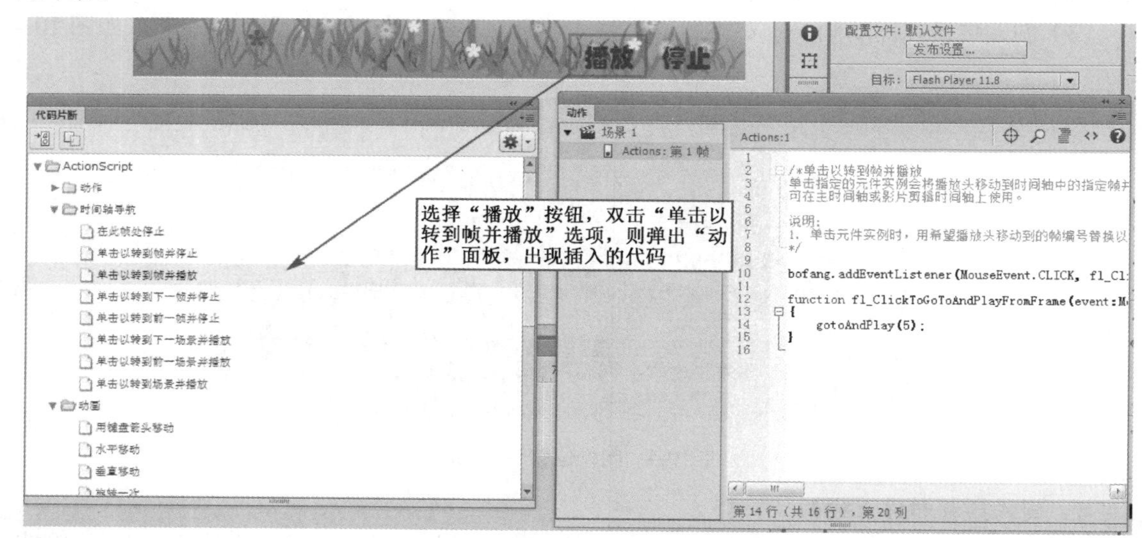

图 10-7　添加代码

（3）选择“播放”按钮，双击“代码片断”面板中的“单击以转到帧并播放”代码片断，则弹出“动作”面板，出现插入的代码。

代码如下：

```
bofang.addEventListener(MouseEvent.CLICK, fl_ClickToGoToAndPlayFromFrame);
function fl_ClickToGoToAndPlayFromFrame(event:MouseEvent):void
{
    gotoAndPlay(5);
```

```
}
```

代码说明：

（1）bofang.addEventListener(MouseEvent.CLICK, fl_ClickToGoToAndPlayFromFrame)；这个语句是表示为 bofang 按钮添加了事件监听(addEventListener)，监听的事件为“鼠标单击”(MouseEvent.CLICK)，当监听到时间发生后，则执行 fl_ClickToGoToAndPlayFromFrame 函数。

（2）function fl_ClickToGoToAndPlayFromFrame(event:MouseEvent):void 这个语句表示对 fl_ClickToGoToAndPlayFromFrame 函数的定义。

（3）fl_ClickToGoToAndPlayFromFrame 函数的执行语句为"gotoAndPlay(5)"；表示跳转到第 5 帧并播放，默认设置为第 5 帧。

上面操作的主要作用是将事件监听及执行时间轴语句的代码片断添加到“动作”面板上，如果要实现时间轴的播放动作，需要将"gotoAndPlay(5)"；语句修改为"play()"。

如果觉得默认的函数名称太长，可以将其修改为简单的字符组合，例如，将上面的函数名称修改为“clickbofang”，但注意事件监听表示函数的参数修改后，后面的函数名称也需要修改，要保持前后一致。

修改后的代码如下：

```
bofang.addEventListener(MouseEvent.CLICK, clickbofang);
function clickbofang(event:MouseEvent):void
{
    play();
}
```

7. 添加停止按钮控制代码

与添加“播放”按钮的操作类似，为“停止”按钮添加动作代码，代码如下：

```
tingzhi.addEventListener(MouseEvent.CLICK, clicktingzhi);
function clicktingzhi(event:MouseEvent）:void
{
    stop();
}
```

说明:stop();语句的作用是时间轴停止。

8. 最后的代码如下

```
bofang.addEventListener(MouseEvent.CLICK, clickbofang)
function clickbofang(event: MouseEvent): void {
    play();
}
tingzhi.addEventListener(MouseEvent.CLICK, clicktingzhi);
function clicktingzhi(event:MouseEvent):void
{
    stop();
}
```

9. 测试并发布影片

举一反三 START

将上面的实例进行一些变化，控制影片剪辑的停止和播放。

操作提示

（1）将小女孩跑步的元件类型从“图形”修改为“影片剪辑”。然后通过按钮控制影片剪辑的停止播放，而不是时间轴的停止播放。

（2）将小女孩跑步的影片剪辑放置在舞台中间，在“属性”面板中命名为“nvhai”，如图 10-8 所示。

图 10-8 对影片剪辑实例命名

（3）选择“nvhai”元件实例，双击“代码片断”面板中的“播放影片剪辑”代码片断，会发现添加的代码为 nvhai.play();表示指定 nvhai 这个影片剪辑执行 play();（播放）的命令。同理，“停止影片剪辑”的代码为 nvhai.stop();，如图 10-9 所示。

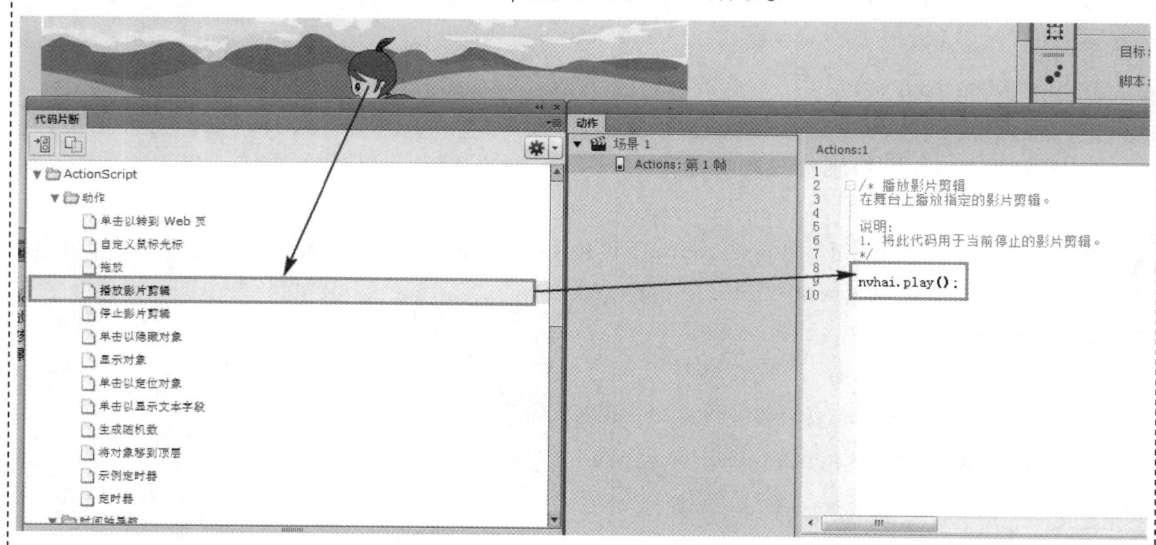

图 10-9 播放影片剪辑

（4）结合按钮的事件监听，可添加如下代码：

//单击播放按钮，则调用 clickbofang 函数，执行 nvhai.play()；语句，让 nvhai 的影片剪辑播放。

```
bofang.addEventListener(MouseEvent.CLICK, clickbofang)
function clickbofang(event: MouseEvent): void {
    nvhai.play();
}
```

//单击播放按钮，则调用 clicktingzhi 函数，执行 nvhai.stop()；语句，让 nvhai 的影片剪辑停止。

```
tingzhi.addEventListener(MouseEvent.CLICK, clicktingzhi);
function clicktingzhi(event:MouseEvent):void
{
    nvhai.stop();
}
```

最终效果如图 10-10 所示。

图 10-10　控制影片剪辑播放动画截图

10.1.2　动作面板

在 ActionScript 3.0 中只运行代码写在时间轴的关键帧上或者外部类中，本书中的代码都写在时间轴的关键帧上。无论是自己写代码还是通过代码片断进行添加，都需要使用“动作”面板。

执行【窗口】→【动作】命令或者按快捷键【F9】打开“动作”面板，如图 10-11 所示。

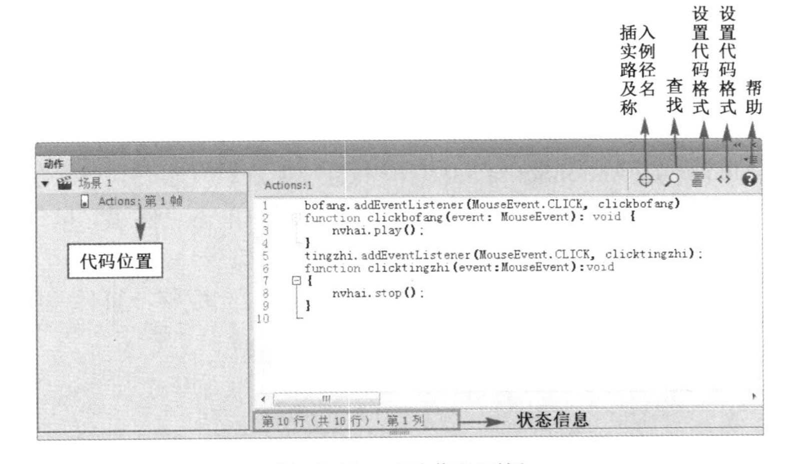

图 10-11　“动作”面板

“动作”面板主要包括两部分，左侧为脚本导航窗口，提供具体的编辑代码的位置，以及

所有添加代码的位置，用户可单击进行查看。右侧为脚本的输入和编辑窗口，可以自行输入代码或者通过“代码片断”面板进行添加。

10.1.3　代码片断

“代码片断”面板可以方便编程人员添加一些常见的功能代码，为不熟悉 ActionScript 3.0 编程语言的用户提供了制作简单交换动画的捷径。

执行【窗口】→【代码片断】命令即可打开“代码片断”面板，“代码片断”面板提供了动作、时间轴、动画、加载和卸载、音频和视频等代码片断。有的代码片断可以直接添加在时间轴的关键帧上，有的需要选择一个实例对象后进行添加。

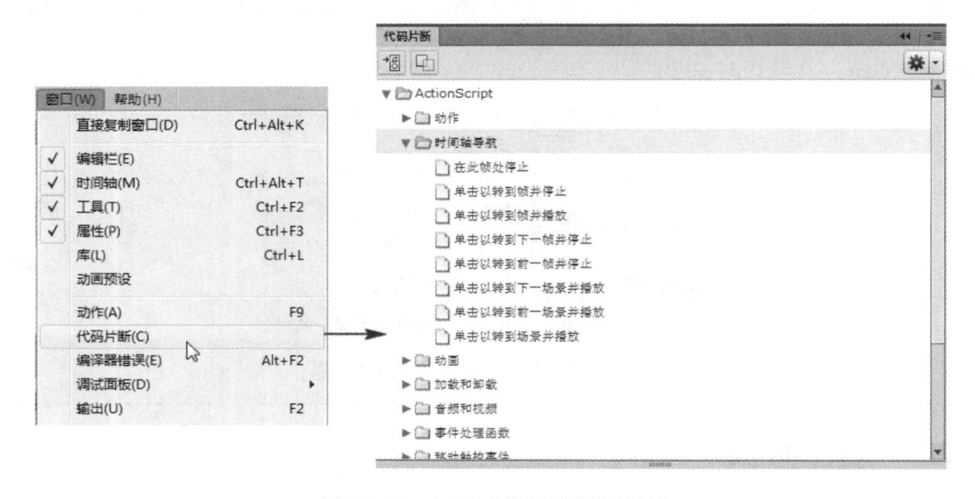

图 10-12　打开“代码片断”面板

添加代码片断时只需双击代码片断的名称即可在“动作”面板上添加代码。用户在此基础上可进行修改。

10.1.4　事件监听

所谓的事件就是一个对象，如单击按钮时，就会创建一个鼠标单击事件，加载一个影片时，就会创建一个加载事件。在 ActionScript 3.0 编程中通过用户触发事件，程序执行事件触发后的程序，来实现人机之间的交换。例如，上面的实例中，用户单击“停止”按钮，创建了一个鼠标单击事件，然后执行停止播放的程序，实现时间轴的停止。

以单击按钮，时间轴代码播放的代码为例说明其过程。完成整个事件监听过程如下。

```
bofang.addEventListener(MouseEvent.CLICK, clickbofang)
function clickbofang(event: MouseEvent): void {
    play();
}
```

1. 确定触发事件的对象

触发事件的对象是事件监听的目标对象。例如，按钮人物跑步实例中，“bofang”即是事件的目标。

2. 注册事件侦听

注册事件监听主要使用 addEventListener()方法。常用的格式为：

触发事件的对象.addEventListener（事件类型、事件名称、函数名称）;

代码说明。

- 触发事件的对象即是确定的事件监听的目标对象。
- addEventListener()是注册事件监听的方法，其中主要包括两个参数，一个是事件类型，如鼠标点击事件、鼠标移动、进入帧等一些交互事件。另一个参数为函数名称，这个函数就是针对某个特定事件定义的一个响应函数（方法），主要功能就是响应事件后所需要执行的操作。

bofang.addEventListener（MouseEvent.CLICK，clickbofang）语句表示为“bofang”这个实例添加事件监听，监听的事件类型为 MouseEvent.CLICK（鼠标点击事件），响应函数的名称为 clickbofang。

3. 执行事件响应函数

计算机中的“函数”，是一段可以重复使用的 ActionScript 代码。 函数的创建用“function”语句来完成。

事件监听的响应函数如下：

function 函数名（事件参数）　{

函数体

}

单击“播放”按钮进程播放时间轴的响应函数代码如下：

```
function clickbofang(event: MouseEvent): void {
    play();
}
```

代码说明。

- function 关键字表示 Flash 正在声明一个函数。
- clickbofang 为函数的名称，函数名应当遵守变量的命名法则。
- event: MouseEvent 为事件类型。
- play()为函数体，执行播放命令。

10.1.5　play()方法与 stop()方法应用

play()和 stop()方法是影片剪辑（MovieClip 类）定义的方法。把库中的影片剪辑元件拖放到舞台上，在“属性”面板中对这个元件命名（实例化），在 ActionScript 3.0 的编程中即可调用影片剪辑（MovieClip 类）定义的方法。

（1）play()方法表示在时间轴上向前移动播放头。

（2）stop()方法表示停止当前正在播放的影片。此动作最通常的用法是用按钮控制影片剪辑。

10.2 时间轴导航

10.2.1 课堂实例 2——制作电子相册

实例综述

本实例主要通过“上一页”、“下一页”、“第一页”、“最后一页”按钮来对导入的电子相册进行播放。主要应用到影片剪辑（MovieClip 类）的 gotoAndstop()方法、preFrame()方法和 nextFrame()方法来实现。效果如图 10-13 所示。

实例分析

本实例主要通过在“动作”面板中添加代码实现播放、停止的功能，具体操作步骤如下。

（1）新建文档，并保存。

（2）导入背景图片素材。

（3）设置遮罩效果。

（4）制作导航按钮。

（5）对按钮进行实例化命名。

（6）添加导航按钮控制代码。

（7）添加帧停止代码。

（8）测试并发布影片。

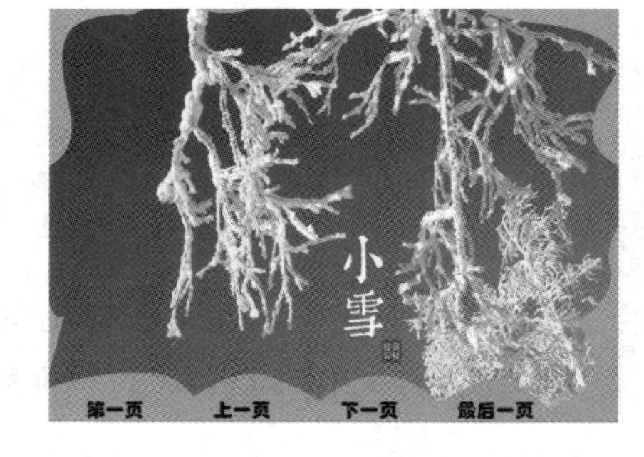

图 10-13　电子相册效果动画截图

操作步骤　START

1. 新建文档，并保存

新建 ActionScript 3.0 文档，并将文档保存为“电子相册.fla”。舞台大小设置为 800×600 像素。

2. 导入背景素材

（1）执行【文件】→【导入】→【导入到舞台】命令，在弹出的对话框中，将素材中“第 10 章 AS 3.0 基础\实例 2 电子相册\1.jpg”文件导入到舞台，如图 10-14 所示。

（2）弹出的提示框“此文件看起来是图像序列的组成部分。是否导入序列中的所有图像？”如图 10-15 所示，单击【是】按钮，导入 10 张序列图片。

（3）将每张图片的大小修改为 800×600 像素，X 轴、Y 轴坐标位置为 0。

3. 设置遮罩

图片覆盖整个舞台，可以为相册设计一种相册边框，使用遮罩动画来完成。

新建一个“遮罩”图层，在上面绘制一个形状，如图 10-16 所示，用户可自行修改样式。

右击“遮罩”图层，在弹出的快捷菜单中执行【遮罩层】命令，即创建了遮罩动画。

图 10-14 导入图片

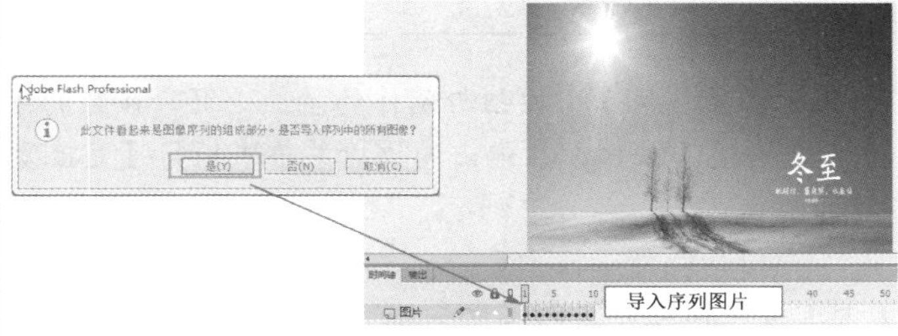

图 10-15 导入序列

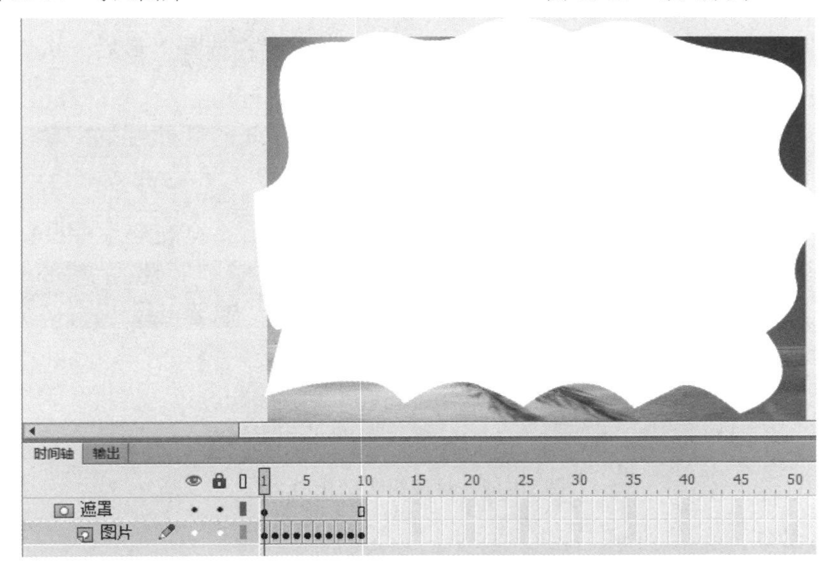

图 10-16 创建遮罩动画

4. 创建按钮

本实例导航需要 4 个按钮："上一页"、"下一页"、"第一页"、"最后一页"。按钮 4 个关键帧的效果如图 10-17 所示。设置"弹起"帧为黑色，"指针经过"帧的字体颜色为蓝色，"按下"帧为分散并且字号变大，"点击"帧为一个矩形区域。

其他三个按钮也按照此方法制作。新建一个按钮图层，将 4 个按钮放置在舞台上，效果如图 10-18 所示。

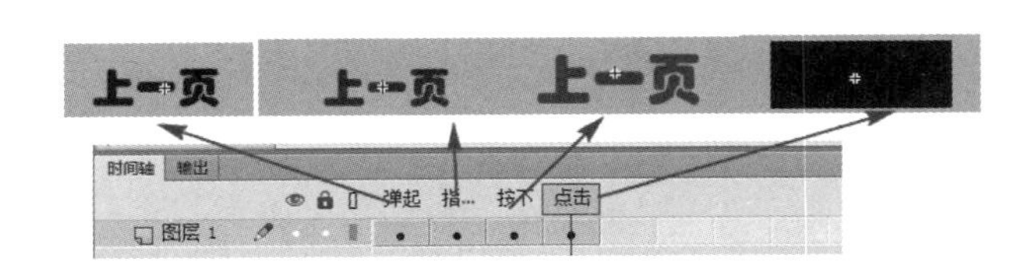

图 10-17 制作按钮

图 10-18 放置按钮

为了保持其他 3 个按钮与制作的“上一页”按钮的字体样式一致，可以在“库”面板中，右击“上一页”按钮，在弹出的快捷菜单中执行【直接复制】命令，在复制好的元件中修改文本即可。

5. 对按钮进行实例化命名

在对按钮添加代码动作之前，需要对按钮进行实例化命名，选择“第一页”按钮，在“属性”面板中，命名为“diyiye”；选择“上一页”按钮，在“属性”面板中，命名为“shangyiye”；选择“下一页”按钮，在“属性”面板中，命名为“xiayiye”；选择“最后一页”按钮，在“属性”面板中，命名为“zuihouyiye”，如图 10-19 所示。

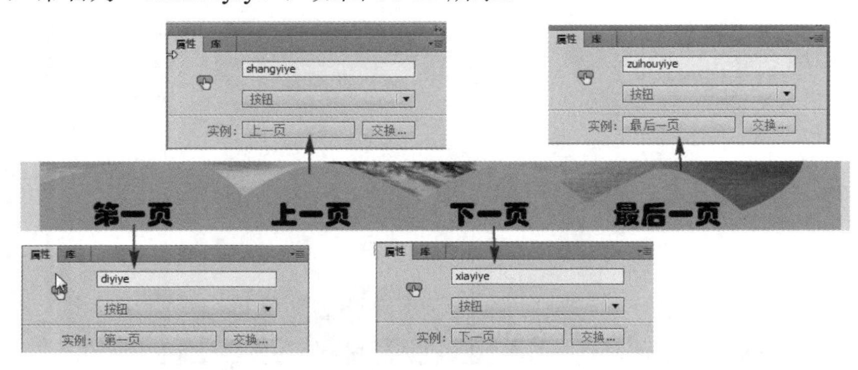

图 10-19　对按钮实例化命名

6. 帧停止动作

电子相册在显示时，时间轴在第 1 帧图片上停止，需要添加脚本命令来实现停止操作，如图 10-20 所示。

（1）执行【窗口】→【代码片断】命令，打开“代码片断”面板。展开“ActionScript”文件下的“时间轴导航”文件夹。

（2）选择时间轴某个图层的第 1 帧，双击“在此帧处停止”代码片断，即在弹出的“动作”面板中添加了代码“stop();”。

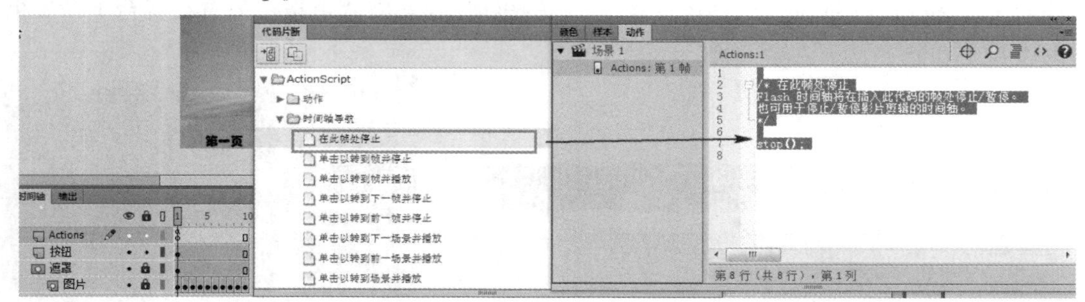

图 10-20　添加帧停止代码

7. 添加“第一页”按钮控制代码

电子相册导航需要为“上一页”、“下一页”、“第一页”、“最后一页”4 个按钮添加代码。

（1）“第一页”导航按钮实现的操作是不管图片显示哪一帧，单击此按钮后都回到第 1 帧上，所以使用的代码片断为“单击以转到帧并停止”。

（2）选择“第一页”按钮，双击窗口中的“单击以转到帧并停止”代码片断，在弹出的“动作”面板中会自动添加代码。

（3）将代码中的“gotoAndStop（5）;”，修改为“gotoAndStop（1）;”转到第 1 帧处停止播放，如图 10-21 所示。

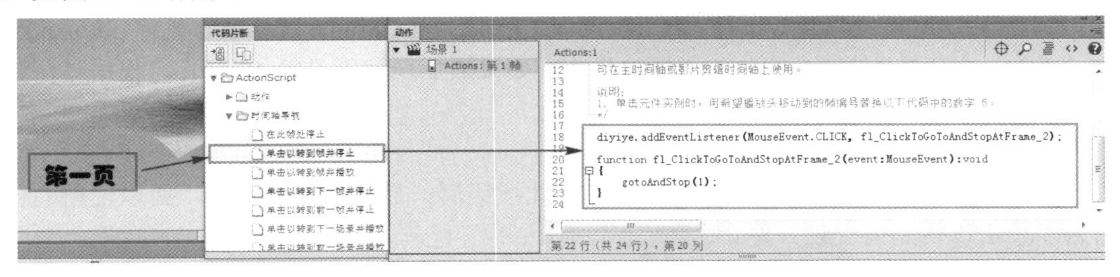

图 10-21 转到帧并停止播放

或者直接在“动作”面板中输入如下代码：

```
diyiye.addEventListener(MouseEvent.CLICK, fl_ClickToGoToAndStopAtFrame_2);
function fl_ClickToGoToAndStopAtFrame_2(event:MouseEvent):void
{
    gotoAndStop(1);
}
```

代码说明：为“第一页”按钮添加一个鼠标点击（MouseEvent.CLICK）事件，当单击“第一页”按钮时触发事件，执行 fl_ClickToGoToAndStopAtFrame_2 函数，执行 gotoAndStop（1）;语句，实现转到第一帧并停止播放操作。

8. 添加“最后一页”按钮控制代码

（1）“最后一页”导航按钮实现的操作是不管图片显示哪一帧，单击此按钮后都回到最后一帧上，所以使用的代码片断为“单击以转到帧并停止”。

（2）选择“最后一页”按钮，双击窗口中的“单击以转到帧并停止” 代码片断，在弹出的“动作”面板中会自动添加代码。

（3）将代码中的“gotoAndStop（5）;”，修改为“gotoAndStop（10）;”转到第 10 帧处停止播放，如图 10-22 所示。

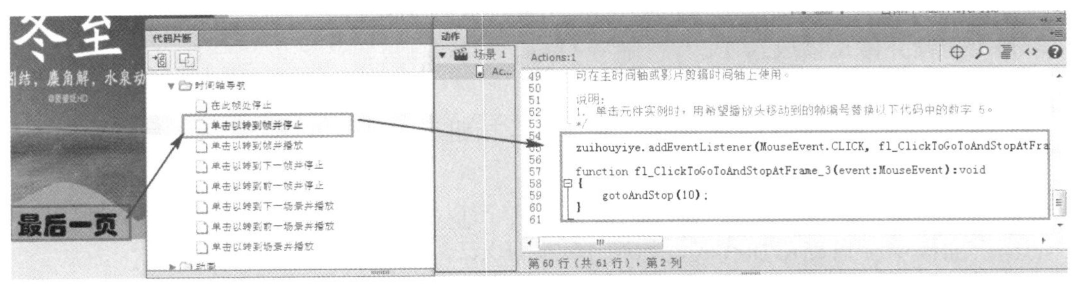

图 10-22 最后一帧代码

或者直接在“动作”面板中输入如下代码：

```
zuihouyiye.addEventListener(MouseEvent.CLICK, fl_ClickToGoToAndStopAtFrame_3);
```

```
function fl_ClickToGoToAndStopAtFrame_3(event:MouseEvent):void
{
    gotoAndStop(10);
}
```

代码说明：为“最后一页”按钮添加一个鼠标点击（MouseEvent.CLICK）事件，当单击“最后一页”按钮时触发事件，执行 fl_ClickToGoToAndStopAtFrame_3 函数，执行 gotoAndStop（10)；语句，实现转到第 10 帧并停止播放操作，如果最后一帧不是第 10 帧，可根据具体情况进行设置。

9．添加“上一页”按钮控制代码

（1）“上一页”导航按钮实现的操作是单击此按钮后，显示上一张图片，所以使用的代码片断为“单击以转到前一帧并停止”。

（2）选择“上一页”按钮，双击窗口中的“单击以转到上一帧并停止”代码片断，在弹出的“动作”面板中会自动添加代码，如图 10-23 所示。

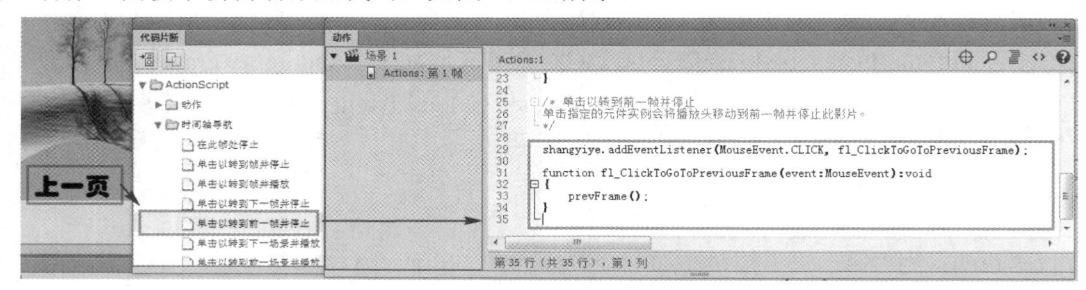

图 10-23　转到前一帧代码

或者直接在“动作”面板中输入如下代码：

```
shangyiye.addEventListener(MouseEvent.CLICK, fl_ClickToGoToPreviousFrame);
function fl_ClickToGoToPreviousFrame(event:MouseEvent):void
{
    prevFrame();
}
```

代码说明：为“上一页”按钮添加一个鼠标点击（MouseEvent.CLICK）事件，当单击“上一页”按钮时触发事件，执行 fl_ClickToGoToPreviousFrame 函数，执行 prevFrame()；语句，实现转到上一帧并停止播放操作。

10．添加“下一页”按钮控制代码

（1）“下一页”导航按钮实现的操作是单击此按钮后，显示下一张图片，所以使用的代码片断为“单击以转到下一帧并停止”。

（2）选择“下一页”按钮，双击窗口中的“单击以转到下一帧并停止”代码片断，在弹出的“动作”面板中会自动添加代码，如图 10-24 所示。

或者直接在动作窗口中输入如下代码：

```
xiayiye.addEventListener(MouseEvent.CLICK, fl_ClickToGoToNextFrame);
function fl_ClickToGoToNextFrame(event:MouseEvent):void
{
```

```
        nextFrame();
    }
```

代码说明：为“下一页”按钮添加一个鼠标点击（MouseEvent.CLICK）事件，当单击“下一页”按钮时触发事件，执行 fl_ClickToGoToNextFrame 函数，执行 nextFrame(); 语句，实现转到下一帧并停止播放操作。

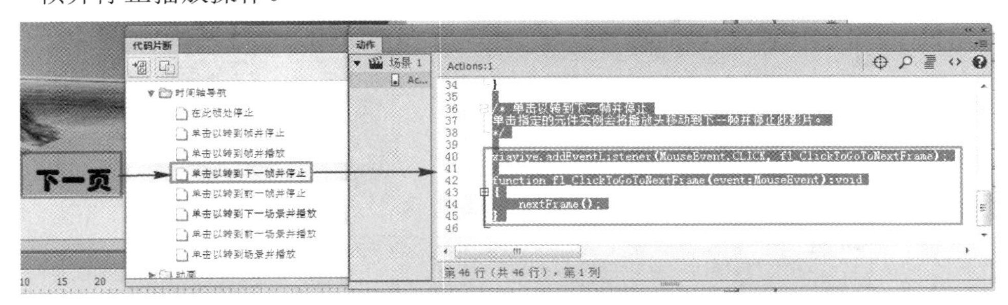

图 10-24　转到下一帧代码

11．按钮代码添加完毕，测试并发布影片

电子相册实例中实现了图片的导航切换，但图片之间没有过渡效果。可以将每个图片转换为影片剪辑，利用遮罩或者形状补间动画来实现过渡效果，如图 10-25 所示。

图 10-25　图片切换

操作提示

（1）右击图片，在弹出的快捷菜单中执行【转换为元件】命令，重命名为“图片 1”，设置元件类型为“影片剪辑”，如图 10-26 所示。

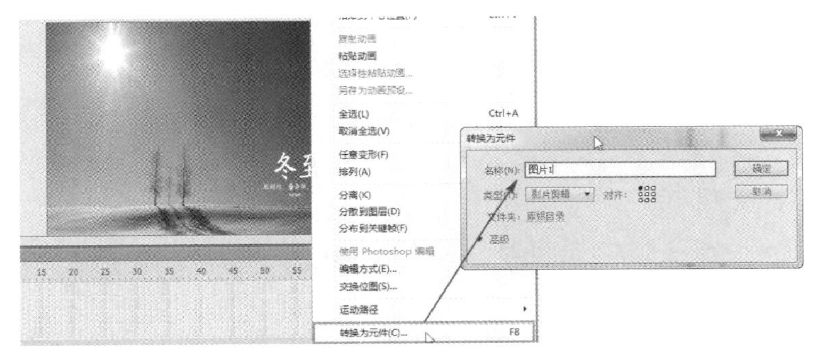

图 10-26　转换为元件

（2）在影片剪辑编辑窗口，使用遮罩动画制作图片过渡效果，如图 10-27 所示。

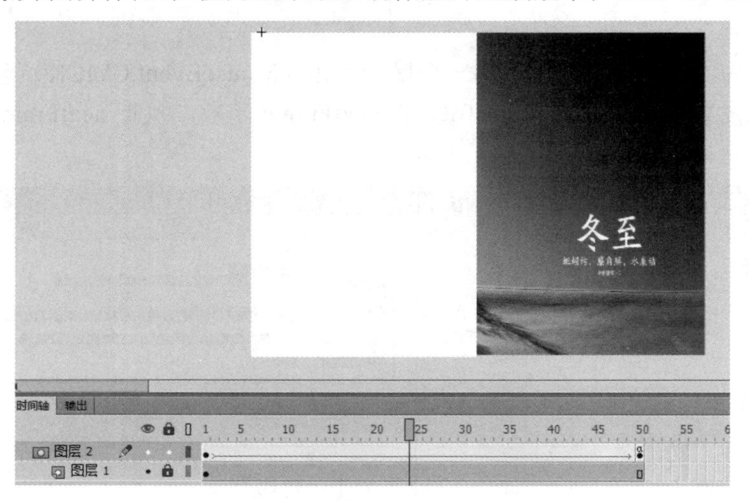

图 10-27　图片过渡效果

（3）选择动画的最后一帧，按快捷键【F9】，在“动作”面板上输入 stop(); 使其在最后一帧处停止。

其他图片的动画效果按照此方法来完成，即可实现图片过渡效果的添加。

10.2.2　时间轴导航方法调用

执行【窗口】→【代码片断】命令，打开“代码片断”面板。展开“ActionScript”文件下的“时间轴导航”文件夹，如图 10-28 所示。

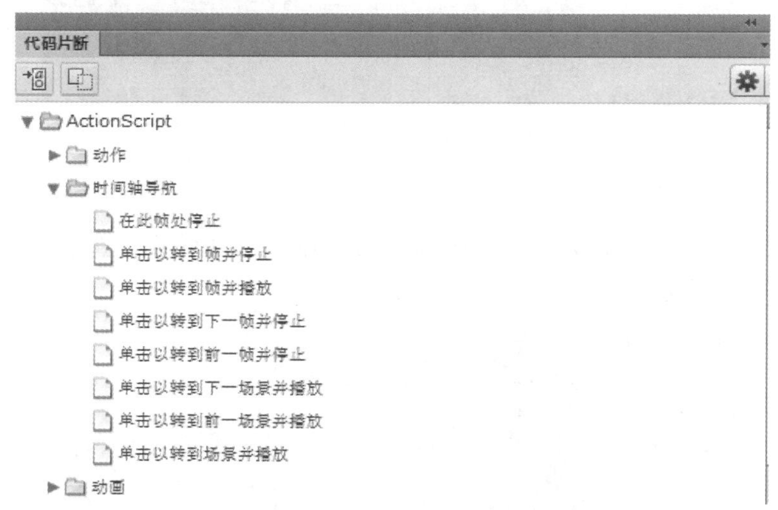

图 10-28　时间轴导航代码片断

1．在此帧处停止

为时间轴添加代码，选择时间轴上需要在此帧处停止的关键帧，双击“在此帧处停止”的代码片断，则在“动作”面板中添加代码“stop();”，执行停止播放命令。用户选择该帧后，也可直接在“动作”面板中输入 stop();命令。

2．单击以转到帧并停止/播放

此代码针对按钮或影片剪辑实例对象。选择进行交互的对象，双击窗口中的“单击以转到帧停止”代码片断，然后在代码中修改转到的帧数。

例如，给“mc”的影片剪辑添加“单击以转到帧并停止”代码片断，则在“动画”面板上添加代码如下：

```
mc.addEventListener(MouseEvent.CLICK, fl_ClickToGoToAndStopAtFrame);
function fl_ClickToGoToAndStopAtFrame(event:MouseEvent):void
{
    gotoAndStop(5);
}
```

代码说明：为“mc”元件添加鼠标点击的事件监听，当鼠标单击“名称”事件时，执行函数 fl_ClickToGoToAndStop AtFrame()，函数调用 gotoAndStop（帧数）；方法，执行转到指定帧数并停止。

单击指定的元件实例会将播放头移动到时间轴中的指定帧并停止影片播放，可在主时间轴或影片剪辑时间轴上使用。单击元件实例时，默认设置为第 5 帧，可将代码片断中的数值 5 替换为所希望转到的帧数。

“单击以转到帧并播放”与“单击以转到帧并停止”类似，只是代码中是转到并播放帧，所以事件响应函数中调用 gotoAndplay（帧数）；方法，执行转到指定帧数并播放。

3．单击以转到下一帧/前一帧并停止

此代码针对按钮或者影片剪辑实例对象。选择进行交互的对象，双击窗口中的“单击以转到下一帧并停止”或者“单击以转到前一帧并停止”代码片断。

例如，对“mc”实例元件添加“单击以转到下一帧并停止”代码，则在“动作”面板中添加代码如下：

```
mc.addEventListener(MouseEvent.CLICK, fl_ClickToGoToNextFrame);
function fl_ClickToGoToNextFrame(event:MouseEvent):void
{
    nextFrame();
}
```

代码说明：为“mc”元件添加鼠标点击的事件监听，当鼠标单击“名称”事件时，执行函数 fl_ClickToGoToNext Frame，函数调用 nextFrame()；方法，执行转到下一帧数并停止。

“单击以转到前一帧并停止”与“单击以转到下一帧并停止”类似，只是在事件响应函数中执行的为 preFrame()，表示转到前一帧并停止。

4．单击以转到下一场景/前一场景并播放

当 Flash 动画为多场景动画时，可以实现多场景的切换。场景添加可以执行【插入】→【场景】命令，即可实现插入场景。单击指定的元件实例会将播放头移动到时间轴中的下一场景并在此场景中继续回放。代码如下：

```
mc.addEventListener(MouseEvent.CLICK, fl_ClickToGoToNextScene);
function fl_ClickToGoToNextScene(event:MouseEvent):void
{
    MovieClip(this.root).nextScene();
```

```
}
```

代码说明：nextScene()；方法主要实现转到下一场景命令

同理，单击以转到前一场景并播放代码片断中主要将事件响应函数的执行方法修改为prevScene();，表示单击指定的元件实例会将播放头移动到时间轴中的前一场景并在此场景中继续回放。

10.3 改变影片剪辑属性

10.3.1 课堂实例 3——转动的风车

实例综述

旋转的风车可以使用补间动画来完成，本实例中主要通过修改影片剪辑的旋转属性来完成。效果如图 10-29 所示。

图 10-29 转动的风车动画截图

实例分析

本实例主要通过在“动作”面板中添加代码实现影片剪辑风车的旋转，主要通过修改实例对象的旋转属性来实现。具体操作步骤如下。

（1）新建文档，并保存。

（2）导入背景图片素材。

（3）导入风车图片素材并处理。

（4）制作风车旋转动画。

（5）将风车元件放置在舞台上并修改属性。

（6）测试并发布影片。

操作步骤 START

1. 新建文档，并保存

新建 ActionScript 3.0 文档，并将文档保存为“转动的风车.fla”。舞台大小设置为 800×600 像素。

2. 导入背景素材

执行【文件】→【导入】→【导入到舞台】命令，在弹出的对话框中，将素材中“第 10 章 AS 3.0 基础\实例 3 转动的风车\背景.jpg”文件导入到舞台。设置大小为 800×600 像素，覆盖舞台。

3. 导入风车素材

（1）新建“风车”影片剪辑，进入影片剪辑编辑窗口，执行【文件】→【导入】→【导入到舞台】命令，在弹出的对话框中，将素材中“第 10 章 AS 3.0 基础\实例 3 转动的风车\风车.jpg”文件导入到舞台。

（2）将导入的风车图片按【Ctrl+B】快捷键执行分散，使用【魔术棒】将多余部分删除，留下风车的形状，如图 10-30 所示。

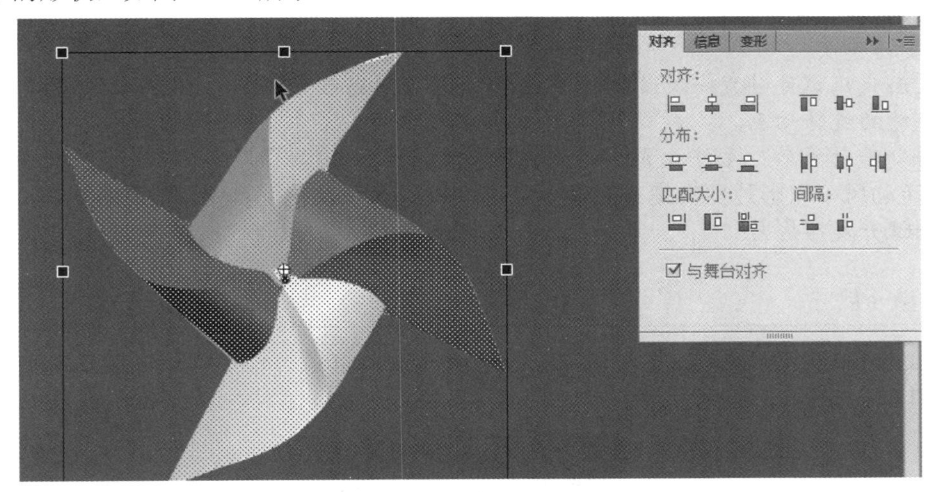

图 10-30　风车

（3）选择风车后，在“对齐”面板中选中“与舞台对齐”复选框，设置“水平居中”和“垂直居中”。

4. 制作风车旋转动画

（1）新建“转动风车”影片剪辑，将风车影片剪辑实例拖放到舞台上，设置实例名称为“mc”。

（2）打开“代码片断”面板，展开“ActionScript”文件中的“动画”文件夹，选择“mc”实例，双击“不断旋转”代码片断，如图 10-31 所示。

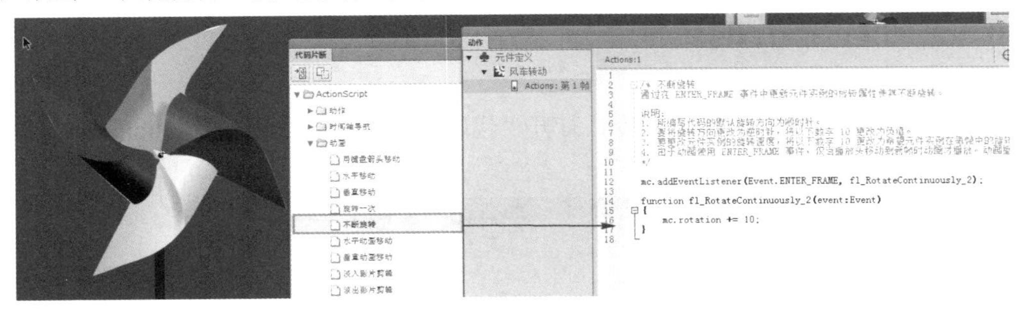

图 10-31　代码

代码如下：

```
mc.addEventListener(Event.Enter_FRAME, fl_RotateContinuously_2);
function fl_RotateContinuously_2(event:Event)
{
    mc.rotation += 10;
}
```

代码说明：

① 本实例触发 Enter_FRAME 事件，表示进入帧，当程序进入到添加代码的关键帧即触发了事件，执行 fl_RotateContinuously_2 函数。

② fl_RotateContinuously_2 函数主要执行 mc.rotation +=10;语句，表示将 mc 实例旋转 10°。

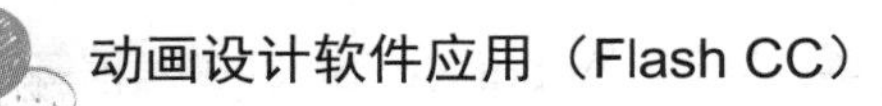

所编写代码的默认旋转方向为顺时针。如果要将旋转方向更改为逆时针，将数字 10 更改为负值即可。

要更改元件实例的旋转速度，可将数字 10 更改为希望元件实例在每帧中的旋转度数。度数越高，旋转越快。

③ 上面代码事件触发一次旋转 10°，而当动画不断触发 Enter_FRAME 事件时，则形成连续的旋转动画。

5. 将“转动风车”元件放置在舞台上并修改属性

将“转动风车”影片剪辑拖放到舞台上，并修改大小及色调，错落有致地分散开。

6. 测试并发布影片

START

利用上面的操作步骤可以实现对象的旋转，按照同样的方法制作下面旋转的文本实例效果，如图 10-32 所示。

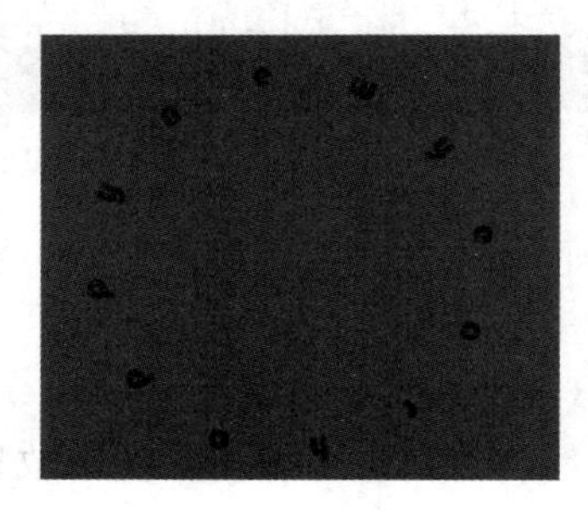

图 10-32　旋转的文本动画截图

10.3.2　设置影片的属性

执行【窗口】→【代码片断】命令，打开“代码片断”面板。展开“ActionScript”文件的“动画”文件夹，如图 10-33 所示。

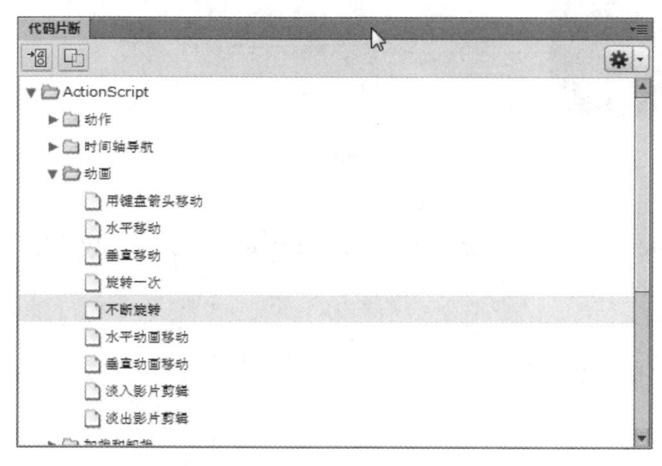

图 10-33　“代码片断”面板

1. 用键盘箭头移动

通过触发键盘事件，实现用键盘箭头移动指定的元件实例。要增加或减少移动量，用你希望每次按键时元件实例移动的像素数替换下面的数字 5。

2. 水平移动

通过将所指定元件实例的 X 属性减少或增加指定的像素数，将其向左或右移动。

代码如下：

```
mc.x += 100;
```

代码说明:

- 此代码默认情况下会将元件实例移动到右侧。
- 要将元件实例向左移动，将数字 100 更改为负值。
- 要更改元件实例移动的距离，将数字 100 更改为希望元件实例移动的像素数。

3. 垂直移动

通过将元件实例的 Y 属性减少或增加指定的像素数，将其向上或向下移动。

代码如下：

```
mc.y += 100;
```

代码说明:

- 所编写代码的默认移动方向为下。
- 要将符号实例向上移动，将数字 100 更改为负值。
- 要更改元件实例移动的距离，将数字 100 更改为希望元件实例移动的像素数。

4. 旋转一次

通过更新元件实例的旋转属性，将其旋转指定的度数。设置影片剪辑 rotation 属性，改变其数值来实现实例元件的旋转。

代码如下：

```
mc.rotation += 45;
```

代码说明:

- 编写代码的默认旋转方向为顺时针。
- 要将元件实例逆时针旋转，将数字 45 更改为负值。
- 要更改元件实例的旋转量，将数字 45 更改为希望的旋转度数。

5. 不断旋转

通过在 Enter_FRAME 事件中更新元件实例的旋转属性使其不断旋转。

代码如下：

```
mc.addEventListener(Event.Enter_FRAME, fl_RotateContinuously);
function fl_RotateContinuously(event:Event)
{
    mc.rotation += 10;
}
```

代码说明：

- 本实例触发 Enter_FRAME 事件，表示进入帧，当程序进入到添加代码的关键帧即触发了事件，执行 fl_RotateContinuously 函数。

- fl_RotateContinuously 函数主要执行 mc.rotation += 10；语句，表示将 mc 实例旋转 10°。所编写代码的默认旋转方向为顺时针。如果要将旋转方向更改为逆时针，将数字 10 改为负值。要更改元件实例的旋转速度，可将数字 10 更改为希望元件实例在每帧中的旋转度数。度数越高，旋转越快。
- 上面代码事件触发一次旋转 10°，而当动画不断触发 Enter_FRAME 事件时，则形成连续的旋转动画。

6. 水平/垂直动画移动

通过在 Enter_FRAME 事件中减少或增加元件实例的 X 属性，使其在舞台上向左或向右移动。增加或减少 Y 的属性，可以实现元件在舞台上向上或者向下运动。

代码如下：

```
mc.addEventListener(Event.Enter_FRAME, fl_AnimateHorizontally);
function fl_AnimateHorizontally(event:Event)
{
    mc.x += 10；//水平移动
    或
    mc.y+=10；//垂直移动
}
```

代码说明:

- 默认动画的 X、Y 属性值都为正数，向右或向下运动。如果想实现向左或向上运动可以将数字改为负数。
- 要更改元件实例的移动速度，可更改每帧中移动的像素数，数字越大，移动越快。
- 而当动画不断触发 Enter_FRAME 事件时，则形成连续的移动动画。
- 可以通过多个语句结合，同时实现 X 轴、Y 轴方向的同时运动。

7. 淡入/淡出影片剪辑

通过在 Enter_FRAME 事件中增加元件实例的 Alpha 属性值对其进行淡入，减少 Alpha 的属性值来实现淡出直到它完全显示。

代码如下：

```
mc.addEventListener(Event.Enter_FRAME, fl_FadeSymbolIn);
mc.alpha = 0;
function fl_FadeSymbolIn(event:Event)
{
    mc.alpha += 0.01;
    if(mc.alpha >= 1)
    {
        mc.removeEventListener(Event.Enter_FRAME, fl_FadeSymbolIn);
    }
}
```

代码说明:

- mc.alpha = 0；初始化实例对象的透明度，淡入时设置透明度大小为 0。
- 触发一次 Enter_FRAME 事件，则执行 mc.alpha += 0.01；语句，将透明度的值增大，逐渐实现淡入的效果。

- 影片剪辑实例的 Alpha 值最大为 1，所以使用 if（mc.alpha >= 1）判断是否完成淡入，如果 Alpha 的值为 1，则执行 mc.removeEventListener（Event.Enter_FRAME, fl_FadeSymbolIn）；语句，移除事件监听，完成淡入效果。

淡出影片剪辑与淡入相反，初始设置 Alpha 值为 1。通过在 Enter_FRAME 事件中减少元件实例的 Alpha 属性值对其进行淡出，直到它消失。所以通过事件触发调用函数后，执行 mc.alpha -= 0.01；语句，来减少透明度。通过 if 语句判断，如果 Alpha 的值为 0 时，则移除事件监听。

代码如下：

```
mc.addEventListener(Event.Enter_FRAME, fl_FadeSymbolOut);
mc.alpha = 1;
function fl_FadeSymbolOut(event:Event)
{
    mc.alpha -= 0.01;
    if(mc.alpha <= 0)
    {
        mc.removeEventListener(Event.Enter_FRAME, fl_FadeSymbolOut);
    }
}
```

知识拓展——MovieClip 类常用的方法和属性

1. 常用的属性

- alpha : Number 指示指定对象的 Alpha 透明度值。
- mask : DisplayObject 调用显示对象被指定的 mask 对象遮罩。
- mouseX : Number [read-only] 指示鼠标位置的 X 坐标，以像素为单位。
- mouseY : Number [read-only] 指示鼠标位置的 Y 坐标，以像素为单位。
- name : String 指示 DisplayObject 的实例名称。
- rotation : Number 指示 DisplayObject 实例距其原始方向的旋转程度，以度为单位。
- scaleX : Number 指示从注册点开始应用的对象的水平缩放比例（百分比）。
- scaleY : Number 指示从对象注册点开始应用的对象的垂直缩放比例（百分比）。
- visible : Boolean 显示对象是否可见。
- width : Number 指示显示对象的宽度，以像素为单位。
- height : Number 指示显示对象的高度，以像素为单位。
- x : Number 本地坐标的 X 坐标。
- y : Number 本地坐标的 Y 坐标。

2. 常用的方法

- addChild（child:DisplayObject）：将一个 DisplayObject 子实例添加到该 DisplayObjectContainer 实例中。
- gotoAndPlay（frame:Object, scene:String = null）：从指定帧开始播放 SWF 文件。
- gotoAndStop（frame:Object, scene:String = null）：将播放头移到影片剪辑的指定帧并停在那里。
- nextFrame()：将播放头转到下一帧并停止。

- nextScene()：将播放头移动到 MovieClip 实例的下一场景。
- play()：在影片剪辑的时间轴中移动播放头。
- prevFrame()：将播放头转到前一帧并停止。
- prevScene()：将播放头移动到 MovieClip 实例的前一场景。

本章小结与重点回顾

本章主要结合 Flash CC 软件中的“动作”和“代码片断”面板，制作简单的时间轴控制动画。熟悉并掌握如何利用“代码片断”面板添加基本常用的代码。掌握事件监听的代码添加过程，了解时间轴导航代码中常用的方法，如 gotoAndPlay()、play()、stop()、preFrame()、nextFrame()方法的使用。

课后实训 10

课堂练习 1——短片的 play 按钮和 replay 按钮的控制

下面以铅笔写字为例，为其添加播放和重播的按钮控制。在第 1 帧时，时间轴停止，需要添加“在此帧处停止”代码片断，为“play”按钮添加“单击以转到帧并播放”代码，转到第 2 帧开始播放。

在动画结束帧，添加“在此帧处停止”代码片断，为“replay”按钮添加“单击以转到帧并播放”代码，转到第 1 帧开始播放，如图 10-34 所示。

图 10-34　添加开始和重播按钮代码

课堂练习 2——影片的淡入

本实例为影片剪辑实例制作淡入的动画效果。将影片剪辑放置在舞台上，在代码片断中添加“淡入影片剪辑”，即实现了影片剪辑淡入效果，如图 10-35 所示。

图 10-35　淡入影片剪辑

课后习题 10

1. 选择题

（1）Flash 内嵌的脚本程序是（　　）。

A. ActionScript　　B. VBScript　　C. JavaScript　　D. Jscript

（2）打开“动作”面板的快捷键是（　　）。

A. 【F8】　　B. 【F9】　　C. 【F10】　　D. 【F11】

（3）Flash 中有 goto 代表（　　）。

A. 转到　　B. 变幻　　C. 播放　　D. 停止

（4）转到第 10 帧并播放的语句是（　　）。

A. gotoAndStop（10）　　B. gotoAndplay（10）

C. play（10）　　D. stop（10）

2. 填空题

（1）控制影片停止播放，使用的脚本代码为________________。

（2）控制时间轴转到下一帧并停止的代码为________________。

（3）控制时间轴转到前一帧并停止的代码为________________。

（4）控制时间轴转到第 5 帧并播放的代码为________________。

3. 简答题

AS3.0 中如何实现事件监听的过程。

动画的输出与发布

学习目标

在 Flash CC 中制作完成动画后，为了提高在网上传播的速度，需要尽量减少作品的大小，需对作品进行优化。优化影片后，可以将动画作品发布为其他格式，以方便浏览和观看。本章的主要内容是对 Flash 影片的测试、优化和输出。

- 熟悉并掌握两种测试影片的环境。
- 熟悉并掌握优化影片的方法。
- 熟悉并掌握导出 Flash 影片的方法。
- 熟悉并掌握发布影片的方法。

重点难点

- 优化影片。
- 输出不同格式的影片。
- 输出序列图片。

11.1　测试影片

11.1.1　在编辑环境中测试

在制作动画的过程中，需要经常对影片进行测试并修改，以提高动画制作的质量。在 Flash 中有两种测试 Flash 动画的方式，一种是在 Flash 编辑环境中对动画进行测试，另一种是在测试环境中对 Flash 动画进行测试。

在 Flash 编辑环境中能快速地进行一些简单的测试，在影片编辑环境下，按【Enter】键可以对影片进行简单的测试，用户可通过观察舞台的动画变化来检测动画。当按【Enter】键后，播放头向前移动并演示动画，再次按下【Enter】键时则停止播放，动画停止，如图 11-1 所示。

图 11-1　测试影片

除了按【Enter】键来控制播放头外，还可以使用时间轴下方的播放导航按钮来控制影片的播放。按钮依次为【转到第一帧】、【后退一帧】、【播放】、【前进一帧】、【转到最后一帧】。

选择时间轴下方的【循环】按钮，则时间轴上方会出现绘制标记范围，单击【播放】按钮即可实现循环播放所选择的的范围，如图 11-2 所示。

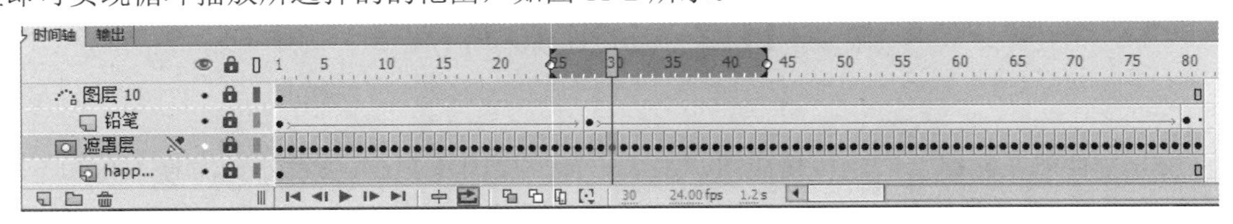

图 11-2　检测部分动画

需要注意，在编辑模式下可以测试在主时间轴上制作的动画效果，如添加的声音、遮罩动画和引导线动画，但并不能检测影片的所有内容，如动画中的影片剪辑元件、按钮元件及动画脚本的交互式效果。在影片编辑模式下测试影片得到的动画速度比输出或优化后的影片慢，所以编辑环境不是用户的首选测试环境。

11.1.2　在测试环境中测试

在 Flash 中打开测试的 Flash 动画源文件，执行【控制】→【测试影片】命令，快捷键为【Ctrl+Enter】，即打开测试窗口观看影片的播放，如图 11-3 所示。

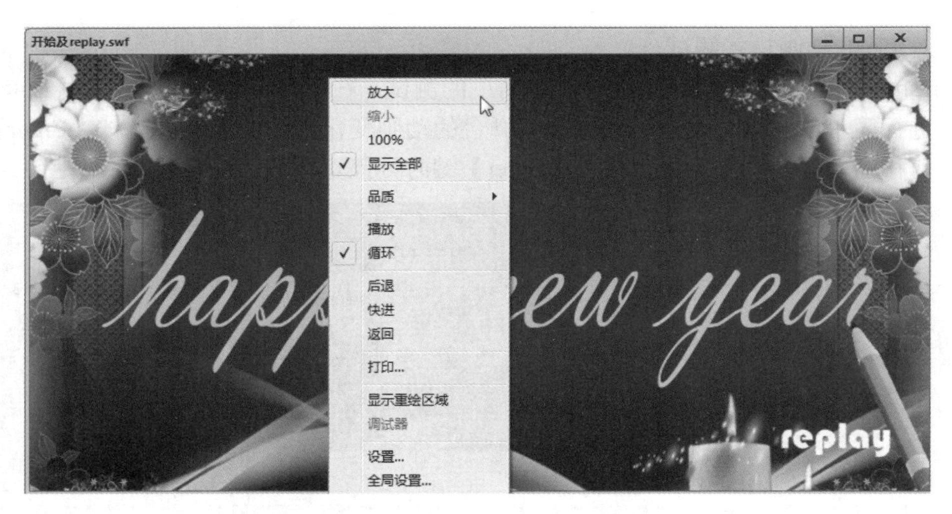

图 11-3　测试影片

右击测试窗口，在弹出的快捷菜单中提供了影片调试的一些选项。

- 放大：将动画画面放大一倍。
- 缩小：将放大的动画画面缩小为原来的 1/2。
- 100%：按照原来尺寸的 100%显示。
- 显示全部：在整个窗口区域显示动画内容。
- 品质：用于设置画面质量，有高、中、低 3 个选项，画面质量依次降低，但是速度依次加快。
- 播放：表示播放一次，并停止。
- 循环：测试影片，循环播放。
- 后退/快进/返回：控制影片的播放进度。
- 显示重绘区域：在播放器窗口中显示重绘的内容区域。

11.2　优化影片

Flash 文件能在网络上广泛传播应用，很大一部分原因是 Flash 文件小，方便上传和下载。为了提高 Flash 文件的下载速度，在输出和发布的动画之前尽量减小动画文件的容量，对动画影片进行优化。动画的优化主要包括对动画的优化、对图形的优化和对文本的优化。

11.2.1　优化元件和动画

在动画制作过程中对动画影片优化包括以下几点。

（1）对重复使用的元素，可将其转换为元件。如果在 Flash 中某个图形或者元素反复使用多次，可以将其转换为元件，多次使用元件则是对库中元件的引用，减小 Flash 文件的大小。

（2）能够通过补间动画创建的动画，不建议使用逐帧动画来完成，逐帧动画会增加 Flash 文件的数据量。

（3）在制作动画过程中，尽可能将动画元素中发生变化的内容和不发生变化的内容放置在不同的图层上，尽可能减小 Flash 文件的大小。

（4）在使用图形上，尽量使用矢量图，因为矢量文件数据量小，而位图文件数据量大。如果使用位图，应尽量避免对位图图像进行动画处理，可以将其作为背景或者静态元素。

（5）尽量避免在同一时间内安排多个对象同时动作。

（6）如果有音频文件，最后将音频文件进行压缩，采用 MP3 格式。例如，右击“库”面板中的声音素材，在弹出的快捷菜单中执行【属性】命令，在弹出的“声音属性”对话框中，将“压缩”选项设置为“MP3”，单击【确定】按钮即可实现对声音的压缩。压缩后的声音是原来的 4.5%，如图 11-4 所示。

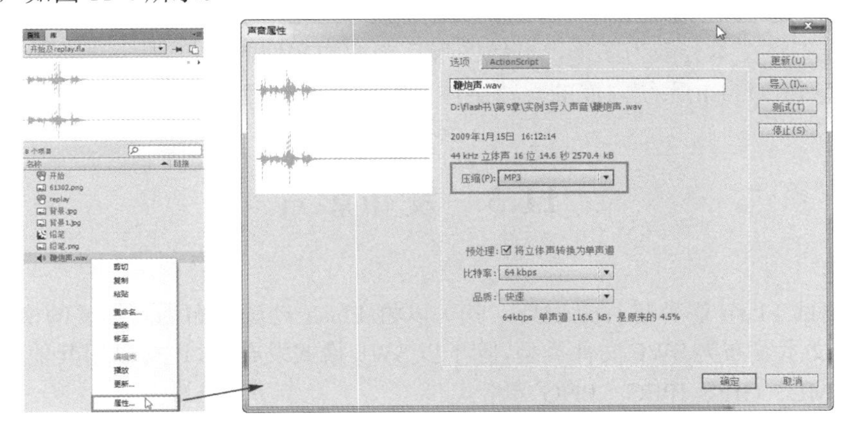

图 11-4　压缩音频文件

11.2.2　优化图形、线条、颜色

Flash 软件主要进行矢量图绘制，在绘制过程中要尽量减少数据量的大小，应注意以下几点。

（1）在绘制线条时，尽量避免使用特殊的线条类型，如虚线、点刻线、斑马线等，因为它们与实线相比占的数据量要大。

（2）使用【铅笔工具】绘制的线条要比用【刷子工具】绘制的线条占用的数据量少。

（3）执行【修改】→【形状】→【优化】命令，在弹出的“优化曲线”对话框中设置“优化强度”来减少文件的大小，如图 11-5 所示。

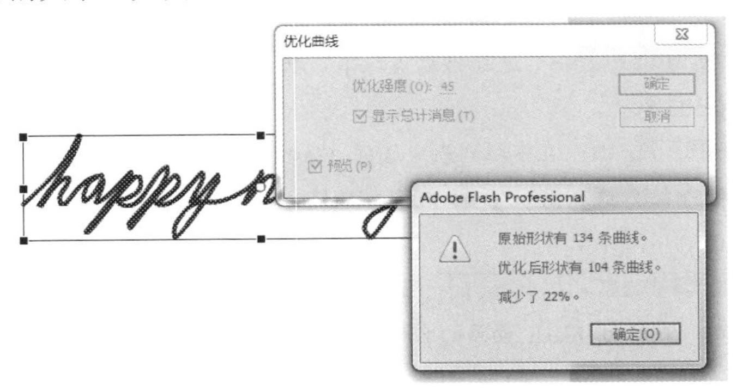

图 11-5　优化图形

（4）过多地使用【修改】→【形状】菜单下的【将线条转换为填充】、【柔化填充边缘】或【扩展填充】命令会增加文件的数据量。

（5）在对图形进行填充时，过多地使用“渐变填充”、“径向填充”也会增加文件的数据量。

（6）过多地设置图形的 Alpha 属性值，也会增加文件的数据量。

11.2.3 优化文本

在制作 Flash 动画过程中，对文本的优化注意以下几点。

（1）尽可能使用同一字体、同一字号的文本。过多地使用字体样式，会增加文件的数据量。

（2）尽量不将文本分散为图形，分散图形后会增加文件的大小。

（3）尽量使用 Flash 系统内嵌的一些字体，嵌入字体会增加文件的数据量。

11.3 发布影片

优化并测试 Flash 影片运行无误后，就可以将 Flash 动画发布为所需要的格式类型。默认情况下 Flash 文本发布为 SWF 文件类型，除了以 SWF 格式发布外，还可以用其他格式发布 Flash 文件，如 HTML、GIF、JPEG、PNG 等格式。

11.3.1 发布为 Flash 文件

发布 Flash 文件，首先需要进行发布设置。执行【文件】→【发布设置】命令，弹出“发布设置”对话框，如图 11-6 所示。

在“发布设置”对话框左侧的列表中可选择不同的发布格式，如果需要发布 Flash（.swf）文件，则勾选 ☑ Flash (.swf) 复选框，切换到 Flash 发布设置选项中。

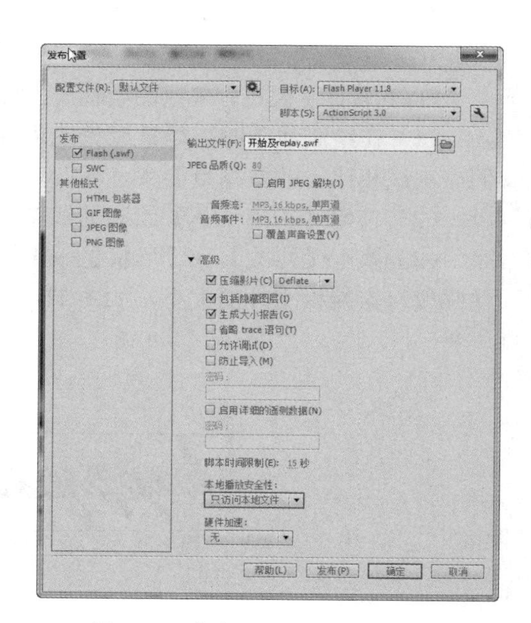

图 11-6 发布 Flash 文件选项设置

设置选项如下。

- 目标 目标(A): Flash Player 11.8 ：选择播放器版本，默认为 Flash Player 11.8。
- 脚本 脚本(S): ActionScript 3.0 ：在下拉列表中选择 Flash CC 软件的编程脚本语言 ActionScript 版本，默认为 ActionScript 3.0。
- 输出文件 输出文件(F): 开始及replay.swf ：设置输出文件的路径及名称，默认为 Flash 动画的名称，后缀为“.swf”。
- JPEG 品质 JPEG 品质(Q): 80 ：将动画中的位图文件使用 JPEG 格式来压缩的。压缩品质范围为 0～100，值越大品质越高，文件也就越大。选择时平衡文件的动画品质和播放下载速度等因素。

- 音频流 音频流：MP3, 16 kbps, 单声道 、音频事件 音频事件：MP3, 16 kbps, 单声道 ：单击后面的文字信息 MP3, 16 kbps, 单声道，则会弹出“声音设置”对话框，用于设置声音属性。
- 覆盖声音设置 ☐覆盖声音设置(V)：勾选该复选框后，将覆盖在“属性”面板中对“声音”指定的设置。
- 压缩影片 ☑压缩影片(C)：增加对压缩的支持，将生成的动画进行压缩，缩小文件。
- 包括隐藏图层 ☑包括隐藏图层(I)：将动画中的隐藏层导出。
- 生成大小报告 ☑生成大小报告(G)：创建一个文本文件，记录下最终导出动画文件的大小。
- 省略 trace 语句 ☐省略 trace 语句(T)：用于设定省略动画中的跟踪命令。

  允许调试 ☐允许调试(D)：允许对动画进行调试。
- 防止导入 ☐防止导入(M)：用于防止发布的动画文件被他人下载到 Flash 程序中进行编辑。
- 密码 密码：：当选中“防止导入”复选框后，可在密码框中输入密码，进行保护。

对发布的 Flash 文件设置后，单击【发布】按钮即可导出文件。

11.3.2　发布为 HTML 文件

执行【文件】→【发布设置】命令，弹出“发布设置”对话框，在左侧的列表中选择“HTML 包装器”复选框，右侧切换到输出 HTML 格式的选项设置，如图 11-7 所示。

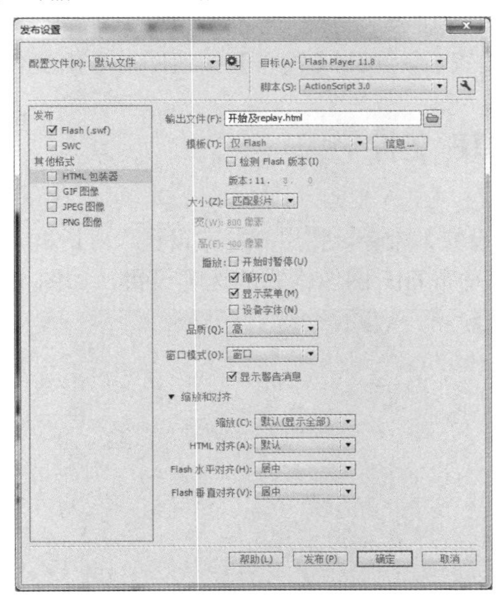

图 11-7　发布 HTML 文件选项设置

设置选项如下。

- 模板 模板(T): 仅 Flash ：用于选择所使用的设计模板，这些模板文件均位于 Flash 应用程序文件夹的 HTML 文件夹中。
- 检测 Flash 版本 ☐检测 Flash 版本(I)：将文档配置为检测用户所拥有的 Flash Player 的版本，并在用户没有指定播放器时向用户发送替代 HTML 的页面。
- 大小 大小(Z): 匹配影片 ：设置影片的宽度和高度值，其中包括“匹配影片”、“像素”和“百分比”3 个

选项。

- 开始时暂停：动画一开始处于暂停状态。
- 循环：动画循环播放。
- 显示菜单：使用户在浏览器中右击时可以看到快捷菜单。
- 设备字体：可以使用“消除锯齿”系统字体代替用户没有安装的字体样式。
- 品质：设置动画的品质，包括“低”、“中”、“自动减低”、“自动升高”、“高”、“最佳”6个选项，动画品质依次升高。
- 窗口模式：窗口模式下拉列表中包括“窗口”、“不透明窗口”、“透明无窗口”和“直接”4个选项。“窗口”表示内容的背景不透明并使用HTML背景颜色。“不透明窗口”将Flash内容的背景设置为不透明，并遮蔽该内容下面的所有内容。“透明无窗口”将Flash内容的背景设置为透明，并使HTML内容显示在该内容的上方和下方。“直接”表示Flash动画在网页中的显示方式将是默认的方式，不做任何设置。
- 缩放：可以更改文档的原始宽度和高度。包括“默认”、“无边框”、“精确匹配”、“无缩放”4个选项。“默认”保持原有Flash文件的宽高比，不发生扭曲，应用程序的两侧可能会显示边框。“无边框”选项则对文档进行缩放以填充指定的区域，并保持SWF文件的原始高宽比，同时不会发生扭曲，并根据需要裁剪SWF文件边缘。“精确匹配”表示在指定区域显示整个文档，但不保持原始高宽比，因此可能会发生扭曲。“无缩放”禁止文档在调整Flash Player窗口大小时进行缩放。
- 对齐：包括HTML对齐、Flash水平对齐和Flash垂直对齐。

对发布的HTML文件设置后，单击【发布】按钮即可导出文件。

11.3.3 发布为GIF文件

执行【文件】→【发布设置】命令，弹出“发布设置”对话框，在左侧的列表中选中“GIF图像”复选框，右侧切换到发布GIF图像格式的选项设置，如图11-8所示。

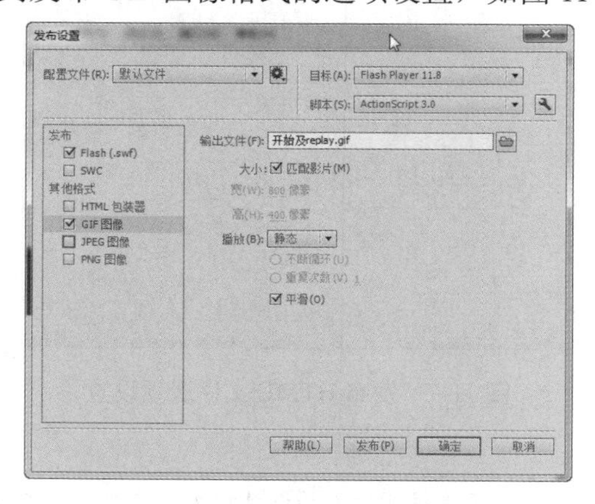

图11-8　发布GIF图像文件选项设置

设置选项如下。

- 大小：如果勾选“匹配影片”复选框，则大小与影片舞台大小一致，如果没有勾选复选框，则在下方可设置输出GIF文件的宽度和高度值。

- 播放 播放(B): 静态 ：包括“静态”和“动画”两个选项。选择“静态”则输出为动画第 1 帧的画面。如果选择“动画”，则输出 GIF 动画。
- 平滑 ☑平滑(O) ：选中该复选框，可以消除导出位图的锯齿，从而生成较高品质的位图图像。

对发布的 GIF 格式文件设置后，单击【发布】按钮即可导出文件。

11.3.4 发布为 JPEG 文件

执行【文件】→【发布设置】命令，弹出“发布设置”对话框，在左侧的列表中选中“JPEG 图像”复选框，右侧切换为发布 JPEG 图像格式的选项设置，如图 11-9 所示。

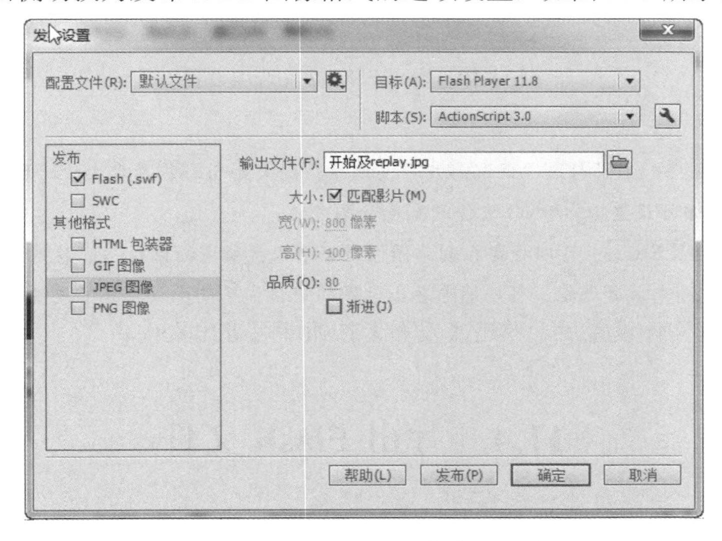

图 11-9 发布 JPEG 文件选项设置

选项设置如下。

- 大小 大小:☑匹配影片(M)：如果勾选“匹配影片”复选框，则大小与影片舞台大小一致，如果没有勾选复选框，则在下方可设置输出 JPEG 文件的宽度和高度值。
- 品质 品质(Q): 80 ：压缩品质范围为 0～100，值越大品质越高，文件也就越大。选择时平衡文件的动画品质和播放速度等因素。
- 渐进 ☐渐进(J)：如果选中该复选框，在浏览器中可以渐进显示图像。如果网络速度较慢，这一功能可以加快图片的下载速度。

对发布的 JPEG 文件设置后，单击【发布】按钮即可导出文件。

11.3.5 发布为 PNG 文件

执行【文件】→【发布设置】命令，弹出“发布设置”对话框，在左侧的列表中选中“PNG 图像”复选框，右侧切换为发布 PNG 图像格式的选项设置，如图 11-10 所示。

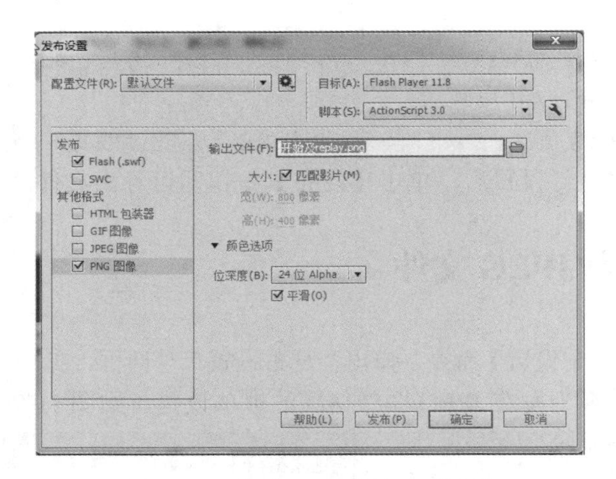

图 11-10　发布 PNG 文件选项设置

设置选项如下。

- 大小 大小：☑ 匹配影片(M)：如果勾选“匹配影片”复选框，则大小与影片舞台大小一致，如果没有勾选该复选框，则在下方可设置输出 PNG 文件的宽度和高度值。
- 位深度 位深度(B)：24 位 Alpha：可以指定在创建图像时每个像素所用的位数，位数越高，文件越大。
- 平滑 ☑ 平滑(O)：选中该复选框，可以消除导出位图的锯齿，从而生成较高品质的位图图像。

对发布的 PNG 文件设置后，单击【发布】按钮即可导出文件。

11.4　导出 Flash 文件

11.4.1　导出图像

把播放头停放在需要导出图像的那一帧上，执行【文件】→【导出】→【导出图像】命令。弹出“导出图像”对话框，如图 11-11 所示。

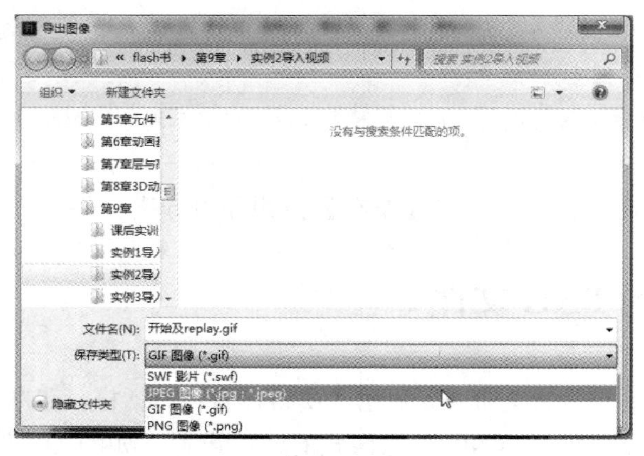

图 11-11　“导出图像”对话框

在弹出的“导出图像”对话框的“保存类型”中选择需要保存的文件类型，单击【确定】

按钮即弹出相应的图像格式设置对话框。如图 11-12 所示，分别为导出 JPEG、GIF、PNG 格式的设置对话框。

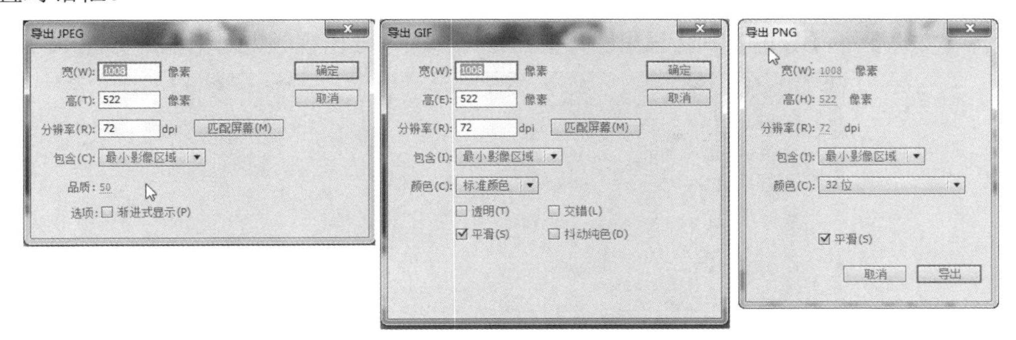

图 11-12　导出图像设置对话框

在对话框中可以设置图像的大小、分辨率、颜色、平滑、品质等属性，与发布设置的选项设置类似，这里就不再详细说明了。

11.4.2　导出影片

执行【文件】→【导出】→【导出影片】命令，弹出“导出影片”对话框，如图 11-13 所示。

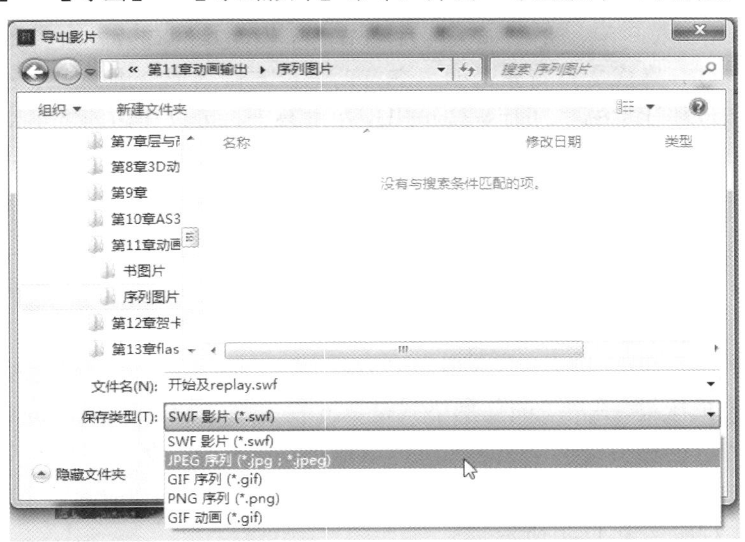

图 11-13　“导出影片”对话框

在弹出的“导出影片”对话框的“保存类型”中，可以选择“SWF 影片（*.swf）”、“JPEG 序列（*.jpg；*.jpeg）”、“GIF 序列（*.gif）”或“PNG 序列（*.png）”等。

- SWF 影片（*.swf）导出的是“.swf”格式的 Flash 发布影片，使用 FlashPlayer 播放器进行播放。
- PNG 序列、GIF 序列和 JPEG 序列导出的是影片第 1 帧到最后一帧的图片序列。
- GIF 动画是将动画过程导出为一个 GIF 动画。

11.4.3 导出视频

执行【文件】→【导出】→【导出影片】命令，弹出“导出视频”对话框，如图 11-14 所示。

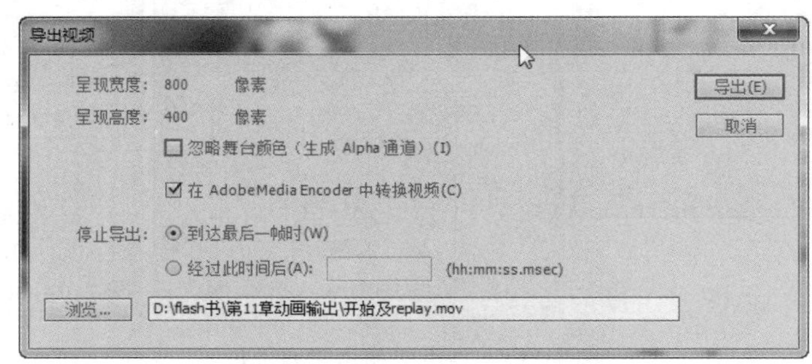

图 11-14 “导出视频”对话框

在此对话框中导出的视频为 MOV 格式，可以设置“停止导出”和是否“忽略舞台颜色”等选项。

知识拓展——最常见的图片格式

GIF、JPEG 和 PNG 是 3 种最常见的图片格式。

（1）GIF：使用无损压缩，是不损失图片细节而压缩图片的有效方法。支持 256 种颜色，支持单一透明色。GIF 格式支持背景透明；支持动画；支持图形渐进，渐进是指图片逐渐显示在屏幕上，渐进图片能比非渐进图片更快地出现在屏幕上，可以让访问者更快地知道图片的概貌。GIF 这种索引颜色格式最大的缺点就是它只有 256 种颜色，这对于照片质量要求高的图片是显然不够的。

（2）JPEG：使用有损压缩，图片质量会有损失。有损压缩会放弃图像中的某些细节，以减少文件数据量。它的压缩比相当高，使用专门的 JPEG 压缩工具，压缩比可达 180∶1，而且图像质量从浏览角度来讲质量受损不会太大。JPEG 文件颜色为 24 位真彩色（2^{24} = 17 万种颜色），JPEG 文件的图像色彩比较丰富，但 JPEG 文件不支持动画，不支持透明色。

（3）PNG：为无损压缩。最常见的使用格式是 256 索引色（PNG-8）和 24 位真彩色（PNG-24），支持全彩图像，对于色彩相当丰富的图像可以取得不错的视觉效果。文件不支持动画，但支持透明色。

3 种图片格式对比如表 11-1 所示。

表 11-1 3 种图片格式对比

特性	JPEG	GIF	PNG
压缩方式	有损压缩	无损压缩	无损压缩
压缩比例	极高	高	高
颜色	全彩	256 色	全彩、256 色
透明背景	无	有	有
动画	无	有	无

本章小结与重点回顾

本章的主要内容是对 Flash 影片的测试、优化、发布和输出。对于 Flash 的测试分为在编辑环境下测试和在测试环境下测试两种，在编辑环境中测试较快，但不全面，在测试环境中测试可以较为全面地测试动画制作效果。在制作动画影片时，尽量保证 Flash 文件的传播速度，对动画的制作过程、线条、色彩、图形等方面进行优化处理。动画测试和优化后，可以将 Flash 文件发布为 SWF 格式、HTML 格式、JPEG 格式、GIF 格式和 PNG 格式的文件，在发布设置中对发布类型进行设置，也可以通过 Flash 软件将动画导出为图像、影片、视频等格式。

课后实训 11

课堂练习 1——将动画导出为序列图片

将“钟摆.fla”实例导出为序列图片，关键步骤如图 11-15 所示。

课堂练习 2——将动画导出为 HTML 网页格式

将“钟摆.fla”实例导出为 HTML 格式，效果如图 11-16 所示。

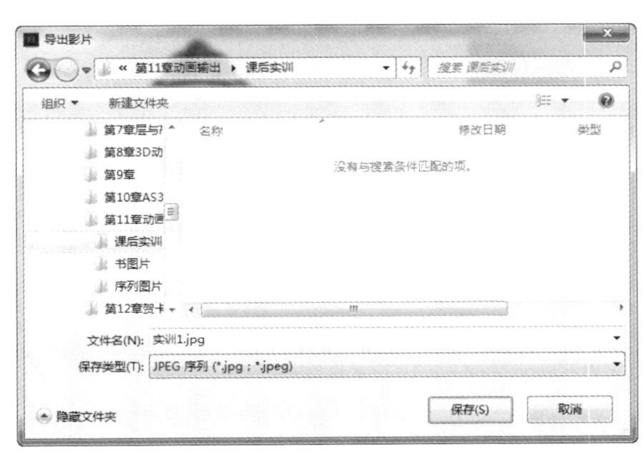

图 11-15 1 导出序列图片

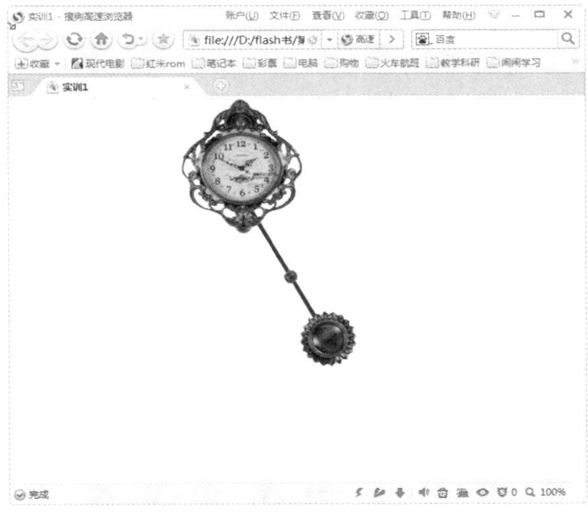

图 11-16　发布 HTML 格式文件

课后习题 11

简答题

（1）在制作动画过程中对动画影片的优化包括哪些？

（2）在编辑状态下测试不能测试哪些内容？

综合实训

12.1　电子贺卡的设计制作

学习目标

电子贺卡是人们交流感情、表达美好祝福的一种交流方式，是人们增进感情交流的一种工具。Flash 贺卡的种类很多，有邀请卡、祝福卡、生日贺卡、圣诞贺卡及新年贺卡等。本章主要介绍 Flash 贺卡制作的一般流程、Flash 图形与动画的制作方法及背景音乐的添加。

- 熟悉并掌握电子贺卡的制作流程。
- 设计贺卡。
- 贺卡素材准备。

重点难点

- 开始按钮和重播按钮的代码添加。
- 背景音乐属性设置。

12.1.1　生日贺卡的设计

Flash 贺卡一般只有十几秒或几十秒的播放时间，情节比较简单，主题比较明确。本章实例制作的是生日贺卡，整体简洁、明快，动画配合生日歌衬托出温馨愉悦的气氛。生日贺卡的设计效果如表 12-1 所示。

表 12-1 生日贺卡的设计效果

	蓝色背景，单击“play”按钮播放贺卡。
	生日蛋糕从右侧进入舞台；礼物依次从不同的位置进入舞台。
	生日蜡烛逐渐出现。
	逐渐显示生日祝福语“没有五彩的鲜花，没有浪漫的诗句，没有贵重的礼物，没有兴奋的惊喜，只有轻轻的祝福，祝你生日快乐！”
	“happy birthday to you”祝福语淡入，并闪烁。生日小礼物下落。

12.1.2 素材准备

新建一个“素材.flash”文件夹，将所需要的素材都保存在这个文件夹中。

1. 声音素材

生日贺卡的背景音乐选择经典歌曲《祝你生日快乐》，音频格式为.mp3，导入到素材文件的库中。

2. 生日蛋糕

本实例的生日蛋糕素材采用本书第 6 章中“生日蜡烛”实例中的生日蛋糕及蜡烛素材。执行【文件】→【导入】→【打开外部库】命令，将生日蛋糕和蜡烛放置在生日贺卡的素材库中，如图 12-1 所示。

同时新建一个“蜡烛组合”的影片剪辑，将生日蜡烛、烛光组合成一个新的元件，为制作蜡烛逐渐显示的动画效果做准备。

3. 礼品盒

生日贺卡中需要绘制 3 个礼品盒素材，礼品盒主要使用【线条工具】绘制轮廓，使用【填充工具】填充相应的颜色，如图 12-2 所示。

4. 祝福语素材

（1）祝福语

祝福语为“没有五彩的鲜花 没有浪漫的诗句 没有贵重的礼物没有兴奋的惊喜 只有轻轻的祝福”，将每一句转换为元件，并将每句后面的两个文字变大，添加投影滤镜。颜色用户可以自己选择，效果如图 12-3 所示。

没有五彩的鲜花
没有浪漫的诗句
没有贵重的礼物
没有兴奋的惊喜
只有轻轻的祝福

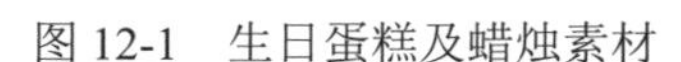

图 12-1　生日蛋糕及蜡烛素材　　图 12-2　礼品盒绘制　　图 12-3　祝福语

（2）显示 happy birthday to you

最后屏幕上显示“happy birthday to you”文字，效果如图 12-4 所示。

happy birthday toyou

图 12-4　“happy birthday to you”文字效果

操作步骤　START

① 新建一个“hbty”的影片剪辑元件，输入英文文本，字体为 Ravie，大小为 85，可以使用【任意变形工具】进行调整，如图 12-5 所示。

图 12-5　输入文本

② 将文本分离后，按两次【Ctrl+B】快捷键分散为“形状”，设置线条属性为 3 像素的“斑马线”，使用【墨水瓶工具】进行描边，如图 12-6 所示。

图 12-6　描边

③ 新建一个“happybirthday”的影片剪辑，将制作的“hbty”影片剪辑实例拖放到舞台上，选择实例对象，在“动画预设”面板中选择“波形”，形成一种波形跳动的效果，如图 12-7 所示。

图 12-7　应用波形动画预设

5. 下落礼品素材

使用图形绘制工具，绘制图形元件，效果如图 12-8 所示。

6. replay 按钮

新建一个按钮元件“replay”，设置 4 个关键帧的状态，如图 12-9 所示。

图 12-8　下落的图形元件

图 12-9　制作“replay”按钮

7. 背景素材

背景效果如图 12-10 所示。背景的绘制主要包括蓝色背景、纱帘绘制、晃动的圆球和闪烁的星星，下面详细说明如何绘制。

（1）蓝色背景

① 新建“背景 1”图形元件，绘制一个矩形，大小为 500×400 像素，根据需要可自行调整。设置矩形颜色为#0033ff。

② 新建一个图层，选择【绘制对象】模式，在背景上绘制一个正圆形，圆形的填充效果为“径向渐变”，填充样式如图 12-11 所示。圆的填充颜色为白色，左侧的 Alpha 值为 40%，右侧的 Alpha 值为 0，形成中间浅、边缘柔化的效果。

图 12-10　背景效果

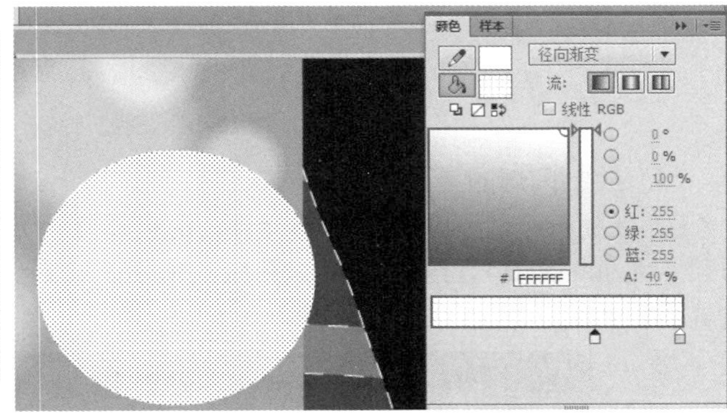

图 12-11　绘制渐变圆形

③ 将绘制好的圆复制多个，使用【任意变形工具】进行变形，随意地将圆放置在“背景 1”上，如图 12-12 所示。

（2）纱帘的绘制

新建一个“背景 2”的图形元件，选择【线条工具】绘制纱帘形状，使用【颜料桶工具】填充颜色。填充颜色均为白色，根据深浅，设置透明度分别为 20%、40%和 60%，对图形进行填充，如图 12-13 所示。

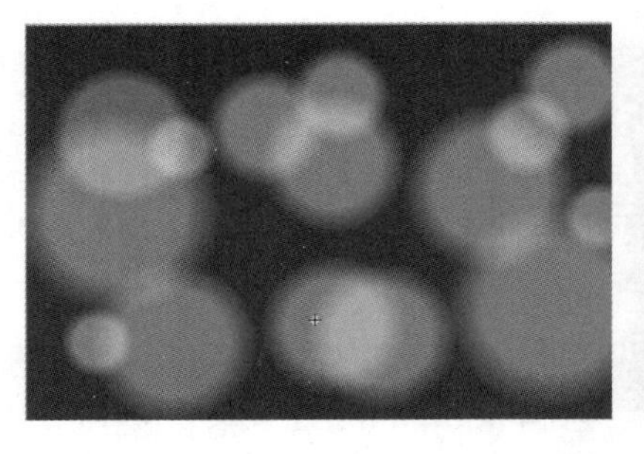

图 12-12　背景 1 绘制

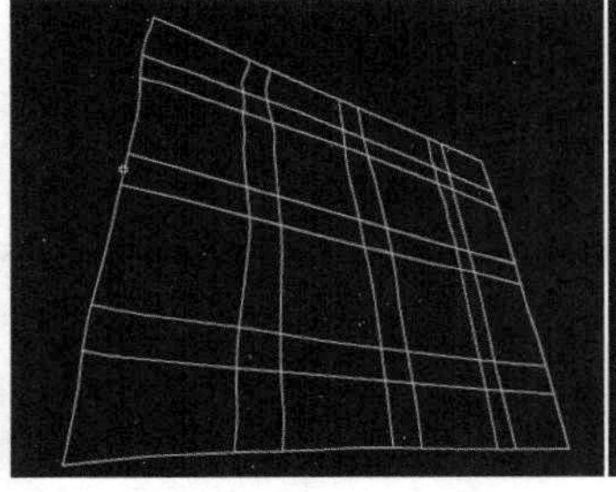
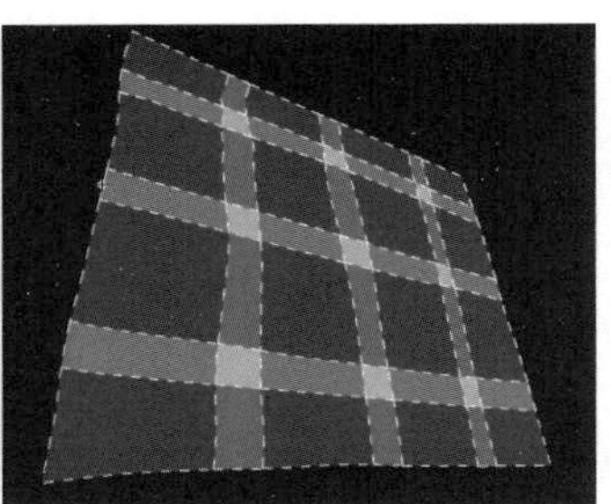

图 12-13　绘制纱帘

（3）绘制晃动的圆球

① 新建一个“圆形”的图形元件，在“圆形”图形元件的编辑窗口绘制一个正圆形，无笔触颜色，宽和高都为 100 像素，填充颜色为白色，填充的 Alpha 值为 20%。

② 新建一个“圆”的影片剪辑，将“圆形”图形元件拖放到舞台上。右击，在弹出的快捷菜单中执行【创建传统补间】命令，将圆上、下、左、右移动一小段距离，约 30 像素，如图 12-14 所示。

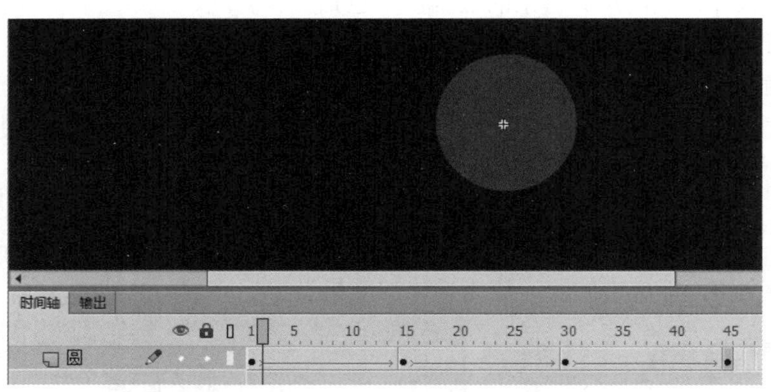

图 12-14　创建传统补间动画

（4）绘制闪烁的星星

① 新建一个“星星”的图形元件，先使用【多角星形工具】绘制一个八角星，设置“星形顶点大小”为 0.1，绘制效果如图 12-5 所示。绘制好后，使用【选择工具】移动 4 个顶点的位置，将其缩小。

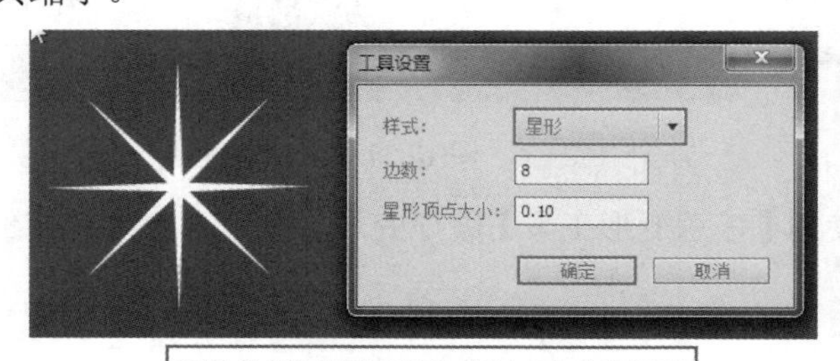

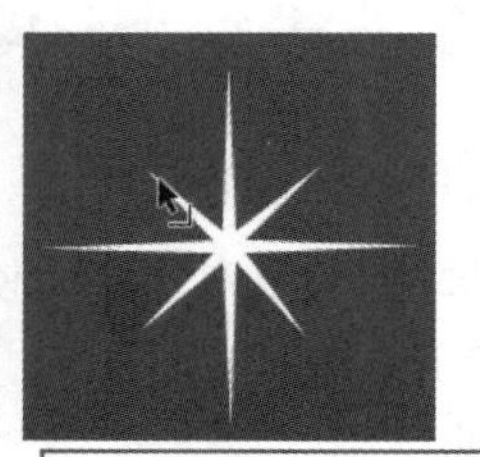

图 12-15　绘制星星

② 新建一个图层，添加光晕效果，绘制一个正圆形，设置填充效果为“径向渐变”，渐变颜色设置为白色，左侧控制点的 Alpha 值为 100%，右侧控制点的 Alpha 值为 0，如图 12-16 所示。

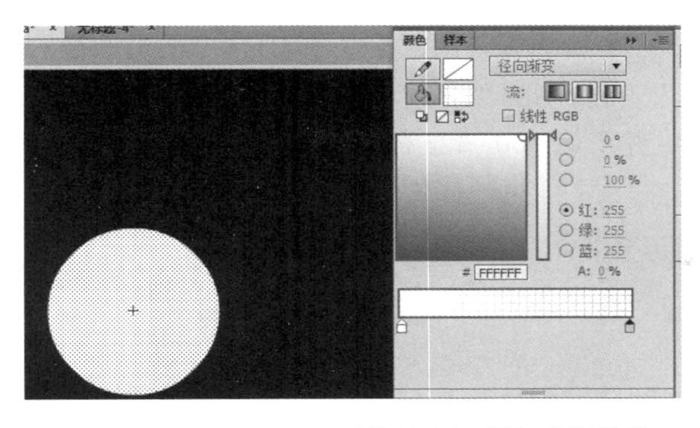

图 12-16 添加光晕效果

③ 创建一个“星星闪烁”的影片剪辑元件，将“星星”元件拖放到舞台上，右击，在弹出的快捷菜单中执行【创建传统补间】命令，在第 15 和 30 帧插入关键帧。在第一个补间上设置顺时针旋转，第二个补间上设置逆时针旋转，如图 12-17 所示。

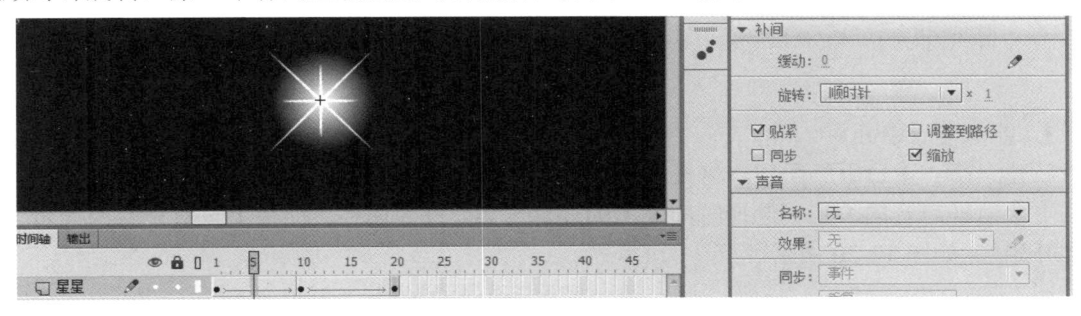

图 12-17 旋转动画

（5）背景组合

新建一个“背景”影片剪辑元件，将绘制的“背景 1”、“背景 2”、“圆”、“星星闪烁”等元件放置在“背景”影片剪辑的编辑窗口。“圆”和“星星闪烁”影片剪辑元件复制多个，并使用【任意变形工具】调整大小，错落有致地放置在舞台上，如图 12-18 所示。

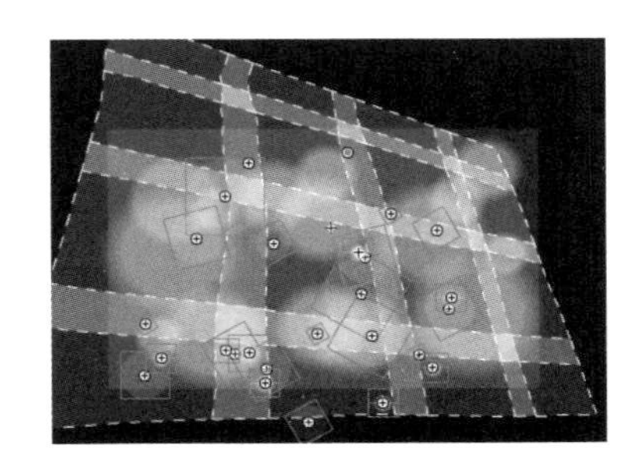

图 12-18 组合背景

12.1.3 动画制作

生日贺卡的制作过程主要包括生日蛋糕和礼物的淡入过程、蜡烛逐渐显示过程、祝福语显示过程、最后的 happy birthday to you 文字显示过程、小礼品下落过程，以及 replay 按钮的代码添加。

START

1. 新建文档，并保存

新建 ActionScript 3.0 文档，并将文档保存为“生日贺卡.fla”。舞台大小设置为 1000×600 像素。打开“素材”外部素材库。

2. 导入背景

将“图层 1”重命名为“背景”，将绘制的“背景”影片剪辑放置在舞台上，使用【任意变形工具】，将背景覆盖整个舞台，并在第 500 帧左右“插入帧”，使背景在时间轴上延续，如图 12-19 所示。

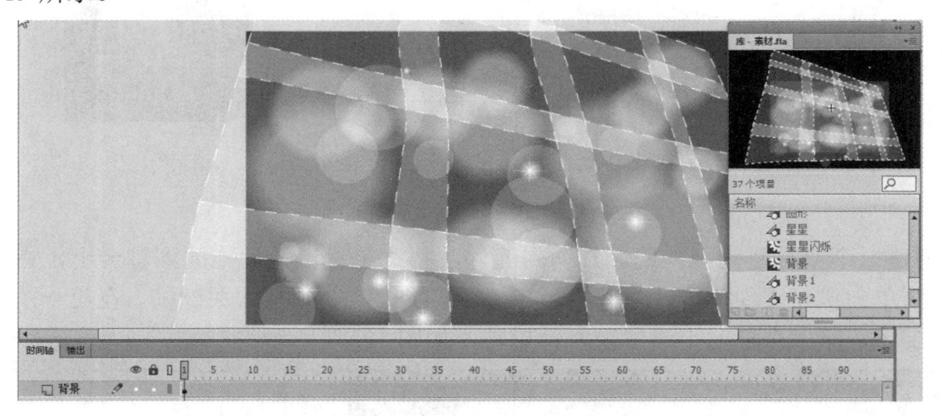

图 12-19　设置背景

3. 导入背景音乐

新建一个“生日歌”图层，将素材库中的“生日快乐歌”音频素材拖放到舞台上，则在时间轴上会出现声音的波形。选择时间轴上的任意一帧，在“属性”面板上设置声音的同步方式为“开始”，如图 12-20 所示。

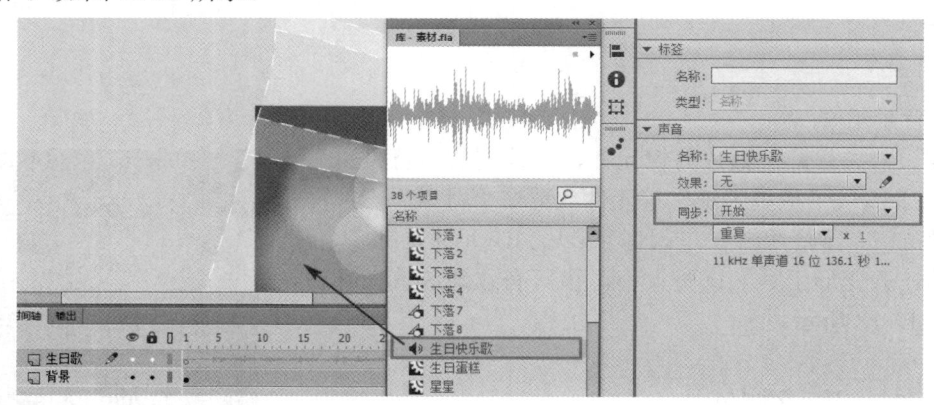

图 12-20　设置背景音乐

4. 制作蛋糕淡入效果

新建“蛋糕”图层，将“生日蛋糕”元件放置在舞台右下角，右击，在弹出的快捷菜单中执行【创建传统补间】命令，在第 70 帧插入关键帧，将蛋糕移动到舞台中间的位置。设置第 1 帧蛋糕的 Alpha 值为 0，第 70 帧蛋糕的 Alpha 值为 100%，制作淡入效果，如图 12-21 所示。

5. 制作礼物淡入效果

（1）礼物 1 淡入效果

① 新建“礼物 1”图层，在第 15 帧插入关键帧。

② 将“礼物 1”元件放置在舞台下方，右击，在弹出的快捷菜单中执行【创建传统补间】命令，在第 55 帧插入关键帧，将“礼物 1”移动到蛋糕左侧的位置。在第 15 帧设置“礼物 1”

实例元件为模糊滤镜，Y 的模糊值为 200；在第 55 帧设置“礼物 1”实例元件为模糊滤镜，Y 的模糊值为 0，如图 12-22 所示。

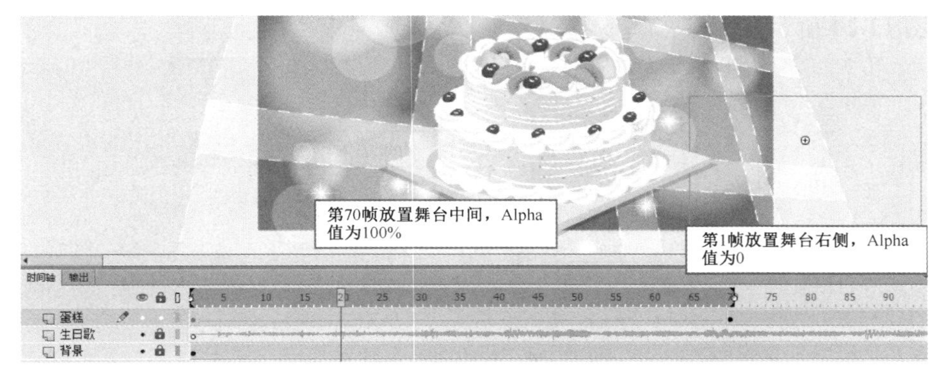

图 12-21　制作蛋糕淡入效果

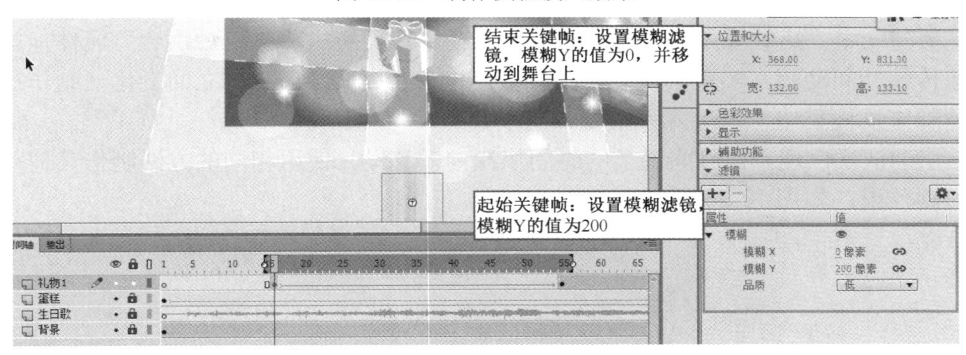

图 12-22　礼物 1 动画效果

（2）礼物 2 淡入效果

① “礼物 2”的淡入效果与蛋糕的淡入效果类似。新建“礼物 2”图层，在第 25 帧插入关键帧。

② 将“礼物 2”元件放置在舞台下方，右击，在弹出的快捷菜单中执行【创建传统补间】命令，在第 70 帧插入关键帧，将“礼物 2”移动到蛋糕左侧的位置（起始位置用户可自行设计）。在第 25 帧设置“礼物 2”实例元件的 Alpha 值为 0；在第 70 帧设置“礼物 2”实例元件的 Alpha 值为 100%，如图 12-23 所示。

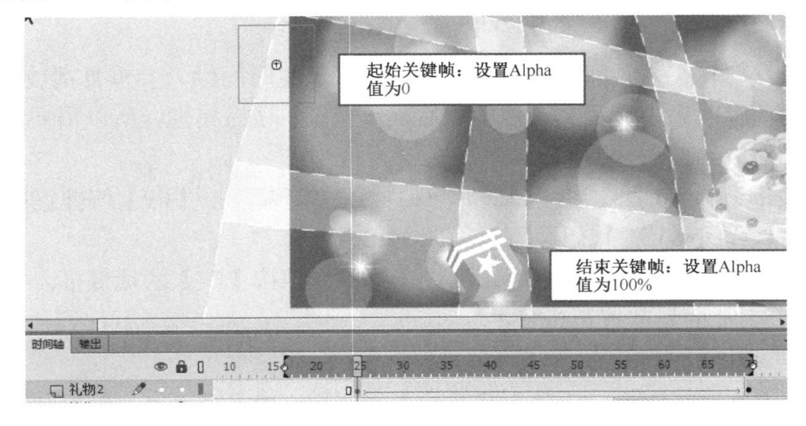

图 12-23　礼物 2 淡入效果

（3）礼物 3 淡入效果

“礼物 3”的淡入效果与“礼物 2”相似。新建“礼物 3”图层，在第 35 帧插入关键帧。具体设置如图 12-24 所示。

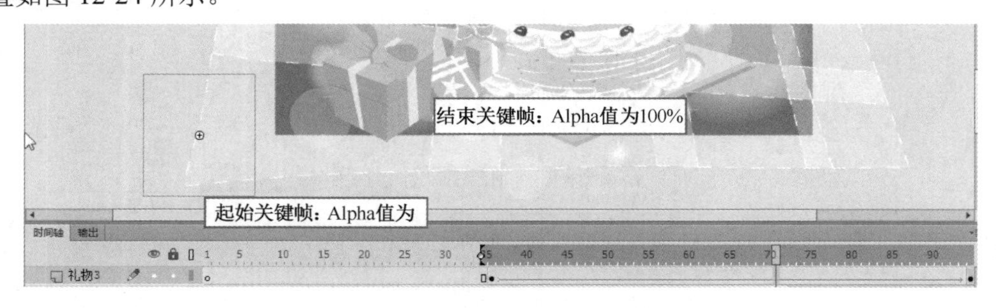

图 12-24 礼物 3 淡入效果

6. 蜡烛逐渐显示效果

（1）新建一个“蜡烛显示动画”影片剪辑，在影片剪辑中将“蜡烛组合”元件拖放到舞台上，创建传统补间动画，实现淡入效果。设置 Alpha 值从 0 到 100%之间变化（制作过程与前面实例的制作过程类似，这里就不重复说明了）。

（2）蜡烛依次出现，在时间轴上的时间依次向后移动，使用相同的方法制作其他 4 根蜡烛显示的动画效果，如图 12-25 所示。

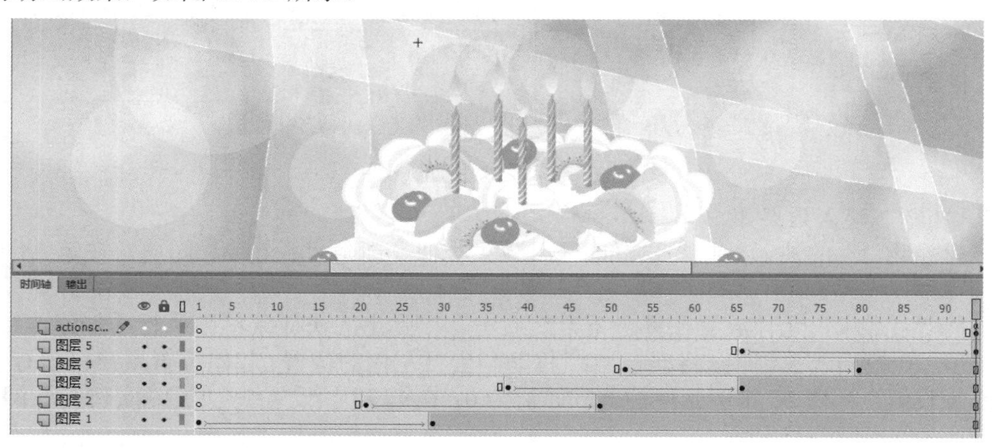

图 12-25 蜡烛逐渐显示效果

（3）由于影片剪辑在主时间轴上播放时，不依赖于主时间轴，会重复播放蜡烛显示过程。而贺卡所需要的动画效果为显示完蜡烛动画后，一直显示所有蜡烛，所以需要将“蜡烛显示动画”的影片剪辑播放到最后一帧停止。

新建一个“actionscript”图层，在最后一帧插入关键帧，按【F9】快捷键打开“动作”面板，在面板上输入“stop()”；代码即可，如图 12-26 所示。

（4）回到主场景中，新建“蜡烛”图层，在第 110 帧按【F7】快捷键插入空白关键帧，将“蜡烛显示动画”影片剪辑放置在蛋糕上。

7. 制作文字动画

制作文字飞入和飞出效果，在第 100 帧插入关键帧，将“没有五彩的鲜花”影片剪辑元件拖放到舞台左侧，选择影片剪辑实例，在“动画预设”面板的默认预设文件夹中选择“飞入后停顿再飞出”选项，单击【应用】按钮，即快捷地创建了动画效果，如图 12-27 所示。

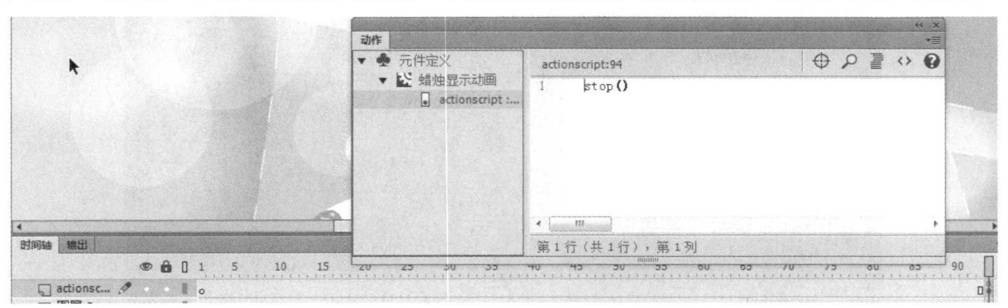

图 12-26　添加 stop()；代码

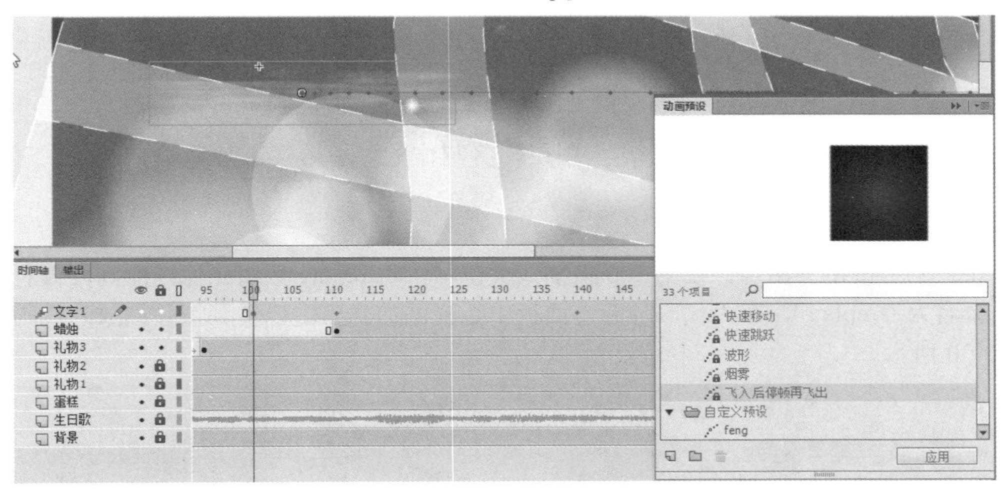

图 12-27　创建动画预设

其他文字也采用此方法进行制作，时间上都依次向后延长一段时间，效果如图 12-28 所示。

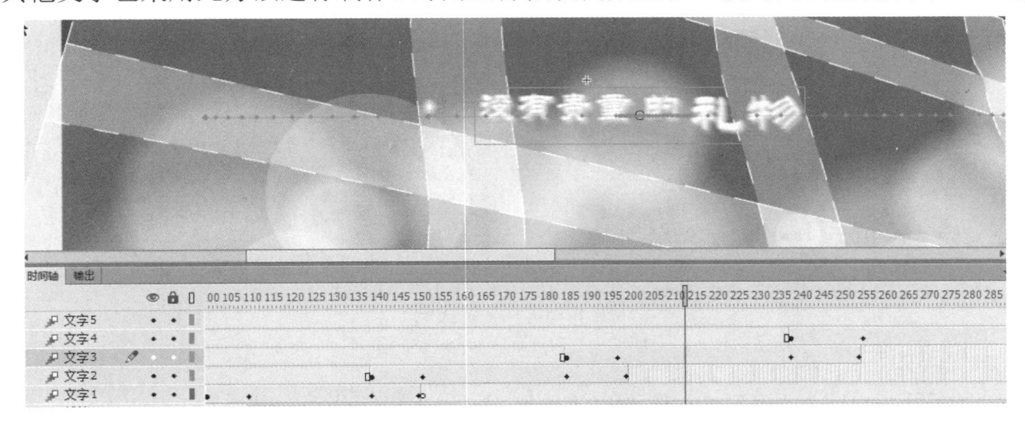

图 12-28　祝福语动画

8. 放置 happy birthday to you 标语

新建“happybirthday”图层，将制作的“happy birthday”影片剪辑放置在舞台上。

9. 制作礼物下落动画

新建“下落”影片剪辑，制作礼物下落的引导线动画，如图 12-29 所示。

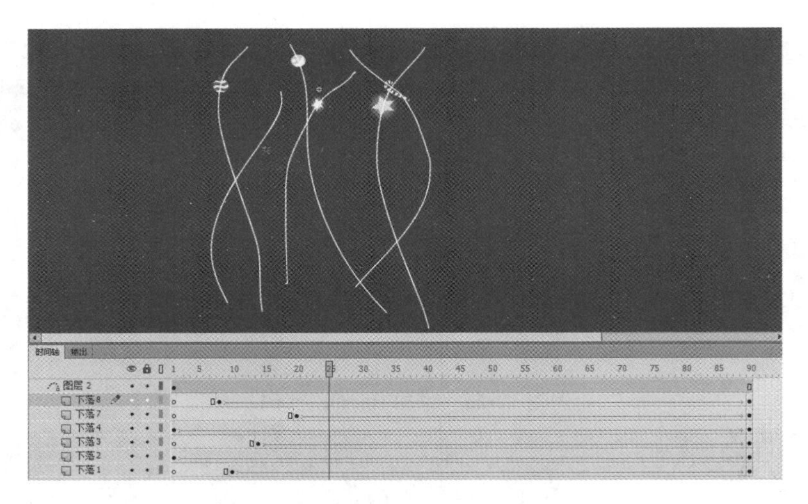

图 12-29　制作礼物下落引导线动画

在主场景上新建一个“礼物下落”图层，将制作的“下落”影片剪辑拖放 4～5 个到舞台上。

10. 添加重播按钮

新建一个“按钮”图层，在第 500 帧插入关键帧，将 replay 按钮元件拖放到舞台右下角，实例化命名为“replay”，在“代码片断”面板中选择添加“单击以转到帧并播放”代码片断，如图 12-30 所示。

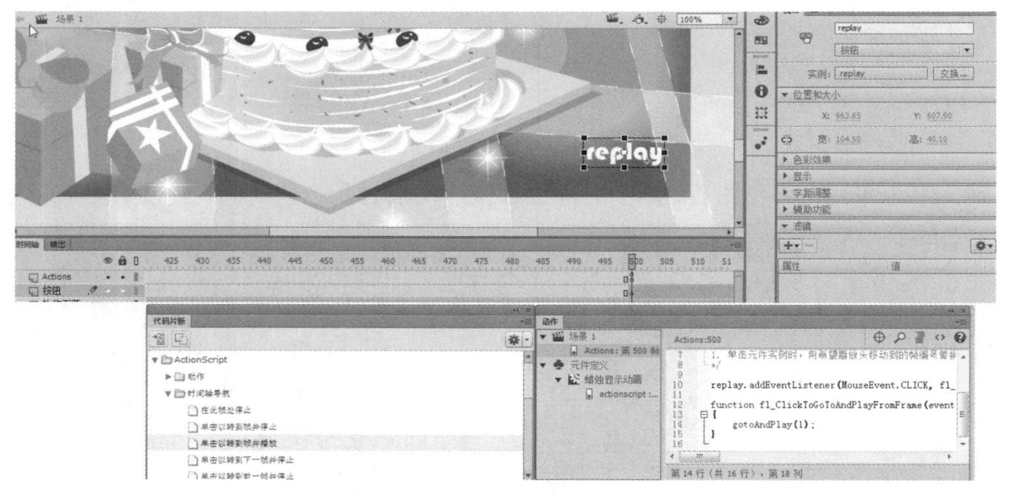

图 12-30　添加代码

添加代码如下：

```
replay.addEventListener(MouseEvent.CLICK, fl_ClickToGoToAndPlayFromFrame);
function fl_ClickToGoToAndPlayFromFrame(event:MouseEvent):void
{
    gotoAndPlay(1);
}
```

代码说明：为 replay 按钮添加鼠标点击的事件监听（MouseEvent.CLICK），当单击“replay”

按钮时执行转到第 1 帧并播放命令。

将默认的 gotoAndPlay（5）; 修改为 gotoAndPlay（1）;。

11. 帧停止代码

在第 500 帧处，为影片添加帧停止命令，选择第 500 帧，按【F9】快捷键，在“动作”面板上输入“stop()”，即实现帧停止命令。

12.1.4 影片输出

影片制作完成后，执行【文件】→【发布设置】命令，在弹出的“发布设置”对话框中，选择发布“Flash（.swf）”，默认选项设置，单击【发布】按钮即可实现发布生日贺卡，效果如图 12-31 所示。

图 12-31 贺卡效果

知识拓展——电子贺卡制作过程

从设计层面来探讨一下电子贺卡的制作过程。

1. 确定的主题

贺卡是在节日、生日、纪念日等重要节日里，人们交流感情、表达美好祝福的一种交流方式，所以在制作贺卡之前，根据所选择的节日、送贺卡的对象确定主题和所要表达的感情。

2. 明确贺卡的风格

根据不同的主题，确定不同的表现形式。例如，春节电子贺卡以喜庆热闹为主，中秋节电子贺卡以平静温暖为主；情人节电子贺卡以温馨甜蜜为主等。确定风格的同时，也需要确定贺卡的色调，不同颜色给人不同的心理情感暗示，例如，红色表示喜庆；蓝色表示凉爽、清新，给人感觉平静、理智；橙色具有轻快、欢欣、热烈、温馨的效果；黄色具有温暖、灿烂辉煌的感觉；绿色具有宁静、健康、安全的感觉；紫色给人神秘的感觉。

3. 准备素材

准备贺卡所需要的背景、按钮、文字、声音等素材。

4. 动画制作

根据设计的贺卡动画制作动画效果。首先确定舞台的大小，导入声音、背景，然后制作舞台动画。最后添加重播按钮及代码动作。

5. 输出影片

动画制作完成后，发布影片。

12.2 Flash MTV 设计制作

学习目标

Flash MTV 是用 Flash 软件结合音乐制作出的动画作品，具有制作费用低、表现形式多样、感染力强、在网络上广泛传播的特点。本节主要结合《采蘑菇的小姑娘》这首儿童歌曲进行 Flash MTV 的制作，讲解 Flash MTV 的设计及制作过程。

- 理解 Flash MTV 的制作流程。
- 掌握 Flash MTV 字幕与音乐同步效果。
- 动画场景的切换。
- 根据歌词意境进行相应动画效果的制作。

重点难点

- Flash MTV 的分镜设计。
- 场景动画的设计制作。
- 声音与字幕同步设置。
- 按钮代码的添加。

12.2.1 《采蘑菇的小姑娘》动画设计

《采蘑菇的小姑娘》这首歌写于 1982 年，是一首经典的中国儿童歌曲。整首歌曲节奏欢快，以欢快的旋律和朴实清新的歌词赢得了孩子们的喜爱。整个歌曲讲述了小女孩采蘑菇的故事情节，所以 Flash MTV 在设计上也主要以展示采蘑菇的故事情节为主。动画主要画面如表 12-2 所示。

表 12-2 动画主要画面

镜头	画面	动作	对白	秒数（帧数）	备注
1		片头部分，影片停止播放，单击“蘑菇”按钮播放影片。	无	1 帧	
2		小女孩从远处进入场景，标题文字逐渐显示。	无	6.5 秒（第 2～160 帧）	淡出
3		镜头从天空移动到蘑菇房子，再缓慢地推镜头。在推镜头的时候显示歌词：采蘑菇的小姑娘	歌词：采蘑菇的小姑娘	7 秒（第 140～310 帧）	淡入移镜头、推镜头
4		小女孩从蘑菇房子里走出来。	歌词：背着一个大竹筐 清早光着小脚丫	4.5 秒（第 311～420 帧）	推镜头
5			动作：女孩侧面走到大树下，转身。 歌词：走遍森林和山冈	4 秒（第 421～515 帧）	跟镜头
6		近景镜头，女孩背面。准备采蘑菇。	歌词：她采的蘑菇最多 多得像那星星数不清	5 秒（第 516～640 帧）	
7		场景中间放个背篓，里面的蘑菇逐渐增多。	歌词：她采的蘑菇最大 大得像那小伞装满筐	7.5 秒（第 641～785 帧）	
8		女孩按照场景中的路线向远处走去。	歌词：噻箩箩哩噻箩箩哩噻	3 秒（第 786～920 帧）	
9			动作：女孩在场景中做纵向调度，镜头跟随女孩移动	12 秒（第 921～1150 帧）	跟镜头
10		女孩在场景中做纵向调度，在去集市的路上。	歌词：谁不知山里的蘑菇香 她却不肯尝一尝	10 秒（第 1151～1390 帧）	

续表

镜 头	画 面	动 作	对 白	秒数（帧数）	备 注
11			动作：女孩在集市的场景上走。 歌词：攒到赶集的那一天赶快背到集市上	6 秒（第 1391～1535 帧）	跟镜头
12		镰刀从舞台下方淡入进入场景，棒棒糖从下方进入场景	歌词：换上一把小镰刀再加上几块棒棒糖	5 秒（第 1536～1660 帧）	
13		舞台上 3 个小伙伴分享棒棒糖	歌词：和那小伙伴一起把劳动的幸福来分享	7 秒（第 1661～1830 帧）	推镜头
14		在场景上走，纵向运动	歌词：噻箩箩哩噻箩箩哩噻噻箩箩哩噻箩箩哩噻	5 秒（第 1831～1955 帧）	
15		回家	歌词：噻箩箩箩噻箩箩箩噻箩箩箩噻箩箩哩噻	4.5 秒（第 1956 帧～2080 帧）	
16		谢幕 重播		2 秒（第 2066 帧～2105 帧）	淡入

12.2.2 角色设计制作

在《采蘑菇的小姑娘》的 Flash MTV 中主要角色为小女孩，次要角色为两个小伙伴。采蘑菇的小女孩的形象是勤劳、善良和朴素。

1. 小女孩设计

小女孩各个面的设计制作如图 12-32 所示。

图 12-32 小女孩各个角度的设计制作

2. 制作走路效果

绘制的角色需要进一步完成走路等效果。将身体各个部分转换为元件，下面以侧面走路为例进行说明，对角色身体部分进行分解，组合元件，如图 12-33 所示。

将身体各个部分放置在不同的图层上，设置走路的关键帧动作，如图 12-34 所示。

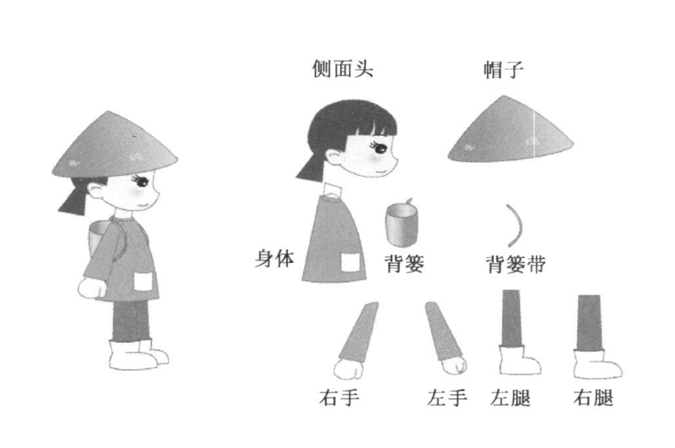

图 12-33 女孩身体各个部分

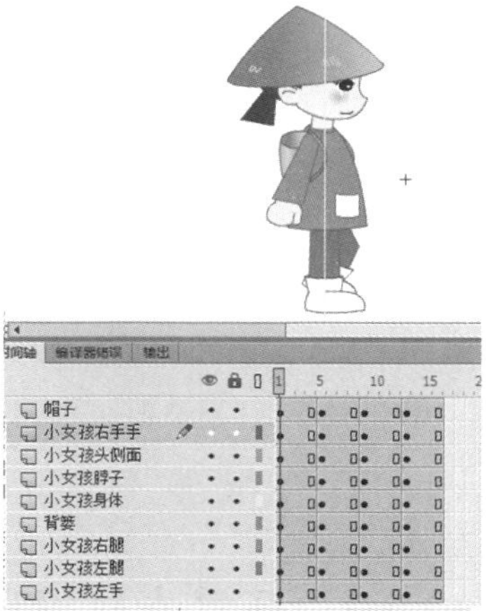

图 12-34 设置小女孩侧面走路的关键帧

表 12-3 为三个角度设置的关键帧。

表 12-3 三个角度的关键帧设置

关键帧	第 1 帧	第 5 帧	第 9 帧	第 13 帧
侧面走路				
正面走路				
背面走路				
说明	右腿直立，左腿弯曲，双手手臂自然下垂。整个身体处在高位点，身体重心提高。	左、右腿分开，左腿向前，右腿向后，双臂与腿以相反方向摆动。右手向前，左手向后。两腿分开，整个身体重心下降。操作时可将除了两条腿外的其他元件选中，按下【↓】键向下移动 3 或 4 个像素即可。	与第 1 帧中手和腿的位置相反。左腿直立，右腿弯曲，双手手臂自然下垂。整个身体处在高位点。	与第 5 帧状态相反，左、右腿分开，右腿向前，左腿向后，双臂与腿以相反方向摆动。左手向前，右手在后。整个身体重心下降。操作时可将第 5 帧内容复制后，修改腿和手的方向，不需要修改身体重心位置的变化。

3. 小伙伴

小伙伴是次要角色，在和小女孩分享情节上出现，角色设置如图 12-35 所示。制作时，可先绘制线条，然后填充颜色，色彩搭配上用户可自行设计。

图 12-35　小伙伴角色设计

12.2.3　场景素材设计制作

《采蘑菇的小姑娘》故事主要发生在女孩家、山间小路、集市等场景中。可以将本节“背景图片”文件夹中的背景素材导入到库中，如图 12-36～图 13-41 所示。

图 12-36　片头背景

图 12-37　森林背景

图 12-38　采蘑菇的路上

图 12-39　采蘑菇场景

图 12-40　去集市的路上

图 12-41　集市

12.2.4 其他素材准备

1. 音乐

音乐为《采蘑菇的小姑娘》，童声演唱，MP3 格式，将音乐导入素材库中。

2. 蘑菇房子

蘑菇房子在制作作品中主要作为小姑娘的家和片头的开始播放按钮使用。使用【线条工具】绘制基本轮廓后填充颜色，效果如图 12-42 所示。

3. 按钮

按钮需要开始按钮和结束的“replay”按钮。开始按钮的 4 个状态如图 12-43 所示。鼠标弹起状态为蘑菇房子，鼠标经过状态为“播放”文字，鼠标点击状态为文字变大，鼠标按下帧为一个矩形区域。

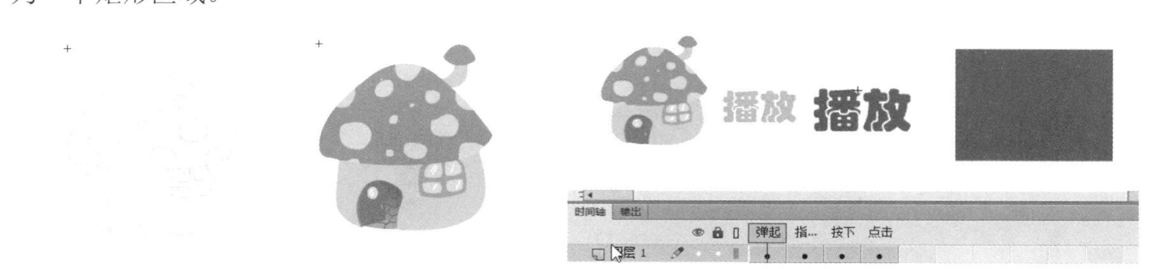

图 12-42 蘑菇房子　　图 12-43 开始按钮的 4 个状态

“replay”按钮分为“文字”和“背景”两个图层，背景为白云形状，在各关键帧上形状没有变化，只是在大小上进行缩放。文字在各个关键帧上进行色彩和大小的变化，效果如图 12-44 所示。

4. 小鸟飞

新建一个“小鸟飞”的影片剪辑，间隔放置小鸟翅膀向上和小鸟翅膀向下两个图形，效果如图 12-45 所示。循环则呈现小鸟飞的效果。

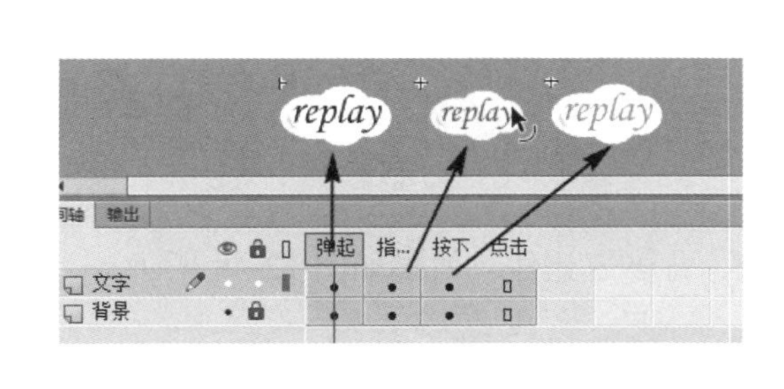

图 12-44 “replay”按钮

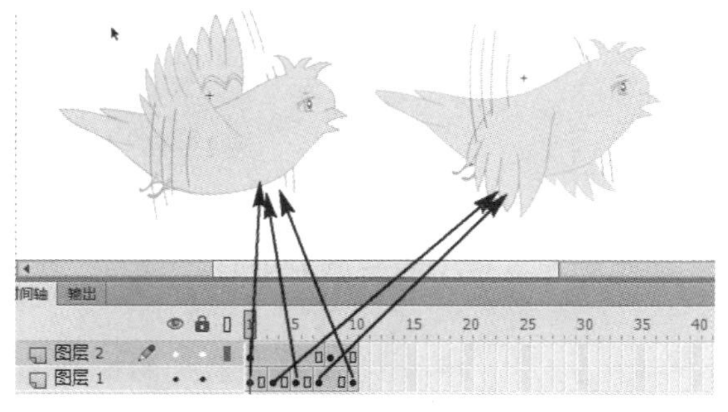

图 12-45 小鸟飞

5. 蝴蝶飞舞

将第 5 章实例 1 中的“蝴蝶”元件导入到素材库中。两个蝴蝶飞的关键帧动作如图 12-46 所示。

图 12-46　两个蝴蝶的关键帧动作

6. 跳窜的松鼠

跳窜的松鼠动画效果，采用逐帧动画来制作，对小松鼠逐个绘制填充颜色。关键帧如图 12-47 所示。

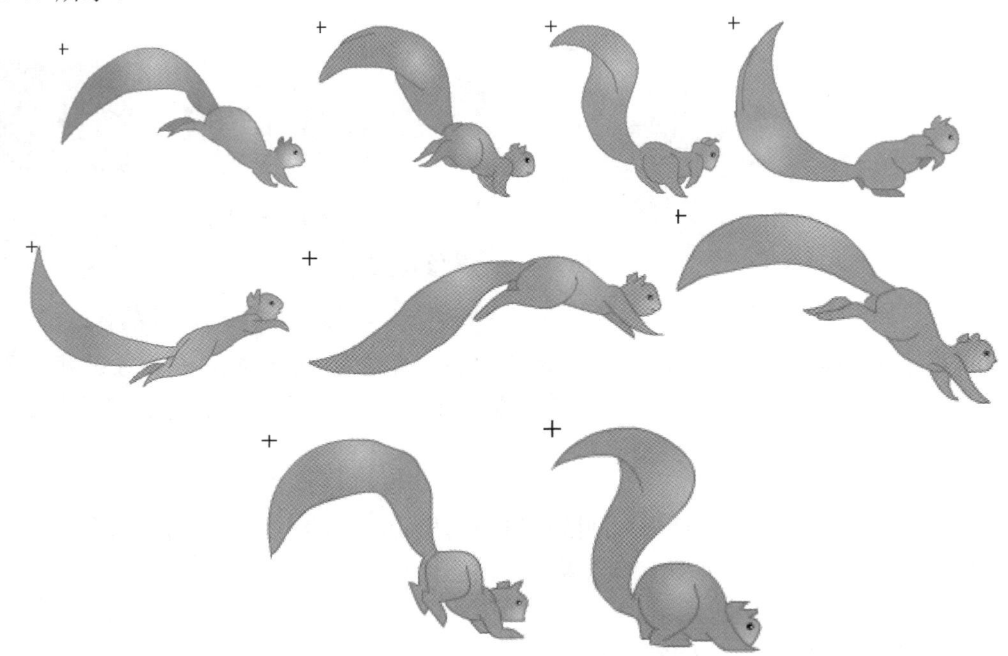

图 12-47　跳窜的松鼠的关键帧动作

7. 蘑菇元件

动画制作过程中需要蘑菇元件、镰刀、棒棒糖、背篓等元件，效果如图 12-48 所示。

图 12-48　其他素材元件

12.3　制作场景动画

12.3.1　基本设置

1. 设置舞台大小

与电视分辨率一致，将舞台大小设置为 720×576 像素。

2. 绘制遮挡框

将“图层 1”重命名为“遮挡框”，在【绘制对象】模式下绘制一个矩形，大小大为 1500×1200 像素，然后使用另一种颜色，绘制一个矩形，将其大小设置为 720×576 像素，X 轴和 Y 轴位置为 0。将两个矩形分离并将中间的矩形删除，这样就形成一个遮挡框，对舞台以外的内容起遮挡的作用，如图 12-49 所示。

这种效果也可以采用遮罩的方法来实现，绘制一个与舞台大小一致的矩形，将它设置为遮罩层，而其他动画效果都为被遮罩层。

制作过程中可以将该图层放置在最上面，锁定并隐藏。

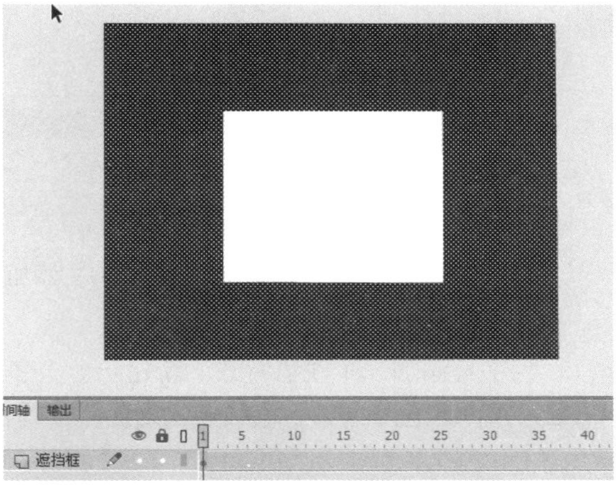

图 12-49　设置遮挡框

3. 设置辅助线

动画制作时，为了方便动画制作及画面构图可以在舞台上添加辅助线，如图 12-50 所示。在下方再添加一条辅助线，设置字幕显示的范围。

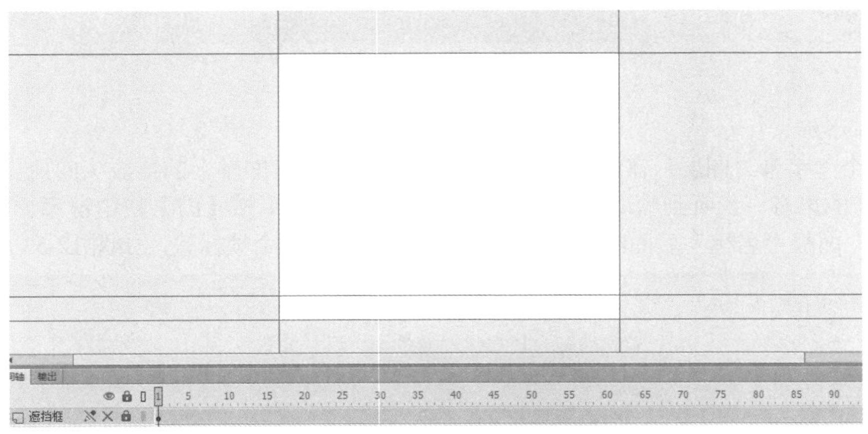

图 12-50　设置辅助线

12.3.2　声音与字幕同步

在制作 Flash MTV 时，首先将声音与字幕效果制作出来。

操作步骤 START

1．添加“声音”

新建“声音”图层，将库中的“采蘑菇的小姑娘.mp3”文件拖放到舞台上，在图层的时间轴上会出现声音的波形。在“属性”面板上将声音的同步属性设置为“数据流”，在时间轴的第2120帧插入帧。将声音在时间轴上播放完毕，也就表明需要制作2120帧的动画，如图12-51所示。

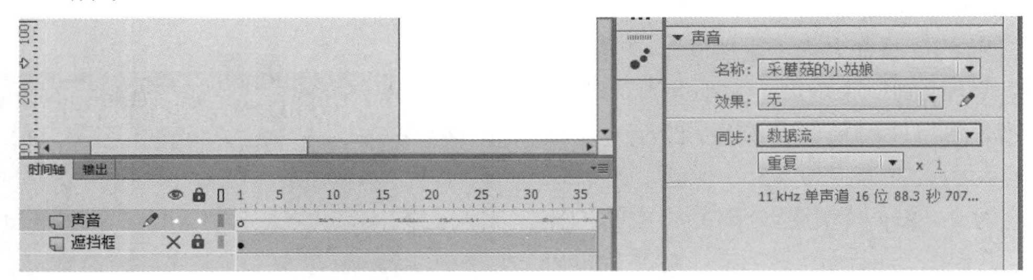

图12-51　添加声音并设置同步方式

2．字幕背景

为字幕添加一个浅色背景。新建一个“字幕背景”图层，选择【矩形工具】，设置填充颜色为白色，Alpha值为40%，笔触颜色为无，在舞台的字幕区域上绘制一个背景，如图12-52所示。

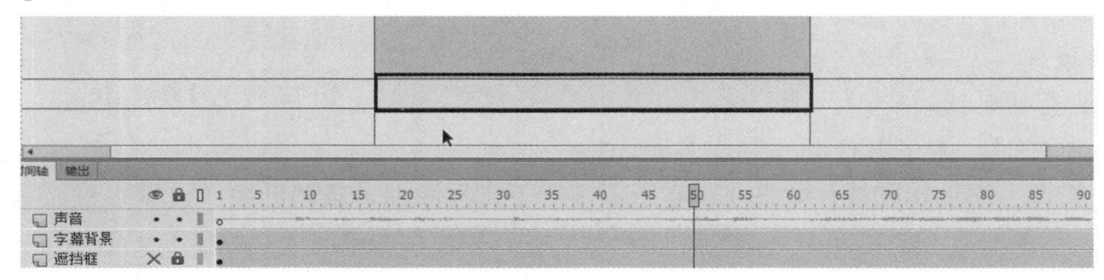

图12-52　绘制字幕背景

3．字幕添加

新建一个“字幕“图层。在编辑窗口中按【Enter】键，时间轴上的播放头向前播放，同时可以听到MTV的声音。当听到歌词前，按一下【Enter】键，然后按【F7】快捷键添加空白关键帧，在帧“属性”面板“名称”后面的文本框中输入歌词，命名一个帧标签，如图12-53所示。

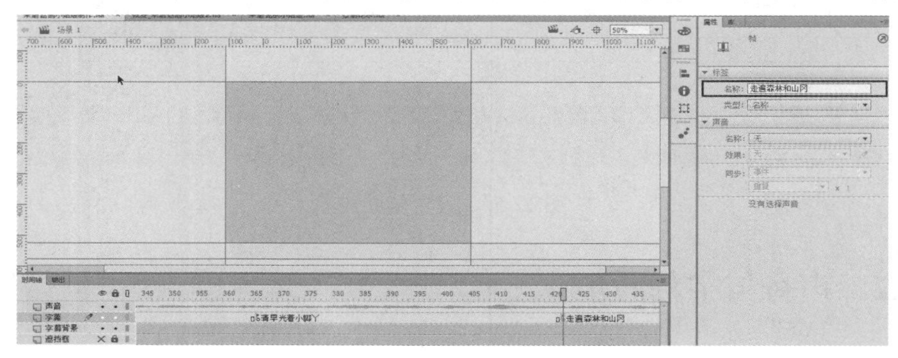

图12-53　添加歌词帧标签

按照以上的操作步骤，在每一句歌词的开始帧位置添加空白关键帧，并对帧命名。

这个时候是给帧起相对于歌词的名称，而帧还是空白关键帧，舞台上没有内容。

4. 字幕效果

在演唱歌曲时，与卡拉 OK 的字幕效果类似，先显示整句歌词，然后字幕随着歌曲演唱逐渐改变颜色。效果可采用遮罩动画来完成，如图 12-54 所示。遮罩层和下面“显示文字”图层的内容都为文字，而被遮罩层的内容为蓝色矩形，做补间形状，从左侧运动到右侧。效果显示如图 12-55 所示。

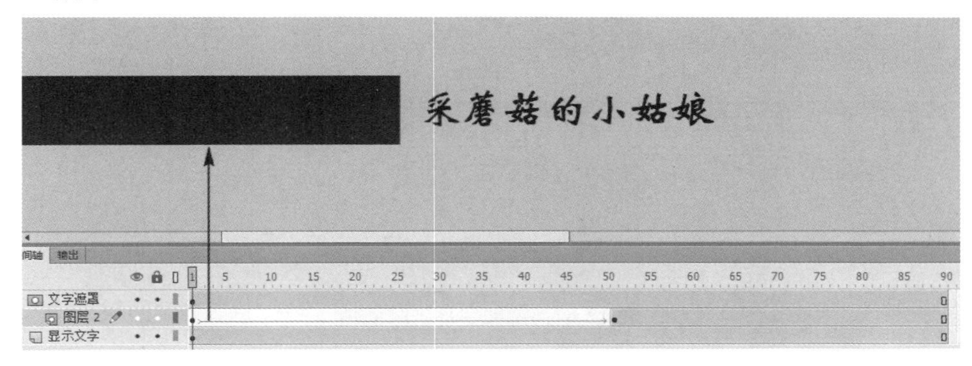

图 12-54 制作字幕动画

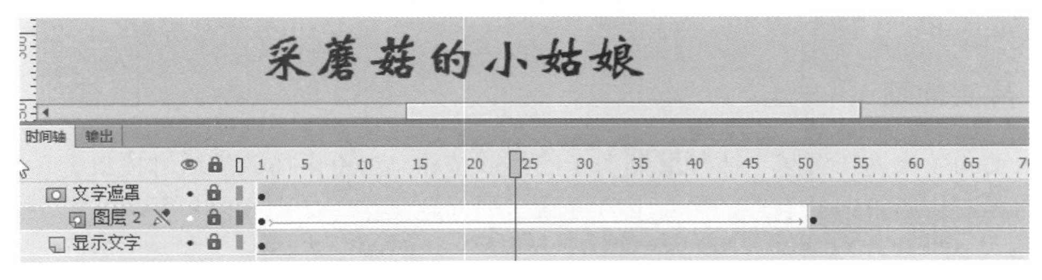

图 12-55 字幕效果

其余歌词的制作可以在复制“采蘑菇的小姑娘”字幕图形元件的基础上进行修改。在“库”面板中，右击“采蘑菇的小姑娘”元件，在弹出的快捷菜单中执行【直接复制】命令，会弹出“直接复制元件”对话框，该对话框中输入新的歌词名称，单击【确定】按钮即可，如图 12-56 所示。

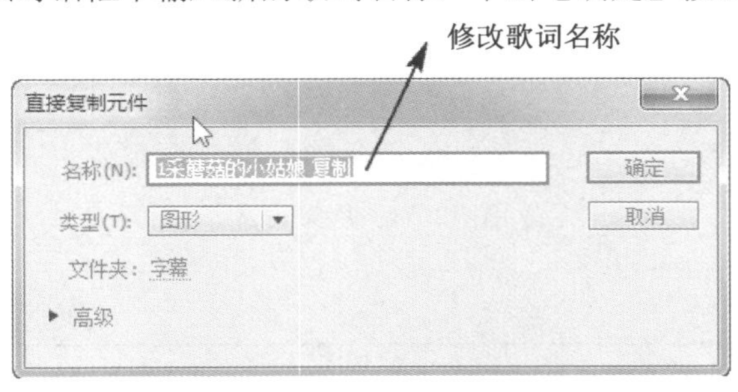

图 12-56 直接复制元件

将新复制的元件中的“文字遮罩”和“显示文字”图层中的文字修改为新的歌词，而字幕显示的时间根据这句歌词所唱的时间长短来删减帧。

将所有的歌词的图形元件创建好后，放置在“字幕”文件夹中。并把歌词图形元件放置在“字幕”图层相应的关键帧上，如图 12-57 所示。

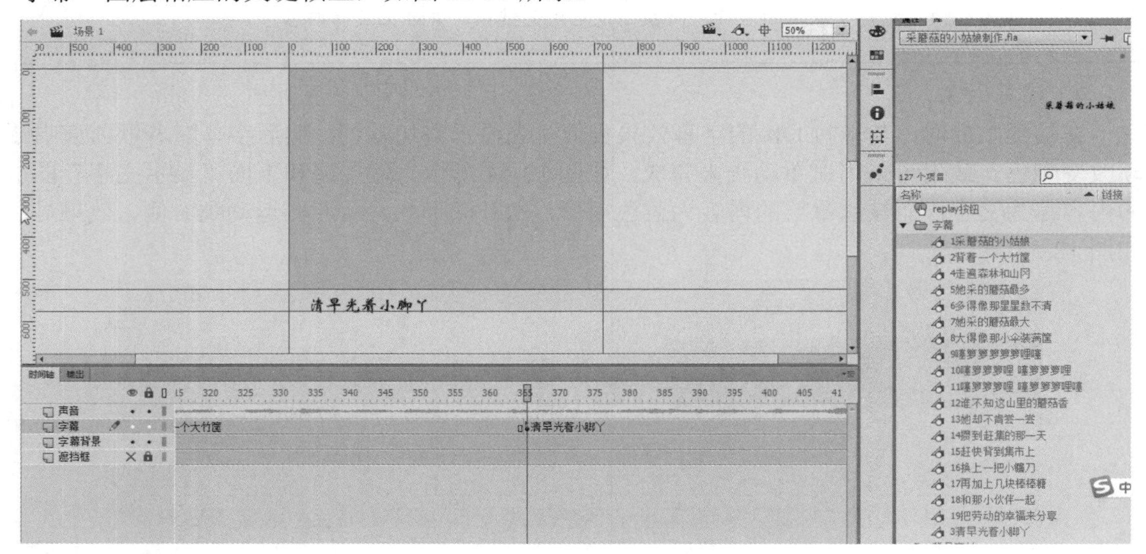

图 12-57　添加字幕到时间轴

12.3.3　场景动画制作

1．片头动画

片头动画效果为在背景上添加蘑菇房子的播放按钮，当单击播放按钮时播放影片。小女孩在影片的正面从场景远处走来，舞台上方逐渐出现标题文字，如图 12-58 所示。

图 12-58　片头效果

操作步骤

START

1）新建元件

新建“片头”图形元件，将此场景的动画效果都放置在这个图形元件中，方便在编辑窗口中制作动画效果。

2）设置背景

将“bg1”元件放置在舞台上，并把蘑菇放置在舞台的右侧。

3）制作女孩正面走的效果

新建一个“小女孩”的影片剪辑，将正面走元件拖放到舞台上，使用【任意变形工具】进行缩放，将女孩正面走的元件放置在绿地远处。创建传统补间动画，使小女孩正面做前后方向的位置移动，效果如图 12-59 所示。

图 12-59　创建传统补间动画

4）制作标题逐渐显示效果

（1）新建一个“标题”影片剪辑，在舞台上输入“采蘑菇的小姑娘”标题文字，设置文本样式为“华文彩云”，大小为 96，按【Ctrl+B】快捷键两次将字体分散变成“形状”，使用【颜料桶工具】，将文本填充为白色。

（2）分别将文字转换为影片剪辑元件，全选后将其分散到图层，如图 12-60 所示，每个文字单独放置在一个图层。

（3）对每个文本制作淡入效果的传统补间动画，并将相应的时间轴依次向后移动 10 个像素。

（4）将所有的图层在第 160 帧处插入帧。

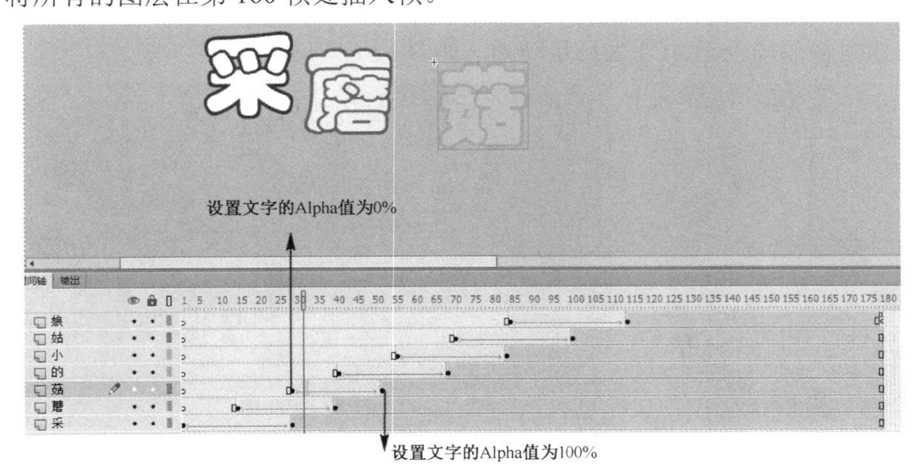

图 12-60　将文字分散到图层

5）制作场景动画的淡出效果

（1）在主时间轴的图层中，新建两个图层，一个为“场景动画 1”，一个为“场景动画 2”，创建两个图层方便进行场景动画的切换。

（2）在“场景动画 1”图层中的第 1 帧上将“片头”图形元件放置在舞台上，根据绘制的舞台辅助线调整元件所在的位置。

（3）在第 140 和 160 帧处按【F6】快捷键插入关键帧，在第 161 帧处按【F7】快捷键插入空白关键帧，设置第 140 帧元件实例的 Alpha 值为 100%，第 160 帧元件实例的 Alpha 值为 0，效果如图 12-61 所示。

图 12-61　场景淡出效果

2．场景 1 动画制作

场景 1 动画效果如图 12-62 所示，镜头从天空移动到蘑菇房子，再缓慢地推镜头。在推镜头的时候显示歌词“采蘑菇的小姑娘”，时间动画从第 140 帧到第 310 帧，场景动画的为 170 帧。

制作过程如下。

1）新建元件并设置背景

新建“sc1”图形元件，进入编辑窗口，将“bg2”、“阳光”和“蘑菇放置”元件放置在舞台上，使用【任意变形工具】调整大小。在第 180 帧处（大于 170 帧）插入帧，保证其在主时间轴上不会重复播放场景“sc1”的场景动画，如图 12-63 所示。

图 12-62　镜头效果

图 12-63　设置场景 1 动画背景

2）移镜头动画

（1）将“sc1”图形元件放置在“场景动画 2”的第 140 帧，使用【任意变形工具】调整大小。

（2）右击，在弹出的快捷菜单中执行【创建传统补间】命令，在第 160、245 和 310 帧处插入关键帧。

（3）设置第 140 帧元件的 Alpha 值为 0，与第 160 帧形成淡入效果；与片头动画形成淡入淡出的动画效果。

（4）在第 245 帧处，移动“sc1”元件到蘑菇房子处。

（5）在第 310 帧处，使用【任意变形工具】将元件放大。

制作移镜头及推镜头如图 12-64 所示。

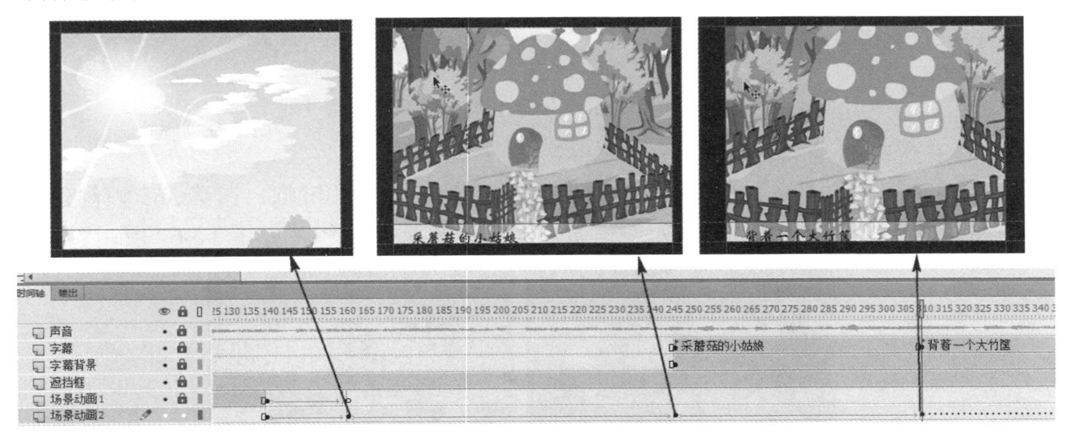

图 12-64　制作移镜头及推镜头

3. 场景 2 动画制作

场景 2 动画呈现的效果为小女孩从房子中走出来。场景 2 动画的背景为“bg2”元件的一部分。时间为第 311～420 帧，共 110 帧，操作过程如下。

1）直接复制元件

场景 2 的动画效果可以在“sc1”场景中继续完成，为了方便操作，将动画放置在新的元件中制作。

（1）在第 311 帧处插入关键帧，选择“sc1”元件实例，右击，在弹出的快捷菜单中执行【直接复制元件】命令。在弹出的“直接复制”对话框中，输入“sc2”。

（2）单击舞台上的“sc2”实例，在“属性”面板上，将“第一帧”的值设为 1，如图 12-65 所示。

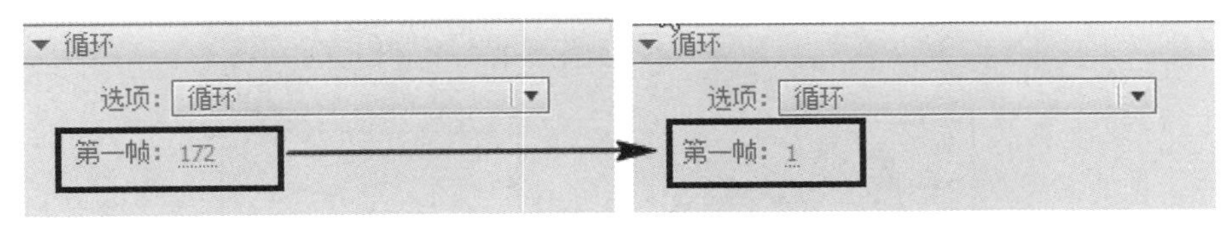

图 12-65　修改元件“第一帧”的值

2）制作女孩正面走路补间动画

双击进入“sc2”实例的编辑窗口。新建一个图层，重命名为“小女孩”，将女孩正面走路的影片剪辑元件拖放到蘑菇屋前。

创建传统补间动画，在第 110 帧处插入关键帧，使用【任意变形工具】修改小女孩角色的大小，如图 12-66 所示。

图 12-66　创建小女孩正面走路补间动画

3）制作移镜头

回到主场景中，按【F6】快捷键在第 365 和 420 帧处插入关键帧，在第 365 帧创建传统补间动画，将第 420 帧的“sc2”实例元件稍微放大并调整画面构图，如图 12-67 所示。

图 12-67　场景 2 动画

4．场景 3 动画制作

场景 3 动画的背景为“bg3”，效果为女孩侧面走到大树下，并转身。帧数为第 421～515 帧，场景动画时间为 95 帧，实现跟镜头的动画效果，如图 12-68 所示。

图 12-68　场景 3 动画效果

操作步骤　START

1）新建“sc3”元件并设置背景

新建“sc3”图形元件，进入编辑窗口，将“bg3”图形元件放到舞台上，新建一个小女孩图层，将女孩侧面走路的影片剪辑元件放置在舞台上。在第 70 帧处插入关键帧，创建传统补间动画，效果如图 12-69 所示。

图 12-69　女孩侧面移动

2）女孩转身动画

在第 71 帧处插入空白关键帧，插入女孩转身的图形元件。转身的图形元件各个帧的状态如图 12-70 所示。

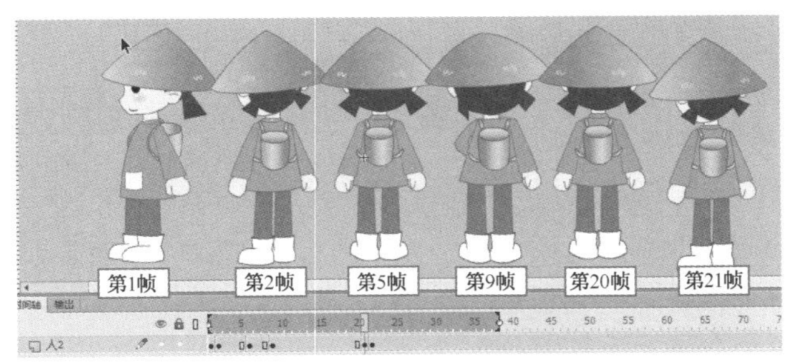

图 12-70　女孩转身各帧的状态

3）制作跟镜头

回到主场景中，在第 421 帧处将“sc3”图形元件放置在舞台上，使用【任意变形工具】修改大小。在第 490 帧处插入关键帧。

右击第 421 帧，创建传统补间动画，移动“sc3”元件在舞台上的位置，效果如图 12-71 所示。

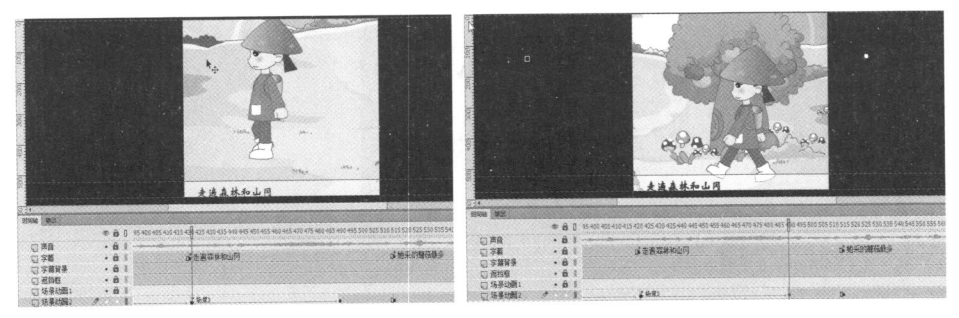

图 12-71　制作跟镜头效果

5．场景 4 动画制作

场景 4 的动画效果为场景 3 动画的一个近景镜头，表现小女孩采蘑菇的效果，如图 12-72 所示。时间轴动画为第 516～640 帧，共 125 帧。

START

1）直接复制元件

在第 516 帧处插入关键帧，选择“sc3”元件实例，右击，在弹出的快捷菜单中执行【直接复制元件】命令。在弹出的“直接复制”对话框中输入“sc4”。

2）修改元件

将小女孩的动作删除，重新插入女孩背面动作图形元件，效果如图 12-73 所示。

图 12-72　采蘑菇近景镜头

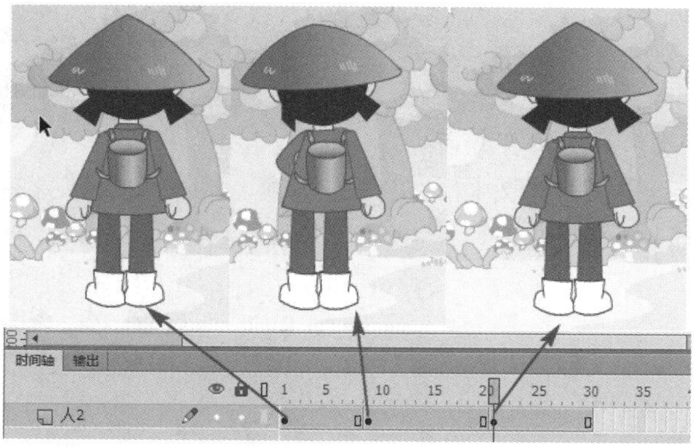

图 12-73　采蘑菇动作

3）主场景效果

回到主场景中，将“sc4”图形元件拖放到舞台上，使用【任意变形工具】改变其大小，呈现近景效果，如图 12-74 所示。

6．场景 5 动画制作

场景 5 的主要效果为蘑菇逐渐增多。帧数为第 641～785 帧，共 145 帧，效果如图 12-75 所示。

图 12-74　近景效果

图 12-75　场景 5 动画效果

新建“sc5”图形元件，进入编辑窗口，将“bg3”图形元件放在舞台上，新建一个“蘑菇”图层，将蘑菇逐渐增加的图形元件放置在舞台上。时间轴延续到 15 帧的效果，如图 12-76 所示。

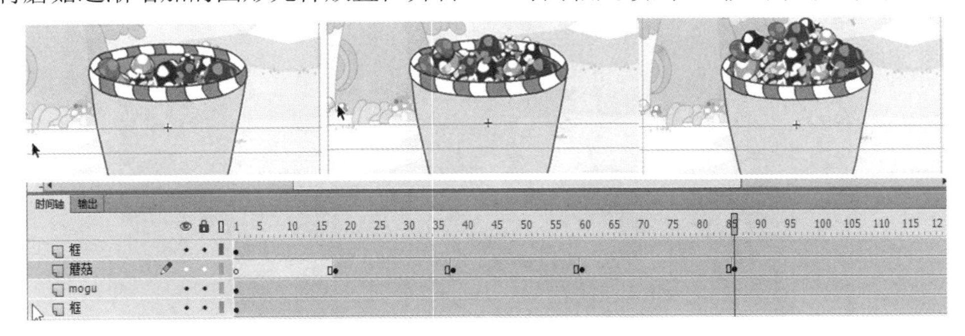

图 12-76　蘑菇逐渐增加

在主时间轴上，将“sc5”图形元件放置在舞台上，使用【任意变形工具】调整大小，按【F7】快捷键在第 786 帧处插入空白关键帧。

7. 场景 6 动画制作

场景 6 动画是在“bg3”中设置小女孩背面走路的效果，帧数为第 786～920 帧，共 135 帧，效果如图 12-77 所示。

图 12-77　场景 6 动画效果

1）新建“sc6”元件并设置背景

新建“sc6”图形元件，进入编辑窗口，将“bg3”图形元件拖放到舞台上，新建一个“女孩”图层，将女孩背面走路的影片剪辑元件放置在舞台上。在第 150 帧处插入关键帧，创建传统补间动画，并为补间动画添加引导层，沿着背景图片中所提供的道路行驶，效果如图 12-78 所示。

图 12-78　创建引导线动画

2）主场景中的推镜头

将“sc6”元件拖放到舞台上，使用【任意变形工具】调整元件大小及构图。

8．场景 7 动画制作

场景 7 的动作效果与场景 6 类似，镜头跟随女孩移动。帧数为第 921～1150 帧，共 230 帧动画，效果如图 12-79 所示。

图 12-79　场景 7 动画效果

1）新建元件

新建“sc7”图形元件，进入编辑窗口，将“bg4”图形元件拖放到舞台上，新建一个“小女孩”图层，将女孩正面走路的影片剪辑元件放置在舞台上。在第 230 帧处插入关键帧，创建传统补间动画，并为补间动画添加引导层，沿着背景图片中所提供的道路移动。

添加两个图层，利用补间动画制作蝴蝶飞的效果，如图 12-80 所示。

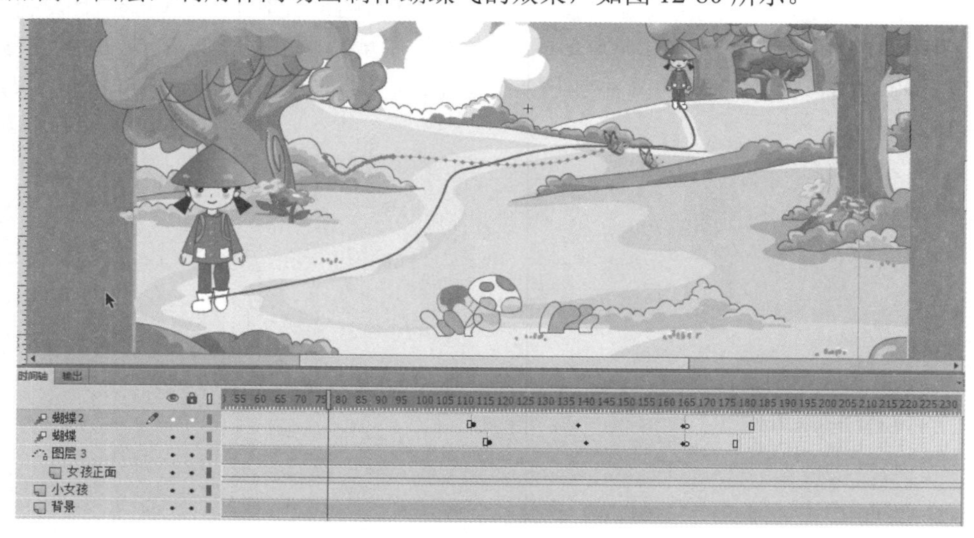

图 12-80　制作蝴蝶飞的效果

2）主场景中跟镜头的制作

将“sc7”元件拖放到舞台上的第 921 帧，创建传统补间动画，修改图形元件在窗口中的布局，如图 12-81 所示。

图 12-81　跟镜头制作

9．场景 8 和场景 12 动画制作

场景 8 的动作效果与小女孩在“bg5”中行走相同，帧数为第 1151～1390 帧，共 240 帧，如图 12-82 所示。

图 12-82　场景 8 动作效果

START

1）场景 8 动画制作

（1）新建“sc8”图形元件，进入编辑窗口，将“bg5”图形元件拖放在舞台上，新建一个“小女孩”图层，将女孩正面走路的影片剪辑元件放置在舞台上。在第 240 帧插入关键帧，创建传统补间动画。制作从远处走来的动画效果，如图 12-83 所示。

（2）添加两个图层，利用补间动画制作小鸟飞的效果。使用【选择工具】修改小鸟飞行曲线。

（3）将“sc8”元件拖放到舞台上，修改大小即可。

图 12-83　场景 8 动画效果

2）场景 12 动画制作

场景 12 的动画效果与场景 8 类似，只是实现小女孩背面走路的效果，共 120 帧。

直接复制“sc8”图形元件为“sc12”，将小女正面走路效果替换为背面走路效果。时间轴上的动画时间缩短为 120 帧，如图 12-84 所示。

图 12-84　场景 12 动画效果

10．场景 9 动画制作

场景 9 动画效果为女孩在集市的场景中走，镜头主要为跟镜头，帧数为第 1391～1535 帧，共 145 帧，效果如图 12-85 所示。

图 12-85　场景 9 动画效果

START

1）新建元件并设置背景

新建“sc9”图形元件，进入编辑窗口，将“bg6”图形元件拖放到舞台上，新建一个“小女孩”图层，将女孩侧面走路的影片剪辑元件放置在舞台上。在第 150 帧处插入关键帧，创建传统补间动画。制作从左侧走到右侧的动画效果，如图 12-86 所示。

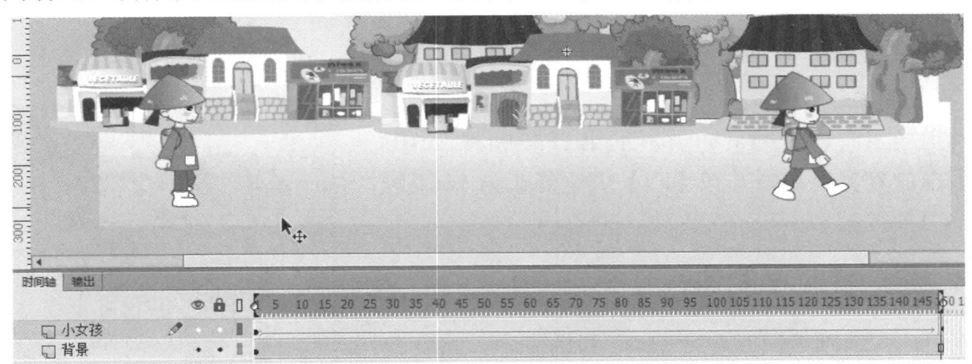

图 12-86　位置移动动画

2）跟镜头制作

回到主场景中，在“场景动画 2”的第 1391 帧将“sc9”图形动画拖放到舞台上，创建传统补间动画，在第 1535 帧处插入关键帧，移动位置效果如图 12-87 所示。

图 12-87　跟镜头制作

11．场景 10 动画制作

场景 10 动画效果为在一个渐变的背景下，镰刀和棒棒糖从舞台下方淡入场景。帧数为第 15361～1660 帧，共 125 帧。

操作步骤 START

1）新建元件并设置背景

新建“sc10”图形元件，进入编辑窗口，绘制一个渐变背景。

制作镰刀和棒棒糖的淡入淡出效果，如图 12-88 所示。

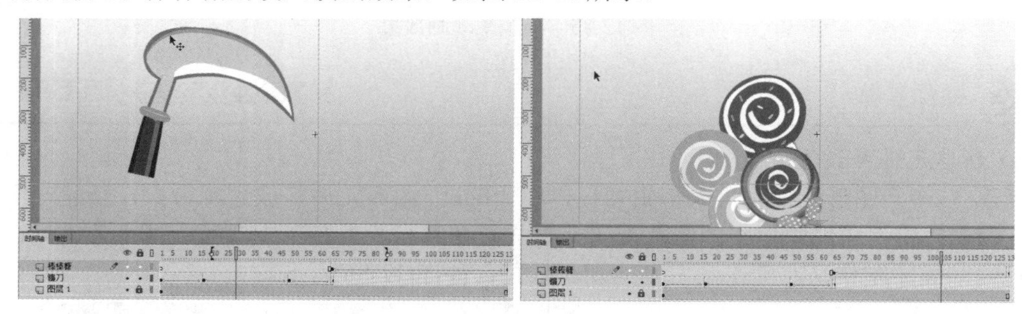

图 12-88　场景 10 动画效果

2）放置到主场景中

回到主场景中，在“场景动画 2”的第 1536 帧将“sc10”图形动画拖放到舞台上，并按【F7】快捷键在第 1661 帧处插入空白关键帧。

12．场景 11 动画制作

场景 11 的动画效果是在“bg4”的场景中，将女孩的正面和小伙伴 1、小伙伴 2 放置在场景动画元件中，在主场景制作推镜头的效果。帧数为第 1661～1830 帧，共 170 帧，如图 12-89 所示。

图 12-89　场景 11 动画效果

操作步骤 START

1）新建元件并设置背景

新建“sc11”图形元件，进入编辑窗口，将“bg4”图形元件放置在舞台上。将女孩的正面和小伙伴 1、小伙伴 2 拖放到舞台上，并摆好位置。在时间轴的第 180 帧插入帧，保证时间轴的延续。

新建“小松鼠”图层，将“松鼠跳跃”的影片剪辑元件拖放到舞台上，创建传统补间动画实现位置移动，效果如图 12-90 所示。

2）主场景推镜头的制作

回到主场景中，在“场景动画 2”的第 1661 帧将“sc11”图形动画拖放到舞台上，创建传统补间动画，在第 1830 帧处插入关键帧。

图 12-90 小松鼠跳跃动画

在第 1830 帧使用【任意变形工具】将其放大，在第 1831 帧按【F7】快捷键插入空白关键帧，效果如图 12-90 所示。

13．场景 13 动画制作

将“sc12”的场景动画添加到舞台后，在第 1956 帧处插入空白关键帧，制作场景 13 的动画效果。

场景 13 的动画效果与场景 2 动画类似，只是人物走路方向相反，共 110 帧。

START

1）直接复制元件

在“库”面板中选择“sc2”图形元件，右击，在弹出的快捷菜单中执行【直接复制】命令，重命名为“sc13”。

2）制作女孩背面走路效果

将元件中正面走路效果修改为背面走路效果即可，如图 12-91 所示。

图 12-91 回家动画

3）放置在主时间轴中

回到主场景中，在“场景动画 2”的第 1956 帧将“sc13”图形动画拖放到舞台上。

在第 2065 帧处插入关键帧，创建传统补间动画，在第 2080 帧处插入关键帧，设置“sc13”图形元件的 Alpha 值为 0，制作淡出效果。

14．片尾动画制作

新建“片尾”图形元件，逐个添加“谢谢观赏”文字效果，文字动画与“风吹文字”实例效果类似，如图 12-92 所示。

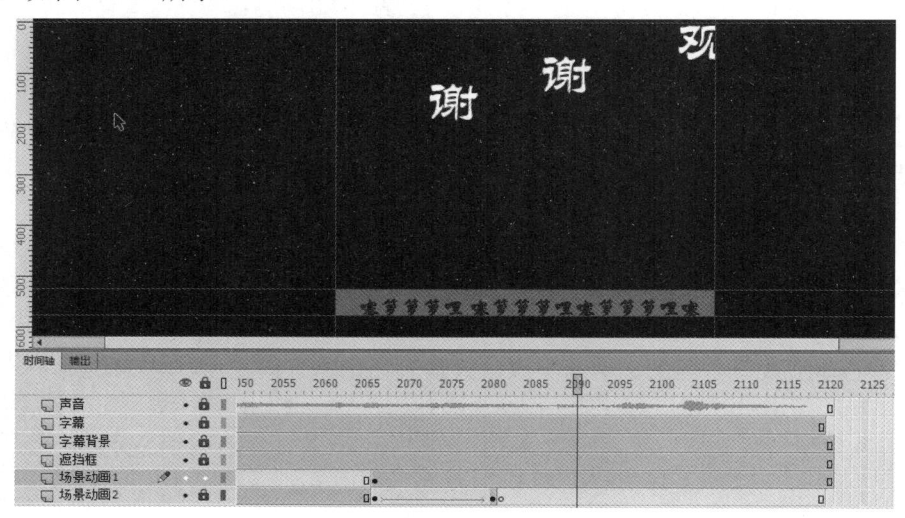

图 12-92　片尾文字动画

12.3.4　添加影片控制脚本

场景动画制作完毕后，需要为动画添加播放按钮和重播按钮的代码。

1. 播放按钮动作的添加

（1）新建一个“按钮”图层，将蘑菇房子的播放按钮拖放在舞台上，将场景 1 动画的蘑菇覆盖。然后在第 2 帧处插入空白关键帧，当正式播放影片时，不显示播放按钮。

（2）添加在此帧处停止代码

选择第 1 帧，打开“代码片断”面板，双击“在此帧处停止”代码片断，则新建一个“Actionscript”图层，在第一帧上添加了 stop()的代码，如图 12-93 所示。

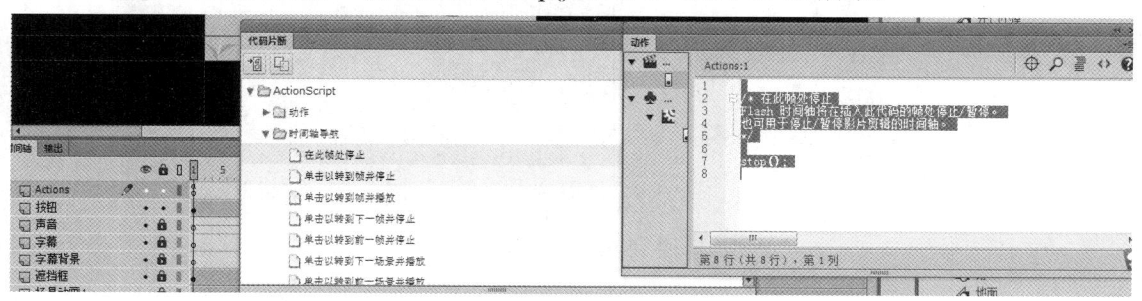

图 12-93　添加帧停止代码

（3）添加单击以转到帧并播放代码

将“播放”按钮的名称命名为“bf”。选择播放按钮，打开“代码片断”面板，双击“单击以转到帧并播放”代码片断，添加代码如图 12-94 所示。

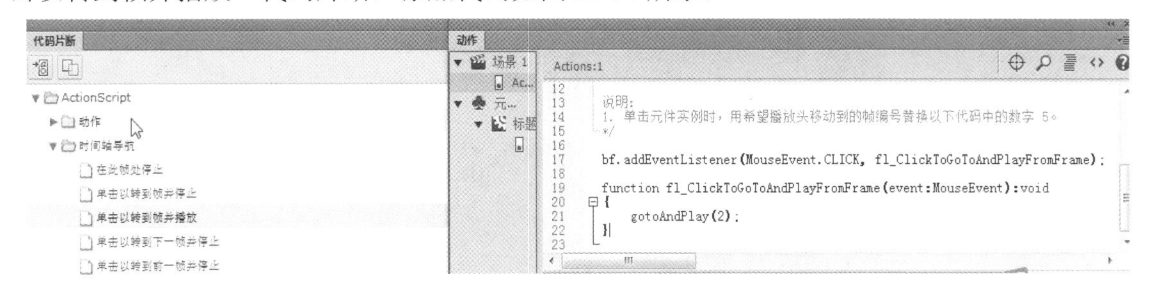

图 12-94　添加单击以转到帧并播放代码

将代码中的“gotoAndPlay（5）;”修改为“gotoAndPlay（2）”。

2. 重播按钮动作代码添加

重播按钮的代码添加与播放按钮的代码添加类似。

（1）在“按钮”图层影片的最后一帧处按【F7】快捷键插入空白关键帧，将重播按钮放置在舞台的右下角，并将“replay”按钮命名为“replay”。

（2）选择第 1 帧，打开“代码片断”面板，双击“在此帧处停止”代码片断，则在“Actionscript”图层的最后一帧上添加了 stop()代码。

（3）选择“replay”按钮，打开“代码片断”面板，双击“单击以转到帧并播放”代码，将代码中的“gotoAndPlay（5）;”修改为“gotoAndPlay（2）”，添加代码如图 12-95 所示。

图 12-95　添加重播按钮动作代码

12.4　影片输出

发布 Flash 文件前需要进行发布设置。执行【文件】→【发布设置】命令，弹出“发布设置”对话框，按照默认选项即可实现对影片的发布。

影片输出效果如图 12-96 所示。

图 12-96　影片输出效果

图 12-96　影片输出效果（续）

知识拓展——人的运动规律——走路

（1）左、右两腿交替向前，带动躯干向前运动，为了保持身体平衡，双臂前后摆动。

（2）为了保持重心，总是一条腿支撑，另一条腿提起迈步。因此在走路过程中，头顶的高低呈波浪形，当双脚着地时，头顶就略低；当一只脚着地另一只脚提起朝前弯曲时，头顶就略高。

（3）在人走路的过程中，两腿交替和两手交替的动作是相反方向的运动，肩部和骨盆也是以相反的倾斜度运动。

（4）手的摆动以肩胛骨为轴心做弧线摆动。

（5）跨步的那条腿，从离地到向前伸展落地，中间的膝关节呈弯曲状，脚踝与地面呈弧形运动线，弧形运动线的高低幅度与走路时的神态和情绪有很大关系。

本章小结与重点回顾

本章主要通过制作生日贺卡介绍了电子贺卡的制作流程。在制作电子贺卡的过程中，首先需要根据要制作的贺卡的类型、主题来设计贺卡。其次，准备背景音乐、背景素材、祝福语素材、按钮素材等。然后，根据前面所学到的动画类型制作贺卡。

又通过《采蘑菇的小姑娘》Flash MTV 的制作，介绍了 Flash MTV 的制作过程，如何实现 Flash MTV 动画与歌词同步效果，如何制作动画场景的切换效果及按钮代码的添加。制作 Flash MTV 或 Flash 短片都可以按照前期策划、素材准备、动画制作、发布作品等几个阶段来进行。需要注意的问题包括以下几点。

（1）在动画制作中，由于动画比较大，使用元件素材也比较多，所以要对库中的元件进行分类管理。

（2）在制作场景动画时，为了减少主场景的图层数量，可以将场景动画在图形元件中创建，方便在编辑窗口对影片进行测试管理。

（3）可以使用两个图层放置场景动画，交叉叠放来实现场景的淡入淡出效果。

课后实训 12

1．制作如图 12-97 所示的圣诞贺卡。

2．制作《宁夏》Flash MTV（本实例来自网络果味互动制作），用户可根据提供的素材进行制作，效果如图 12-98 所示。

图 12-97　圣诞贺卡

图 12-98　《宁夏》Flash MTV

课后习题 12

1．填空题

（1）制作电子贺卡时，背景音乐的同步方式设置为________________。

（2）单击重播按钮时，实现从第一帧开始播放，事件响应函数中执行“转到第 1 帧并开始播放”的代码是____________________。

（3）制作 Flash MTV 时，背景音乐的同步方式设置为________________。

（4）如果实现在编辑窗口中对场景动画进行调试，需要把场景动画保存为______________元件。

2．简答题

（1）电子贺卡的制作流程是什么？

（2）人物走路运动规律有哪些？

（3）如何实现声音与字幕同步？